野外应急生活保障理论与技术系列丛书

野外应急供水理论与技术

贯桂芝　黄光宏　董志明　高瑞林　编著

U0277491

西安电子科技大学出版社

内容简介

本书共5章，包括绪论、野外应急供水基本理论、野外应急供水处理技术、野外应急供水与卫浴设备实例及设计原则，以及野外应急供水新技术和新工艺。第1章明确了野外应急供水、野外供水保障等概念，并对野外应急供水的历史、现状及发展趋势进行了说明。第2章叙述了野外应急供水基本理论。第3章概括了野外应急供水与水处理相关的技术。第4章介绍了野外应急供水与卫浴设备实例的设计原则、结构形式、工艺流程等。第5章重点介绍了野外应急供水的新工艺、新技术、新材料。

本书可供高等学校野外应急供水及其相关专业高年级本科生、研究生参考学习，还可供野外应急供水设备研究开发的技术人员参考使用。

图书在版编目(CIP)数据

野外应急供水理论与技术 / 贾桂芝等编著. —西安：西安电子科技大学出版社，2024.5
ISBN 978-7-5606-7168-0

Ⅰ. ①野…　Ⅱ. ①贾…　Ⅲ. ①野外—给水　Ⅳ. ①TU991

中国国家版本馆CIP数据核字(2024)第036021号

策　　划　刘小莉
责任编辑　吴祯娥　刘小莉
出版发行　西安电子科技大学出版社(西安市太白南路2号)
电　　话　(029)88202421　88201467　　邮　　编　710071
网　　址　www.xduph.com　　电子邮箱　xdupfxb001@163.com
经　　销　新华书店
印刷单位　陕西天意印务有限责任公司
版　　次　2024年5月第1版　2024年5月第1次印刷
开　　本　787毫米×1092毫米　1/16　印张 11
字　　数　254千字
定　　价　36.00元
ISBN 978-7-5606-7168-0/TU
XDUP 7470001-1

* * * 如有印装问题可调换 * * *

前　言

我国处于太平洋板块和亚欧板块交汇处，地壳运动强烈，季风气候突出，自然灾害频发，是世界上少数多种灾害最为严重的国家之一，因此防灾减灾工作任务艰巨。灾后应急保障对抢险救灾行动至关重要。其中，供水保障更是重中之重，无论是人员救护还是灾民安置等，均需要临时供水保障。灾害可能导致市政供水网瘫痪，因此各种净水设备、储运水设备成为应急供水的主要选择。

本书编著者长期从事野外应急供水体系论证研究和设备研究开发等技术工作，积累了一定的工作经验。本书对野外应急供水理论与技术进行了全面梳理，可供从事本领域工作的技术人员参考。

本书共5章，内容如下。

第1章：绪论。本章对野外应急供水、野外供水保障等概念进行了分析和界定，并梳理了野外应急供水的历史及发展趋势。

第2章：野外应急供水基本理论。本章介绍了水力学基础、输配水基础、水质检测技术等。

第3章：野外应急供水处理技术。本章包括饮用水处理技术的历史及发展趋势，常规水处理技术，水软化技术，海水、苦咸水淡化技术、特殊水源处理技术及灰水回用处理技术等。

第4章：野外应急供水与卫浴设备实例及设计原则。本章全面总结了野外应急供水与卫浴设备的一般设计原则及方法，给出了净水设备、储运水设备、输配水设备、洗浴设备、如厕设备水质检测设备等的设计实例。

第5章：野外应急供水新技术和新工艺。本章对应急供水相关的新工艺、新技术、新材料进行了介绍和展望，如正渗透技术、废气制水、空气制水、电容去离子技术制水、MOF材料制水等。

本书的主要编著者是贾桂芝、黄光宏、董志明、高瑞林，这四位高级工程师长期从事野外生活保障工作，有着丰富的野外应急供水理论与实际经验。但由于编著水平有限，书中难免有一些不足，敬请广大读者批评指正。

编　者

2023年11月

目　录

第1章

绪　论

1.1　饮用水与水源

1.1.1　人体健康和饮用水

1. 水与人体健康

水是生命之源，是地球上生物维持生命的必要条件之一。当受到人为因素或自然因素的影响水质发生改变时，水的正常使用和有效利用将会受到影响，还可能危害人体健康，甚至破坏生态环境。

饮水是人体的生理需要。人体每天摄入和排出的水量处于动态平衡状态。一般情况下，成人每天摄入和排出的水各约2500 mL。摄入体内的水大部分来自饮水，小部分来自食物以及人体内糖、脂肪和蛋白质代谢过程中产生的代谢水。水是人体的重要组成部分，正常成人体内水分含量约占体重的65%，儿童体内的水分则可达体重的80%。若机体失水太多(失水量达机体总水量20%～30%)时，将危及生命。若机体摄水量过多，则会破坏体内水盐代谢平衡，加重心脏和排泄器官的负担。

由于水是良好的溶剂且具有较高的比热容，因此水是人体维持正常生理活动的重要因素。从外界环境中摄取的各种营养成分通过水输送到人体的各个部分。水能将溶于其中的某些物质离子化，使之成为细胞代谢的必需形态，细胞内各种代谢过程都要在水溶液中进行。同时溶解于水中的各种代谢废物通过排泄器官排出体外。水还能储存和吸收大量的热，在调节体温过程中发挥着重要作用。

人们在饮水的同时，也将水中所含有的各种有益和有害的物质带入体内，对人体健康产生重要影响。例如，人体内生理活动所需的很多营养成分，特别是很多种类的无机盐和微量元素可随摄入的水进入机体，而水中的污染物、致病微生物及某些天然存在的化学成分则可引起介水传染病及公害病、地方病等。

除满足人体生理需求外，提供充足的、符合卫生要求的饮用水也是保持良好的生活环境及良好的个人卫生的必要条件。因此，供水时应充分考虑生活中的各项用水情况，供给充足的、优质的饮用水，保证人们的日常生活维持在较高的卫生水平。

2. 饮用水

饮用水是指可以直接供人饮用的水。饮用水包括干净的天然泉水、井水、河水和湖水，也包括经过处理的纯净水、矿泉水、自来水以及野外应急饮用水。加工过的饮用水形式有瓶装水、桶装水、管道直饮水等。自来水在中国大陆一般不会直接饮用，但世界某些地区由于采用了较高的饮用水质量管理标准因此可以直接饮用。

1）纯净水

纯净水与人类传统饮用水有原则上的差别。反渗透净水工艺出现之前，所说的纯净水一般是蒸馏水。蒸馏水不含任何矿物质，没有细菌和杂质。纯净水只是水，是水分子的集合，pH 值约为 7，主要用于微电子、航空等高端环境。反渗透净水工艺出现以后，市场上出现的纯净水一般都是反渗透净化水，没有细菌和杂质，含盐量非常低。对于人体来讲，饮用纯净水并非必要。事实上，经过灌装、运输、管道输送等环节的纯净水有了二次污染，喝到嘴里的已经不是纯净水了。纯净水还缺少人体所需要的矿物质，长期饮用，对人的身体健康并非有益。因而，如今的纯净水反渗透净水工艺往往在最后的流程中会有添加矿物质工序，或者采用纳滤工艺最大限度地保有矿物质。

2）矿泉水

矿泉水又称矿物质水，可以是经过净化但保留原有矿物质的天然矿泉水，也可以是加了矿物质的纯净水。天然矿泉水是流经无污染的山体，经过山体自净化作用而形成的天然饮用水。水源可能来自雨水，或来自地下，暴露在地表或在地表浅层中流动，经山体和植被层层滤净与流动的同时，也溶入了对人体有益的矿物质成分。矿泉水属于软水，是比较理想的饮用水，其矿物质的含量没有矿物质水高，适合各阶段人群饮用，特别是儿童由于体内需水量多，含矿量高的水反而不利于吸收。

在纯净水里人工添加矿物质的方法，已经被许多饮用水厂家使用。但有些厂家通过添加氢氧化钠等化学品来释放钠钾阳离子，此类水的 pH 值会比纯净水高，但是氢氧化钠的添加不符合安全饮水的要求。氢氧化钠属于强碱性物质，不是食品，也不属于食品添加剂。

3）自来水

自来水是天然水的一种。天然水包括泉水、井水、河水和湖水，天然水的 pH 值一般在 7.0～8.0 之间，呈弱碱性。天然水一般不能直接饮用，必须经过净化处理，经过集中净化处理的天然水就是自来水。自来水是安全水，还含有天然饮水中的有益矿物质，是符合人体生理功能的水。但自来水存在管网老化、余氯等二次污染。如果能够深度净化，不失为一种更为大众化的健康水。

4）野外应急饮用水

野外应急饮用水是指水源经过处理满足一定时期野外应急使用的生活饮用水。野外应急饮用水适用的标准可以参考 GJB 651—1989《军队战时饮用水卫生标准》，该标准将饮用水分为 7 天(军用毒剂染毒时 3 天以内)或 90 天以内两种水质要求。超过 90 天、长期的饮用水质仍须符合 GB 5749《生活饮用水卫生标准》的要求。

1.1.2 水源

1. 饮用水源

水源通常是指水的来源或河流的发源地、源头。本书所讲的水源是指可作为饮用的水的来源(多数是不能直接饮用的)。这种水源应该是可以每年更新的水，因此，饮用水源也可以说是每年大气补给的各种各样的地表水，是动态的水。符合有关要求的地表水和地下水资源都可以用作饮用水源。

饮用水源按供水方式的不同，可分为两种：一种是集中式的饮用水源；另一种是分散式的饮用水源。我国大部分城市和农村习惯采用集中式的饮用水源，也就是由输配水管网来提供水源；也有一些农村地区或者偏远山区采用分散式的饮用水源，即直接采取浅层地下水或引流山泉、溪流供用户使用。

我国饮用水源大多是由河流、湖泊、水库和浅层地下水提供的，大部分南方城市都是采用河流、湖泊和水库中的水作为水源，而北方城市则习惯直接使用浅层地下水。

2. 野外应急供水水源

野外应急供水水源是指在野外实施应急供水时的水的来源，主要包括地表水、地下水和其他水源等。

1）地表水

地表水是指地表面的江河、水库、湖泊、池塘、海洋中的水和浅层地下水。地表水浊度高(浑浊)，水温变化幅度大，易受环境污染，但汲取方便。浅层地下水水质较好，但需要打井等作业。

地表水通常需要经过水质改善处理后才能使用。浊度低且未受到污染的河水、溪水，可不经水质改善处理直接供洗涤和机械冷却使用。水质较好的地表水需经检验符合饮用水水质标准或经卫生部门同意后，方可直接供人员饮用。

2）地下水

根据埋藏条件的不同，地下水包括包气带水、潜水、承压水，如图1-1所示。由于有地层防护并经地层渗滤，大部分地区的地下水水质澄清、无色、无味，且水温稳定，分布面广，不易受环境污染。

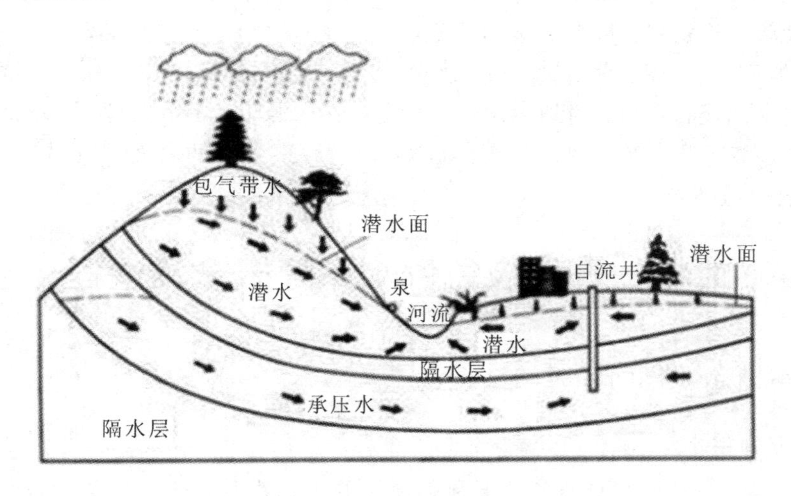

图1-1 地下水示意图

(1) 包气带水是地下水面以上的、空隙中气体与大气相通的、不饱和含水岩层中的水。包气带水可被植物吸收，但不能被人们取用。

(2) 潜水是第一个不透水层上部含水层内的重力水，水量、水质受外界补给条件(如降水量、地势、地层结构等)影响。潜水的水质虽比地表水好，但使用前也需检验。

(3) 承压水是两个不透水层间含水层的水，水量、水质稳定，不易受环境污染，但使用前也需要水质检验。

3) 其他水源

其他水源是指雨水和雪水等大气降水。大气降水极易被地面和空气中的污染物和病菌污染，初降雪水的污染程度更为严重，必须经过水质改善处理后方能饮用。若水质浊度低，可直接供洗涤和机械冷却使用。这类水可利用集水(池)坑、集水器或其他就便器材进行收集，作为供水的水源。

3. 野外应急供水水源选择原则

野外应急供水水源选择原则如下：

(1) 野外应急供水对水源的要求是水量充沛，水质良好，便于开发汲取，便于防护。

(2) 没有条件对水源进行检测的情况下，应选择有生物(如鱼、虾等)活动的水源作为应急供水水源。

(3) 在拟新开辟的地下水源和地表水源都能满足野外供水要求时，应根据时间、地形、设备器材的作业能力、方便性等条件选择水源。选择地下水源时，通常按泉水、潜水、承压水的顺序进行选择。选择地表水源时，按江河、水库、湖泊、池塘的顺序进行选择。在海岛和沿海地区，没有上述水源时，则利用天然降水；有条件对海水进行淡化处理时，才可选择淡化海水作为饮用水水源。

4. 地表水源的侦察方法

暴露于地表的各种水体，如海洋、江、河、湖泊、池塘和水库等的水都属于地表水。其中，海水、咸水湖泊、咸水池塘的水含盐量高，味苦咸，必须经过特殊处理才能饮用。其他各种地表水体均为淡水。一般情况下，地表水经过常规处理或无需处理就可饮用，地表水源是部队在野外条件下常用的给水水源。地表水源的侦察方法如下：

(1) 阅读和分析资料。根据下达的任务，认真地阅读和分析地形图和给水条件图，初步了解区域内的河流、水库、湖泊、池塘、溪渠、公路、乡村道路的位置和分布情况。

(2) 判定水源是否污染。对地表水源，首先观察水源附近有无污染源(如厕所、牲畜圈、垃圾堆、堆肥、墓地及工矿企业的三废排放等)，然后察看水的表面、中部及底部，最后判定水源是否遭受污染。

1.2 野外应急供水保障概念及过程

1.2.1 基本概念

1. 野外应急供水

野外应急供水，专指在野外条件下利用现场的可用水源，通过相关的技术措施和组织措施，按野外条件下的供水标准和饮用水水质标准以及其他有关规定，对野外作业的人员及相关设备提供用水保障的行为。

2. 野外应急供水技术

野外应急供水的水质应符合饮用水水质要求。野外应急供水的水源主要是地表水、地下水和其他水源，因此，一般情况下，水处理技术采用常规饮用水处理技术即可。在特殊环境下，如只有特殊水源或海水、苦咸水，需要采用水软化技术，特殊水源处理技术，海水、苦咸水淡化技术等，通过水处理技术的处理，为人员提供可饮用水。此外，在野外极端情况下也可采用灰水回用技术。

3. 野外应急供水任务

野外应急供水任务，是指在野外条件下，采用各种方法和手段满足野外人员工作、生活以及设备设施等用水的水质、水量要求。

4. 野外应急供水保障的定义与分类

野外应急供水保障是指对野外条件下工作、探险、旅游等的人员提供供水保障。

野外应急供水保障方法主要分为三类：集中保障、自筹保障、集中与自筹结合式保障。集中保障是由专业应急供水队伍进行保障，主要在野外作业人员工作、居住相对集中的情况下使用。自筹保障是由需要用水的人员，根据当地水源情况利用制式供水器材或简易方法获取用水，该方式主要适用于人员比较分散且有可用水源的情况。集中与自筹结合式保障是对人数较多且相对集中的地域实施集中保障，对于人数较少、分散较远且有可利用水源的情况采用自筹保障方式。

1.2.2　野外应急供水保障过程

野外应急供水保障过程是一个系统工程，其内容涉及野外供水信息获取、供水保障方案制定、供水保障力量编配、供水装备展开(形成野外供水站)和供水行动实施等多个步骤。供水行动包括水源侦察、汲水、水质处理、储水、输运水和(分)配水。通常，野外应急供水保障是在现地构筑野外供水站实施供水；在严重缺水地区可从其他地方输水或由野外人员(团队)携带水。

1. 水源选择及侦察

查清本地域内水资源和现有供水设施等情况，可借助现有资料、现场勘察、空中及卫星遥感、水文地质物探等手段。水源侦察分为现有水源侦察和地下水水源侦察两类。

1）现有水源侦察

现有水源是指已有的并可立即使用的水体，包括江河、湖泊、溪流、泉水、水井、水库和池塘等。现有水源侦察应在综合分析区域水资源资料的基础上进行，查明水源水质、水量和防护条件等情况。野外应急供水水源的选择应遵循“水质好、水量大、便于防护”等原则，按照井水、泉水、江河水、湖泊水和水库、池塘的顺序选用水源。当有多个水源可供选择时，应对其水质、水量、防护条件等进行综合评定，再择优选择，并结合供水方案作出评价。野外应急供水水源的位置选择应遵循下列原则：

（1）应选择在水质较好的地点。

（2）应选择在靠近主流、河床稳定、有足够水深的地点。

（3）应选择在地质及施工条件良好的地点。

（4）应选择在靠近主要用水地区的地点。

（5）应选择在便于卫生防护的地点。

水源侦察按照类型可分为水井侦察，泉水侦察，河流侦察和湖泊、水库侦察。

（1）水井侦查包括水井位置、井口形状、井壁结构；凿井日期、最近掏井时间、井水用途；井口直径、井底直径、地面至井底深度、地面至水面深度；含水层、涌水量，井水的物理性质和一般化学性质；防护条件、施工作业条件等内容。

（2）泉水侦察包括位置、泉水类型、泉水露头处地形、泉水的补给径流及排泄；含水层岩性及地质时代、含水层厚度、含水层顶底板岩性；泉水的物理性质和一般化学性质；涌水量、水温、泉水的气体成分、泉水沉淀物；泉水动态变化、泉水用途；防护条件、施工作业条件等内容。

（3）河流侦察包括观测点位置、河床出露岩层、层位；水位标高、水面宽度、水深、流速、流量、流向、水温；河水的物理性质和一般化学性质；河水动态变化、饮用水工程；防护条件、施工作业条件等内容。

（4）湖泊、水库侦察包括观测点位置、周围岩性及层位、补给来源；水面标高、水面面积、水深、容积、水温；水的物理性质和一般化学性质；防护条件、施工作业条件等内容。

2）地下水水源侦察

地下水水源是指野外条件下可以开采利用的地下水水体。地下水水源侦察前应收集分析现有资料，进行现地勘察。地下水水源侦察的内容应根据水文地质条件的复杂程度、需水量的大小等因素综合考虑，主要侦察的内容有地貌调查、岩性调查、构造调查等。地貌调查的内容包括地貌的形态、成因类型及各地貌单元间的界限和相互关系；地形、地貌与含水层的分布及地下水的埋藏、补给、径流、排泄的关系；新构造运动的特征、强度及其对地貌和区域水文地质条件的影响等。岩性调查的内容包括地层岩性、时代、层序及接触关系；地层的产状、厚度及分布范围；地层的透水性、富水性及其变化规律。构造调查的内容包括褶皱的类型，轴的位置、长度及延伸和倾伏方向，两翼和核部地层的产状、裂隙发育特征及富水地段的位置；断层的位置、类型、规模、产状、段距，断层上、下盘的裂隙发育程度，断层带充填物的性质和胶结情况，断层带的导水性、含水性和富水地带的位置；不同岩层层位和构造部位中裂隙发育特征、充填情况、延伸和胶结关系及其富水性。

地下水水源侦察方法有地下水遥测和水文地质物探等。地下水遥测完成后，应进行水文地质测绘。

在野外，水源勘察还可以凭借经验进行，如听、嗅、观察等是常用的凭借经验寻找水源的方法。

2．汲水

汲水是指采用汲水器材汲取地下或地表水供后续的净水、储运水等设备使用。野外应急供水宜采用汲水器材是水泵。水泵的选取需要考虑以下几点：

（1）水泵必须满足野外应急供水系统中所需要的最大流量和最高扬程。

（2）水泵的正常运行工况点应靠近它的设计工况点，以使水泵长期在高效率区运行。

（3）在最高与最低水位时，水泵均应能安全、稳定地运行。

（4）应确保所配用电机的电压等级为低压，并有防止电缆碰撞、摩擦的措施。

（5）泵的选择应包括确定水泵类型、规格、台数及与配套的发动机种类和功率。

（6）当供水量变化较大、水泵台数较少时，应考虑电机大小规格搭配使用，且型号不宜过多，电机的电压宜一致。

3. 水质处理

水质处理是指水源经过净化后，应达到《生活饮用水卫生标准》(GB 5749－2022)或工业用水水质标准(如机械用水)。任何类型的水源，供人员饮用时应经过消毒和水质检验。水的净化方法应根据水源水质情况、处理水量大小、使用标准、现地条件等因素综合判定。

一般情况，野外应急供水可选用的净化方法有混凝、沉淀、过滤、消毒、软化及除盐，对于地下水有需要时应进行除铁和除锰。由于受运载工具、搬运能力的限制，设备常采用多介质过滤器、“设备(砂滤罐等)＋微絮凝”工艺进行水质预处理，然后采用过滤(微滤、超滤或反渗透)、吸附(主要是采用活性炭)对水质进行深度净化。为保证野外净水设备在低温(0℃以下)情况下能够正常工作，应设有防冻保温措施。

野外应急供水宜使用氯或氯系制剂进行集中消毒。消毒剂投加点应根据原水水质、处理流程等确定，还应考虑水质变化情况。消毒剂可在过滤后单独投加，也可在工艺流程中多点投加。消毒用的氯或氯系制剂的投加量，应由水的加氯量试验确定。条件不允许时，也可采用估算的办法。当水源水质较好时，加氯量可采用1.5 mg/L～2.5 mg/L；当水源的水质较差或需要对浑水进行加氯消毒时，加氯量可采用5.0 mg/L～10.0 mg/L。需要注意的是，出水消毒剂残留程度和消毒副产物应符合《生活饮用水卫生标准》(GB 5749－2022)的要求。

4. 野外储运水

野外储运水主要是指净化水的储存和运输，也有少部分情况下用于原水的储存。在野外情况下，可以构筑简易的蓄水池用于储存净化水或原水，也可以用软体水罐(囊)储存净化水。当水源稀少或净化设备处理的水不能达到饮用水要求时，采用运水设备运输水。

5. 野外供水站

野外供水站是野外供水保障的主要设施。野外供水站具备取水、水质处理、水贮存、配送等功能，其目的是为野外人员提供符合标准的水。根据水源类型不同，野外供水站可分为地表水和地下水供水站。根据水质要求不同，野外供水站可分为饮用水、非饮用水(如机械用水、洗消用水等)供水站。

6. 野外供水工程装备

野外供水工程装备是完成供水保障作业的主要手段。根据装备与器材类型不同，野外供水工程装备可分为：水源勘察设备、供水站构筑装备、水质净化设备、输(运)水设备和供水设施修复设备等。为保障不间断供水，常采用成品水箱、水罐和软体储水袋以及就便器材来储存、运送水，有时也采用管道等输送水。

1.3　国内外野外供水保障的历史、现状及发展趋势

1.3.1　野外供水保障的历史及发展趋势

1. 野外供水保障的历史

古往今来，野外供水保障对军队的作战行动乃至战争胜负影响很大，尤其在干旱缺水地区作战时，这种影响甚至起决定作用。

现代军队的机动性大，行动地域广阔，一些地区地形及水文地质条件复杂，同时军队

的用水量急剧增加，这给野战供水保障任务增加了许多困难，特别是在使用核武器、化学武器、生物武器的战场上，地表水源甚至地下水源都会遭到不同程度的放射性沾染、染毒或生物污染，野战供水保障任务因此变得更加艰巨复杂。

为提高军队在未来战争中的野战供水保障能力，各国军队都很重视对野战供水保障的研究及其相关器材的开发研制工作，各国军队研制工作的目标是研制轻便、高效、多功能的系列化野战供水装备，并建立完整的野战供水保障体系。各国军队的野外供水技术也代表了相应国家的野外应急供水的主要发展趋势。

2. 野外供水保障的发展趋势

随着石油开采、地质勘探技术的发展以及人类对大自然的不断探索，野外工作、生活的难度越来越高，时间跨度也越来越长，水是保证野外生存、工作、生活的重要物质基础，由此带来了野外供水装备技术的快速发展。

1）改进野外供水及卫浴装备维护保养技术

目前，越来越多的石油开采、地质勘探以及野外拓展训练、探险旅游等要深入复杂陌生地域，因此改进野外供水装备维护保养技术尤为重要。例如，现有的运水车爬坡能力弱、机动性不强，把水送到所有地点比较困难；运水车上携带有若干个大型储水袋，但是储水袋容易破损而导致漏水。某些野外净水车通过消毒、过滤可使水达到纯净水标准，但是这种装备持续工作时间短，隔段时间就要进行保养维护，一旦其净水部件损坏只有专业人员才能处理，保养维修难度大。由此可见，野外供水及卫浴装备的维护保养技术应向简易化、易操作方面进行研发，以满足野外使用时非专业技术人员能够按照操作手册完成设备维护保养，且维护保养时间短，使得野外供水装备更加贴近野外使用特点。

2）提高野外取水技术

由于现代野外活动涉足的地方越来越多，经常会遇到完全无供水依托的恶劣环境，自然水源就成了必然选择。一方面，需要野外活动的人员具备很强的野外取水技能，加强野外生存技能训练；另一方面，需要在野外取水方面研发能够快速、简易取水的技术，以提高野外取水的能力。

3）提高野外水质检验技术

在野外水质检验方面，目前多数采用饮水消毒丸(其主要成分是氯)，虽说其消毒效果不错，但味道难闻。还有的消毒片只能杀菌，不能消毒。检水检毒是野外选择水源的关键程序，目前，大多凭经验判断水质。市场上现有的检水检毒箱存在操作程序繁琐、定性不准确等问题，尤其是大部分水质化验指标仍要靠肉眼来判读。自动水质检验检毒技术是野外供水技术的研究方向之一。

4）野外供水手段多元发展

野外供水手段发展应该更加多元化。针对野外供水难分发、难采集的问题，野外饮用水分装系统和水袋封装系统采用批量封装袋装饮用水等措施来提高野外用水保障效益。提高复杂恶劣野外环境下的保障能力的措施还有配发便携式单人饮水检毒器、过滤器和制式的露水收集器等。

5）供水设施和卫浴设施轻量化、智能化发展

体积小、重量轻，且易于展开和收撤的供水设施和卫浴设施做到了收撤时间短，携带

方便，使用便利。轻量化、智能化的设施可提供卫生的饮用水，提供便捷的卫浴设施，甚至可以智能回收处理污水。

1.3.2 国外野外应急供水保障

1. 美国野外应急供水保障

从20世纪80年代以来，除净水装备和运水装备有新品种增加以外，其他美军制式装备并没有太大的变化。2004年至2005年，净水装备增加了“15000 gal/h战术水净化系统”和“轻型水净化系统”；运水装备增加了“LHS可装载水罐支架系统”和“分队水罐挂车系统”。

(1) 净水技术方面，反渗透膜技术具有其他净水材料、工艺无可替代的优势。自反渗透膜技术在水处理方面得到应用以来，美军(其他外国军队亦然)的净水装备采用的主处理工艺均是反渗透工艺。在当前及今后一段时期内，在净水技术没有突破性进展的情况下，反渗透膜技术仍然是当今世界水处理(尤其是野外净水装备)，首要采用的净水技术。虽然反渗透总体技术路线不会有大的变革，但在提高反渗透膜材料的性能方面却有不断的进步，从而使得反渗透膜技术得到了越来越广泛的应用。例如，美军于2004年和2005年投入使用的“TWP”“LWP”总体技术水平就比20世纪80年代装备的“600 ROWPU”“3000 ROWPU”要高很多。

(2) 运水装备方面，美军新增的“LHS可装载水罐支架系统”和“分队水罐挂车系统”两种运水装备都具有以下特点：

① 运水装备都采用硬质水罐。

② 水罐都采取了保温措施，可在－32℃～49℃的环境温度下使用。

③ 系统都配有大流量内燃机泵、软管、接头等附属设施，可构建加水台，成为小型的配水点。

(3) 美军供水装备及技术发展趋势。作战方式的改变，带动战场供水保障模式的转变，继而带来美军战场供水技术的提升。下一步，美军着重进行的研究有：

① 反渗透净水装置技术。

a. 预处理水平的提高，使通过RO膜前的水质提高，降低RO膜污染，延长其使用寿命。

b. RO膜元件清洗、储存程序、化学药剂的提高，降低膜更换的频率、延长膜贮存的周期。

c. 新的诊断技术和设备的成套性，使得单根膜的更换成为可能，避免出现问题时更换一批膜。

d. 新的膜材料，提高膜的抗氯性、减小浓差极化效果和膜的污染。

② 正渗透膜分离技术。正渗透是一种不需外加压力做驱动力，仅依靠渗透压驱动的膜分离过程。正渗透膜分离技术相对于外加压力驱动的膜分离技术最显著的特点就是不需要外加压力或者在很低的外加压力下运行，而且膜污染情况相对较轻，能够持续长时间的运行而不需要清洗。

③ 新型单兵净水器。例如，“士兵增进计划”将“MIOX电解消毒笔”作为美军单兵净水器配发部队。“MIOX电解消毒笔”能消毒150～300 L水，仅用食盐做药剂，用一对锂电池做电源，比氯和碘的消毒效果更强。

④ 废气制水。废气制水是当今从非传统水源中取水最先进的净水技术之一，是从运输车辆、武器装备(如坦克、装甲车)等内燃机燃烧后的废气中取水。废气制水的基本原理是柴油燃烧后生成水和二氧化碳。

理论上来讲，1 kg 的柴油燃烧后会产生约 1 kg 的水。但考虑到燃烧不充分、柴油中含有其他杂质、收集净化过程中的损耗等因素，其回收率为 50%～70%。废气制水的基本工艺流程为：废气经热量交换、冷凝后，收集，再经过滤、活性炭纤维吸附、离子交换树脂等净化过程得到符合标准的饮用水。

⑤ 空气取水。空气是地球上分布最为广泛的水资源，几乎不受地域的限制。空气取水的方法有多种，美军利用沸石和经化学表面改性的活性炭联合创新的低能耗冷凝技术，使战场制水器成为现实。

空气制水和废气制水都不需要水源，将研制成的小型模块式净水装置嵌入战斗装备内，制成的水可供战斗部队维持 3 天高强度作战和 7 天低强度作战的生存能力。

其他减轻后勤负担的方式还有水的回用。收集洗澡、洗涤等“灰水”，净化处理后，回用于冲厕、绿化、冲洗装备，甚至可作为饮用水。

⑥ 水质实时、在线监测。传统的水质检测采用化学分析方法，耗时较长，且需专业人员完成。随着传感技术、先进分析手段的发展，美军在水质安全方面，采用全光谱、微电极技术，芯片技术，高灵敏度、高选择性的声波信号技术等，实现了水中微生物、有害物质的实时、在线监测。

2. 日本野外应急供水保障

日本是一个降雨量大的国家，日本的年平均降雨量为 1718 mL，是世界平均水平(807 mL)的两倍多，但日本人均水资源量仅是世界平均水平的一半。在人均水资源供应方面在世界 156 个国家中排名 91。尽管如此，日本还是解决了经济高速增长带来的用水需求急剧增加问题。其主要经验就是:通过先进的技术建立有效的水管理系统。日本在膜处理技术、海水淡化、回收污水等野外应急供水方面具有较强的优势。

例如，福冈是日本九州岛上的一个地区，其供水能力仅为实际用水量的三分之二。该地区为了解决供水难的问题，成立了“福冈地区水务局”。该机构专门服务于该地区六个城市和七个镇的供水。该机构启动了海水淡化项目，并于 2005 年 6 月开始运行。该项目海水淡化设施的最大生产能力为 50000 m^3/d，是日本最大的海水淡化设施之一。这套设施首先是在离岸超过 600 m、水深 11.5 m 的海床上设计安装了一个超大进水箱。这种设计不但解决了波浪的影响，还解决了航运通行的问题，甚至可利用海底的沙层对海水进行一次过滤。另外，利用设计的取水井和海面的高差，无需动力即可使海水流入取水井。这套设施还使用了能量回收装置，极大地减少了能源的消耗。

3. 其他国家供水保障

除了美国、日本外，其他国家也十分重视战场供水装备技术的研发。

1) 瑞士

瑞士军队为解决野外饮水问题，给部队装备了两个型号的供水装备：一种是供单兵连续使用九个月的笔式饮水器，其特点是使用轻巧方便，行军、作战时可以直接放在口袋里；另一种是产水量为 1 m^3/h 的净水车。

2）法国

法国研制并装备了四种野战净水装备：

（1）单兵净水器净水量 0.006 m^3/h，主要用于士兵在不超过 3 天的特殊情况下具有0.003立方米的饮用水自持能力。

（2）便携净水器净水量 0.2 m^3/h，自持能力 1.2 m^3，经过滤消毒可使净化水保持良好的生物安全性，但不保证其病毒安全性。

（3）机动净水器净水量 1.5 m^3/h，该装置采用蒸发、冷凝和离子交换法，净水能力大，整个过程全自动控制。

（4）集装箱式净水器净水量 7.5～10 m^3/h，净水量大、便于运输。

3）俄罗斯

为保障部队对饮用水和装备用水的需要，俄罗斯研制并装备了一系列性能优良的净水装备。俄罗斯的供水装备已形成系列化（如车载式、便携式等），产水量为 0.1～1 m^3，净水能力大小不等，可满足部队的不同需要。CKO－0.3BC 综合净水站系列的不同类型可分别装备在汽车，集装箱上，还包括小型的便携式装置。O11C－5 型淡化站主要用于水的清洁、淡化、去污染，主要设备包括带箱式车厢的基础车，由汽车发动机驱动的 30KBT 的发电机，水淡化和净化组件。BBY 系列主要有 BBY－2.5 和 BBY－6.3 两种，主要用于天然水源的净化和去污，以用于供水管线内自来水的进一步净化。上述净水设备均采用模块化设计，配备的各功能组件达到了通用化要求，净水过程自动化程度较高。

1.3.3　我国野外供水保障

我国石油开采、基础设施建设发展迅猛，同样也促进了我国野外供水技术的不断提高。野外供水保障水平不仅事关野外人的生活质量，而且是保证工作质量的必要条件。野外工作时，足够的水量才能保证人员的正常生活和设备的正常运转。野外除了饮用水、炊事用水，许多设备也离不开水。

近几年来，我国加大了应对灾害方面的投入，国内有许多企业也展开了相关的研究工作，野外应急供水、洗浴等产品也不断涌现，这满足了野外工作、旅游等方面的需求，而且在多种灾害处理方面起到了很重要的作用。

1.4　应急供水保障设备简介

1.4.1　应急供水设备应用前景

我国地理气候条件复杂，灾害种类多、发生频率高、分布地域广、造成损失大。2008 年1、2 月，我国南方部分省市发生严重的雪冻灾害，上千万人饮水困难，直接经济损失达1500 亿元。2008 年 5 月 12 日，汶川地区发生罕见的强烈地震，造成近千万人饮水困难、经济损失近万亿元。近年来，其他一些重大突发公共事件也不断出现，如 2005 年 11 月，松花江发生的严重水污染事故，哈尔滨 400 万人断水 114 h；2007 年，太湖蓝藻爆发引发无锡市饮用水危机；2014 年，兰州发生自来水苯污染事件等。我国每年因突发公共事件经济损失达 6500 亿元。

随着我国工农业生产的迅猛发展，水资源污染日益加剧，可直接饮用的天然水源越来越少。从20世纪60年代开始，饮用水的污染源已经从重金属污染、病原体污染等扩大到常规处理工艺无法控制的有机污染物，包括内分泌干扰物等在内的有机污染物有上千万种，此类污染物对人类健康的危害不是“急性中毒”，而是波及几代人的慢性中毒。我国不仅是一个水资源贫乏的国家，还是一个水资源污染严重的国家。目前，全国70%以上的河流湖泊遭到不同程度的污染，水污染不仅加剧了水资源的短缺问题，还严重威胁着人们的身心健康。

突发公共事件不仅造成重大人身伤害和经济损失，还会加重饮用水源污染，引发饮水危机。这对本身就存在饮水不安全的受灾地区来说，居民饮水安全更是雪上加霜。例如，在汶川地震中，近千万人口的饮水安全受到威胁，饮用水水质是灾后急需解决的重中之重。党和国家非常重视灾区居民的饮水安全，采取了送水车(或空投)送水、寻找清洁水源、修复破损供水管网、采用车载移动式大型水处理设备供水和小型水处理设备供水等一系列行之有效的措施，解决了灾区的应急供水问题。但是，由于条件所限，部分灾区居民的饮水安全还得不到有效保障，特别是本来就存在饮水安全问题的广大农村，其饮水安全更得不到保障。利用野外应急净水设备，就近取水、就地净化饮用水，是解决应急供水和分散供水条件下居民饮水安全的主要措施之一。

1.4.2 应急净水设备的特点及类型

1. 应急净水设备

随着水污染的加剧，从20世纪60年代起，美国、加拿大、日本等发达国家开始广泛使用适用于市政自来水龙头的小型家用净水器。在此基础上，各种应急净水设备也相继问世。从大型车载式一体化净水设备到小型手压式净水瓶，各类净水设备采用的都是利用活性炭吸附和膜分离技术。

1) 膜分离技术

膜分离技术是近几年发展起来的新技术。由于膜分离技术是利用压力作为膜分离的推动力，属于典型的物理分离过程。膜分离技术在常温下进行无相转变，分离过程无任何化学反应，不产生二次污染。膜分离技术中采用的膜孔径均匀，过滤精度高，可靠性强，孔隙率高，通量大。膜分离技术的杂质去除范围广，不仅可以去除溶解的无机盐类，还可以去除各类有机物杂质。同时膜分离技术的分离装置简单，占地面积小，处理规模可大可小，可以连续或间断运转，工艺简单，操作方便，容易维修，易于自动化。按照膜种类从孔径由大到小来分类，有微滤(MF)膜、超滤(UF)膜、纳滤(NF)膜和反渗透(RO)膜等。

膜分离技术主要特征见表1-1。

(1) 微滤(MF)膜微滤是传统过滤法的直接延伸，属于亚微米级范围。微滤膜孔径大于0.1 μm，主要过滤水中的泥沙、铁锈、大颗粒物质以及部分微生物等，对后序组件起保护作用。

(2) 超滤(UF)膜超滤比微滤孔径更小，去除水中的浊度效果好，能有效滤除大肠菌群、粪大肠菌、隐孢子虫、贾第鞭毛虫等微生物。在实际应用中，超滤膜需要与其他技术(如活性炭)相结合的处理工艺才能达到较好的处理效果。

(3) 纳滤(NF)膜纳滤是介于超滤和反渗透之间的一种压力驱动膜，孔径在几纳米左右，可去除小分子量有机物及二价金属离子；纳滤膜能有效去除水中致突变物质，Ames试验(污染物致突变性检测)阳性水变为阴性，TOC(总有机碳)去除率高达90%。纳滤膜还可有效地去除硬度，完全去除色度和各种微生物，作为物理消毒以取代常规化学消毒。

(4) 反渗透(RO)膜反渗透技术是膜分离技术的一个重要组成部分。反渗透是渗透的反向迁移运动，是一种在压力驱动下，借助于半透膜的选择截留作用将溶液中的溶质与溶剂分开的分离方法。反渗透膜只能在高压(渗透)力下产生作用，孔径小于1 nm，可去除水中的分子态和离子态溶解物。

反渗透技术可将原水中的无机离子、细菌、病毒、有机物及胶体等杂质去除，以获得高质量的纯净水。因反渗透技术具有产水水质高、运行成本低、无污染、操作方便、运行可靠等诸多优点，已成为海水和苦咸水淡化，以及纯水制备的节能、简便技术。

表1-1 膜分离技术主要特征

工艺类型	微滤(MF)	超滤(VF)	纳滤(NF)	反渗透(RO)
机理	筛滤	筛滤	筛滤、渗滤	筛滤、渗滤
压力差(MPa)	0.1	0.1～1	0.5～1	0.5～1
截留物	悬浮物颗粒、纤维、细菌和藻类	不同分子量的胶体大分子、病毒	小分子量有机物及二价金属离子	水中的分子态和离子态溶解物
膜类型	多孔膜	非对称性膜	非对称性膜或复合膜	非对称性膜或复合膜
膜更换期(年)	1～2	3～5	3～5	3～5

2) 活性炭吸附

活性炭具有较大的表面积和微孔，是水处理中最常用的一种吸附剂。活性炭兼有过滤作用，对水中微量有机污染物具有优良的吸附特性，是除色、臭、味最有效的方法之一。此外，在活化过程中，活性炭表面的非结晶部位形成一些含氧官能团，这些基团使活性炭具有化学吸附和催化氧化、还原性能，能有效去除水中一些金属离子。活性炭对水中的异味、色度、铁、锰有很好的吸附去除效果，对其他金属离子也有一定的吸附去除作用，对三卤甲烷的吸附率可达到70%，对水中的有机物吸附率达到75%，不吸附硬度物质(如钙镁等离子)，对微生物的吸附效果稍差。

净水方式大多用到活性炭，活性炭在净水系统中分为前置炭和后置炭。前置炭一般用来吸附水中有机物、余氯等物质，提高膜的入口水质，并起保护滤膜的作用。后置活性炭可以改善因过滤分离膜长期浸泡而变差的出口水质。

2. 应急净水设备的类型

近年来，我国的一些企业也开始生产家用净水器，并在市场上广泛销售。净水器已越来越多地进入居民家庭生活中。随着突发事件的频繁发生，各种一体化净化设备也随之出现，而且在应急饮水安全方面发挥着巨大作用。在2008年的汶川特大地震中，各种类型的应急净水设备，使灾民的饮水安全得到了保障。

应急净水设备实质上是饮用水深度净化的小型化设备通过各净化组件的优化组合，处理水中的浊度、色度、异臭和有机物等。应急净水设备具有移动方便、操作简单、不受电源限制(具备多动力源)、适应性强等特点，既适用于应急条件下的饮用水净化，又适用于小型集中供水区或分散式供水区。应急净水设备主要有以下几种类型。

(1) 移动式饮用水处理系统：综合采用预处理、反渗透膜、活性炭、紫外线技术生产纯净水，适用于各种水源水；采用发电机、不受停电影响。移动式饮用水处理系统采用车载方式，移动方便，流动性强。

(2) 一体化净化设备：高浊度水经过多介质过滤器、活性炭过滤器及消毒设备后，出水水质达到生活用水标准。一体化净化设备处理效率高，重量轻、体积小、运输方便。

(3) 固定式小型反渗透净化设备：通过反渗透膜，去除水中的悬浮物、微生物、溶解性有机物、重金属、无机离子等物质，生产纯净水。固定式小型反渗透净化设备体积小、重量轻、运输方便，适用于低浊度水源，污染指数小于5，或对污染水源进行预处理。

(4) 手压式小型水处理设备：用手动代替电源，适用于含泥沙等悬浮物较多(不受有毒、有害物质污染)的河、湖、渠、沟、池水水源。手压式小型水处理设备体积小、重量轻、运输方便。手压式小型水处理设备不仅适用于应急饮用水处理，也可以在交通、电力欠发达的农村地区就近取水、就地处理并产生安全卫生的清洁水。

(5) 水瓶：野外个人用简单过滤器。

3. 使用应急净水设备的注意事项

1) 依据水源水质选用不同的膜处理方法

微滤膜和超滤膜孔径相对较大，可去除高浊度水中的大颗粒悬浮物、孢囊、细菌、病毒等。由于运行压力低，不仅适于处理地下水，还适合处理地表水。

纳滤膜对总盐的去除率在50%～70%，对二价离子(如钙、镁)的去除率特别高，在净水处理中适用于硬度和有机物高且浊度低的原水(进水要求几乎不含浊度)，因此，纳滤膜仅适用于浊度低的水处理。例如，地表水处理必须要有常规处理，用微滤和超滤作为预处理。

反渗透膜有良好的截留性能，可将大多数无机离子从水中去除，但反渗透运行压力高、能耗大。膜本身对于pH值、温度、某些化学物质较敏感，有一定的要求；同时，为了避免膜表面被污染，对各种微生物、悬浮物、胶体、乳化油有严格的要求。为了满足反渗透膜对水质的要求，原水在进入膜之前必须进行妥善的预处理，才能保证反渗透膜的使用寿命，确保出水流量稳定。

在应急条件下，如果饮用水水源含泥沙等悬浮物较多(不受有毒、有害物质污染)，可采用微滤和超滤相结合的分离技术；如果水源水硬度高、含有机污染物，可选用纳滤或反渗透分离技术。

2) 及时清洗，防止膜污染

膜污染是指处理水中的微粒、胶体粒子或溶质大分子与膜存在物理、化学相互作用或机械作用而引起的在膜表面或膜孔内吸附、沉积造成膜孔径变小或堵塞，使膜产生透过流量与分离特征的不可逆变化现象。膜污染常发生在3种场合，即浓差极化、大溶质的吸附和吸附层的聚合。

膜受到污染的明显特点是：单位面积迁移水速率逐步下降(膜通量下降)，通过膜的压力和膜两侧的压差逐渐增大，膜对溶解于水中物质的透过性逐渐增大(矿物截流率下降)。为了防止膜污染，根据原水水质情况可采取一些必要措施。例如，在膜过滤前，对原水进行预处理，去除一些较大的粒子；调节pH值；改变膜材料或膜表面性质；改善膜组件及膜系统的结构；控制溶液温度、流速、流动状态、压力等。

此外，膜组件应及时清洗，延长膜的使用寿命。清洗方法有物理清洗和化学清洗。物理清洗是用机械方法从膜面上去除污染物，这种方法具有不引入新污染物、清洗步骤简单等特点，但该方法仅对污染初期的膜有效，清洗效果不能持久。物理清洗包括正方向冲洗、变方向冲洗、振动、空气喷射、自动海绵球清洗等。在不能达到清洗目的时，应适当使用化学清洗，化学清洗是利用化学试剂与污染物的反应，去除膜上的污染物。常用的化学试剂包括酸、碱、螯合剂、氧化剂和按配方制造的产品等。

3）按时更换膜组件，保证出水水质合格

膜孔受到水中杂质阻塞，即使采用物理、化学方法去清洗膜孔，膜也会由于时间过久而积垢过多，失去原有的分离能力，这时，必须更换新的膜组件以保证出水水质合格。

综上所述，正确操作、合理保养是延长膜组件使用寿命、保障饮水安全的重要措施。

1.4.3 应急水处理设备介绍

1. 美国野外应急水处理设备

美国（尤其是美军）野外应急水处理设备品种齐全、规格多样，其品种涵盖了供水保障链的各个环节：水源开设、净水、输配水、储水、用水、水质监测（检测）；其规格可满足从单兵、分队到军团的不同规模要求。美军可从品种繁多的“通用军品定额表”中订购满足其需要的各种设备，但其制式装备品种却不算多。下面就美军制式供水装备作一介绍。

1）水源开设

水源开设主要为钻井装备。美军制式打井装备是“600 英尺钻井系统”。

2）净水装备

美军净水装备有 4 种，都采用反渗透膜处理技术。如图 1－2 所示，分别是：“600 gal/h 反渗透水净化装置”“3000 gal/h 反渗透水净化装置”“1500 gal/h 战术水净化系统”“轻型水净化装置”。

600 gal/h反渗透水净化装置

3000 gal/h反渗透水净化装置

1500 gal/h战术水净化系统

轻型水净化装置

图 1－2 美国反渗透净水装置

3）输配水、储水装备

输配水、储水装备品种和规格较多，主要是：

（1）“战略输水管线”，一个工作日内(20 h)可以输送2725 t水，最长可输水112.4 km。

（2）“前方地域供水站系统”，由水罐、水泵、软管等构成供水网络，按需将水分配至4个用水点。

（3）“水储存和分配系统”，由20 kgal或50 kgal的软体水罐、水泵、加氯器及软管、分水器、水枪等构成分水点，向外配水。

（4）“配水和废水管理系统”，主要用于野战医院给水分配及废水管理。该系统容量依据配给的织物罐而定，通常为18 kgal和20 kgal。

（5）其他储水、盛水容器，有“3000 gal洋葱软体储水罐”“储水鼓”“静态枕形储水罐”，以及班组或单兵储水、盛水容器。“储水鼓”有3种规格：55 gal、250 gal、500 gal，能在水中拖行，可用直升机吊运，还可于地面上短途牵引拖行。“静态枕形储水罐”的规格从1 kgal、2 kgal～100 kgal、500 kgal。班组或单兵储水、盛水容器包括“5 gal水罐”“1 qt水壶”“2 qt水壶”以及其他单兵饮水容器。

4）运水装备

美军运水装备有：“软体运水囊半挂车”(3 kgal或5 kgal规格)，“400 gal水罐挂车”，2000 gal“LHS可装载水罐支架系统”(俗称“河马”)，800 gal“分队水罐挂车系统”(俗称“骆驼”)。

5）用水装备

美军没有单独的制式用水装备，其用水装备一般都配属于其他的供水装备，如“轻型水净化系统”“LHS可装载水罐支架系统”“分队水罐挂车系统”“前方地域供水站系统”安装了水龙头，可供美军的单兵水壶及其他单兵器材取水。美军还可以从“通用军品定额表”中选取其需要的用水设备及器材。

6）水质监测(检测装备)

美军对水质的要求极为严格，从水源水到净化后的水、配水点的水、终端的用水；从饮用水到洗浴、洗涤用水、回用水，都进行定期的检测分析。对不同用途的水都有相应的标准，饮用水标准还分短期、长期两种，短期标准是指在野外执行任务不超过30天需采纳的标准；长期标准是指在野外超过30天以上需采纳的标准，超过30天不但要定期用野外携带的检测仪器进行分析检测，还要定期取样送到美国国内的实验室进行全面的、高级的水质分析。

美军野外水质检测设备主要是“水质分析成套装置”，另外还有美国哈希公司的多款“野外实验室”可供选择。

7）远征水包装系统

自1991年以来美军就大规模地向部队分发瓶装水。如图1-3所示，美国远征水包装系统安装在20英尺国际标准集装箱内，每小时可生产1 L装瓶装水的数量为400～500个，每天可生产3500～5500个。按3 L/人/天的饮用水量来计算，该系统可为1800人提供饮用水。

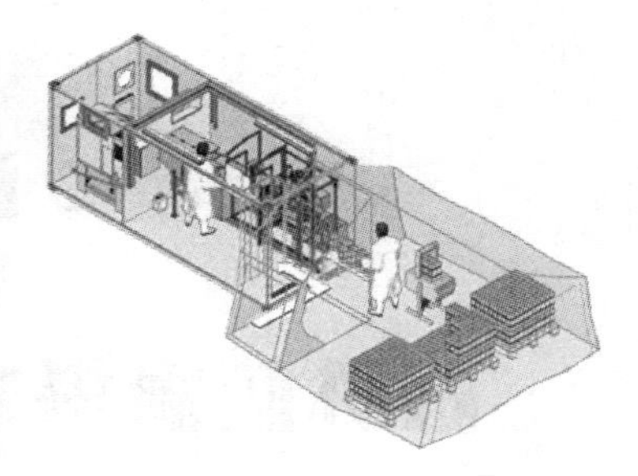

图 1-3　美国远征水包装系统

2. 日本野外应急水处理设备

日本开发了一种移动淡化装置，该装置是安装在一个 4 t 载重的卡车上，具有较强的净水能力和机动性，该装置每天的产水量约 7.2 t。该装置配备了一个压力为 6 MPa 的水泵，顶部安装有可扩展的太阳能电池板(展开后的宽度是运载卡车的 2 倍多)和 2 台风力发电机。在晴朗的天气下，太阳能和风力发电机所提供的电力可满足系统的供电。该装置的混凝药剂使用的是聚谷氨酸和钙等天然物质制成的混凝剂，不但安全，且几乎不影响水体的 pH 值。

日本市场上还有很多小型的应急净水器，如图 1-4～图 1-7 所示。

图 1-4　小型应急净水器(手动式、日本)

图 1-5　小型应急净水器(电动与手动并用、日本)

图 1-6　小型双功能应急净水器(手动式、日本)

图 1-7　净水瓶(日本)

第2章

野外应急供水基本理论

2.1 水力学基础

水力学是力学的一个分支，主要是研究液体平衡和机械运动规律及其实际应用的一门技术科学。水力学分为水静力学和水动力学两大部分。水静力学是研究液体平衡的规律，即研究液体处于静止或相对平衡状态下，作用于液体上的各种力之间的关系。水动力学是研究液体运动的规律，即研究液体在运动状态下，作用于液体上的力与运动要素之间的关系，以及液体的运动特性与能量转化等。

液体具有不易压缩的性质，但却不能承受拉力(只能承受微小的表面张力)，而且在任何微小的切力作用下都不能保持固定的形状而发生连续变形，即容易流动。

液体是由无数进行着复杂的微观运动的液体分子组成的，而且分子之间存在着空隙。水力学并不研究液体的微观运动，而是研究液体的宏观机械运动规律。与其所研究的液体范围相比，液体分子之间的空隙要小得多，如水的分子直径约为 3×10^{-8} cm，其分子间距与分子直径同数量级。因此，水力学不考虑存在液体分子间空隙的情况，把液体看作是由无数没有微观运动的液体质点组成的且没有空隙的连续体，并认为液体中各种物理量的变化是连续的。这种假设的连续体称为连续介质。

当液体被看作为连续介质时，既可以不考虑复杂的分子运动，又可以应用高等数学中的连续函数来表达液体中各种物理量之间的变化关系，为研究液体运动规律带来极大的方便。实践证明：在连续介质这一假设的条件下得到的结论具有足够的精度，完全能够满足工程实践的要求。因此，对于水力学问题的研究，一般都是建立在连续介质的假设基础上。

2.1.1 水静力学

水静力学是指研究液体在静止或相对静止状态下的力学规律及其在工程实际中的应用。静止是指液体对于所选定的坐标系无相对运动。相对静止是指液体质点之间没有相对运动。需要注意的是，液体整体相对于地球有相对运动。

由于静止液体中没有任何相对位移，可以把静止液体假想“刚化”，即静止液体可以作为“刚体”考虑。因此，液体静力学的全部论述完全采用了研究刚体平衡规律的原理和方法，即理论力学中静力学的有关部分。

由液体的物理性质可知，在静止或相对静止的液体中不存在切力，同时液体又不能承受拉力，因此，静止液体中相邻两部分之间以及液体与相邻的固体壁面之间的作用力只有静水压力。

水静力学的核心问题是根据平衡条件求解水中的压强分布，以及静水压强的规律，进而确定各种情况下的静水总压力。

1. 静水压强

在静止的液体中任取一点 m，围绕 m 点取一微小面积 ΔA，作用在该面积上的静水压力为 ΔP，如图 2-1 所示。面积 ΔA 上的平均压强为

$$\bar{p}=\frac{\Delta P}{\Delta A} \tag{2-1}$$

如果面积 ΔA 围绕 m 点无限缩小，当 $\Delta A\to 0$ 时，比值 $\Delta P/\Delta A$ 的极限称为 m 点的静水压强，即

$$p=\lim_{\Delta A\to 0}\frac{\Delta P}{\Delta A} \tag{2-2}$$

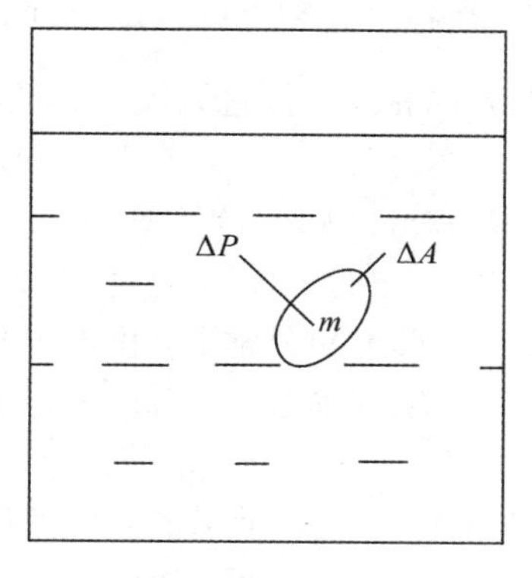

图 2-1　静水压力示意图

注意： 压强的国际单位为帕(Pa)，1 Pa=1 N/m^2；气压的单位用巴(bar)、毫巴(mbar)，1 bar=1000 mbar=10^5 Pa。

2. 静水压强的特性

(1) 静水压强垂直于作用面，并指向作用面的内部。

图 2-2 所示为静水压强方向分析示意图。在平衡的液体中取出一块液体 M，现用 N—N面将 M 分为Ⅰ、Ⅱ两部分，如图 2-2(a)所示。若取出第Ⅱ部分作为脱离体，为保持平衡，在分割面 N—N 上，应增加适当的力以代替原周围接触流体对它的作用。

设Ⅱ部分某点 K 所受的静水压强为 p，围绕 K 点所取的微分面积 dA 上作用的压强为 dp。如图 2-2(b)所示，当静水压强 dp 不垂直于作用面时，dp 可分解为两个力：一个力垂直于作用面(dp_n)；另一个力与作用面平行(dp_τ)。这个与作用面平行的力为切力。因为静止液体不能承受切力，所以平行于作用面的切力为零。由此可知，静水压强应垂直于作用面。

如图 2-2(c)所示，当垂直分力的方向是向外时，即拉力。因为液体不能承受拉力，所以静水压强的方向是指向作用面的。

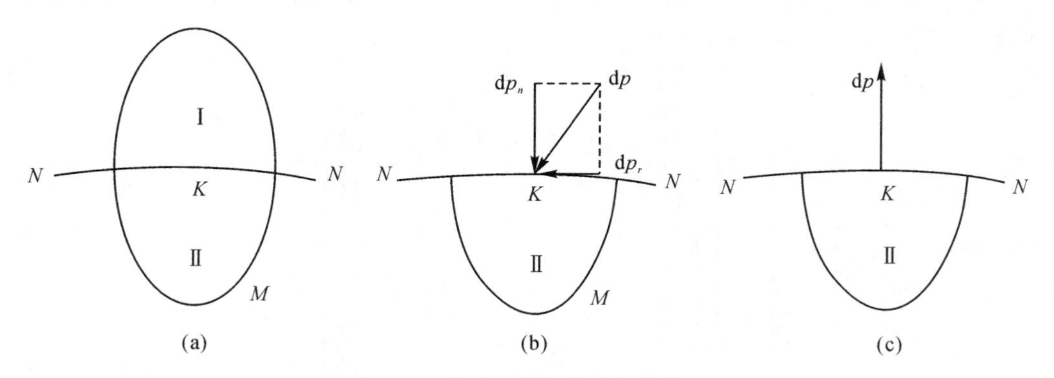

图 2-2　静水压强方向分析示意图

(2) 静止液体中任一点处各个方向的静水压强大小相等，即任一点处的压强数值与该压强作用面的方位无关。

3. 重力作用下的液体平衡

在实际工程中，很多的液体平衡是指液体相对于地球是静止的，这种静止为绝对静止。

在这种情况下，作用于液体的质量力只有重力，若取 z 轴铅直向上为正，则单位质量力(重力)在各坐标轴上的投影分别为 $X=0$、$Y=0$、$Z=-\frac{mg}{m}=-g$，负号表示重力的方向与 z 轴的方向相反，将它们代入式得

$$dp=\rho(Xdx+Ydy+Zdz)=-\rho g dz \tag{2-3}$$

积分式(2-3)可得

$$p=-\rho gz+C=-\gamma z+C \tag{2-4}$$

式中，C 为积分常数，由边界条件决定。

如在液面上，$z=z_0$，$p=p_0$，则有 $C=p_0+\gamma z_0$，代入式(2-4)可得

$$p=p_0+\gamma(z_0-z) \tag{2-5}$$

式中，z_0-z 表示由液面到液体中任一点的深度，用 h 表示。

则式(2-5)可以写为

$$p=p_0+\gamma h \tag{2-6}$$

式(2-6)是重力作用下的液体平衡方程，称为水静力学方程。式(2-6)表明在重力作用下静止液体中任一点的静水压强 p 等于液面压强 p_0 加上液体重度 γ 与该点在液面下的深度 h 的乘积之和。该式可以计算静止液体中任意一点的压强值。

水静力学的另一个表达式可以由式(2-4)中的方程 $p=-\gamma z+C$ 得来，对该式变形得到

$$z+\frac{p}{\gamma}=C' \tag{2-7}$$

式(2-7)表明：在重力作用下，静止液体内各点的 $z+p/\gamma$ 为一常数。下面对 $z+p/\gamma$ 的意义作进一步的说明。

设液体的重度为 γ，表面压强为 p_a 在容器的侧壁上开小孔，并接一根上端开口的细玻璃管以形成测压管。无论小孔开在侧壁或底部的哪一点上，测压管中的液面都与容器内的液面齐平，如图2-3所示。如果取某一水平面为基准面，测压管液面到基准面的高度由 $z+p/\gamma$ 组成。其中 z 表示该点位置到基准面的高度，p/γ 表示该点压强的液柱高度。在水力学中常用“水头”代替高度，所以 z 又称为位置水头，p/γ 称为压强水头，$z+p/\gamma$ 称为测压管水头。

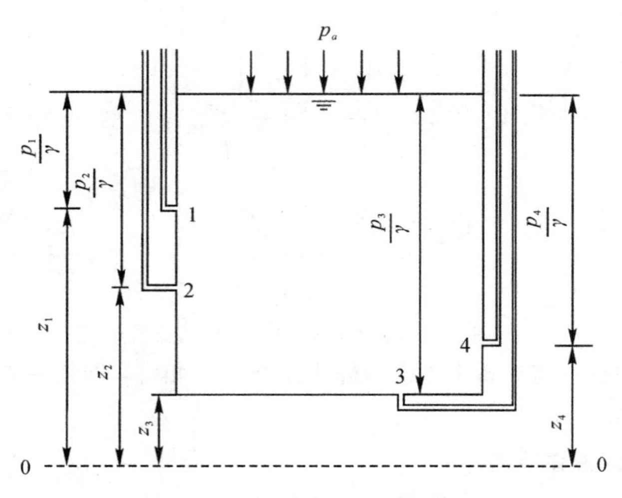

图2-3　盛静止液体容器的液体平衡示意图

由图 2－3 可以得出

$$z_1+\frac{p_1}{\gamma}=z_2+\frac{p_2}{\gamma}=z_3+\frac{p_3}{\gamma}=z_4+\frac{p_4}{\gamma}=C \tag{2-8}$$

式(2－8)说明：在连续静止的液体内各点的测压管水头线都相等。如果容器是封闭的，液体表面上的压强 p_0 大于或小于大气压强 p_a，则测压管中的液面会高于或低于容器内的液面，但不同点的测压管水头线仍在同一水平面上，即各测点的测压管水头线仍为常数。

4. 静水压强的测量

在工程或实验室中，为了测量液体中某点的压强，常用各种液柱测压计或压力表来测量该点的压强。静水压强的测量设备具体如下。

1）测压管

测压管实际上就是一根玻璃管，管的上端开口，与大气相通；管的下端与需要测量压强的点相连，如图 2－4 中的 A 与 B 所示。

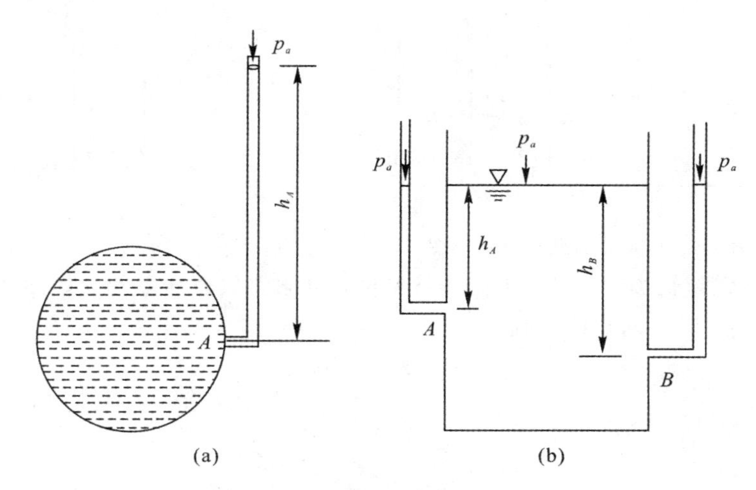

图 2－4　测压管测压示意图

如果要测量 A 点和 B 点的压强，只要将测压管与 A 点和 B 点相连，玻璃管中的液柱高度 h_A 和 h_B 表示容器中 A 点和 B 点的压强水头，测压管的直径约为 10 mm。测压管只适用于测量较小的压强。若要测量较大的压强，则测压管过长，应用并不方便，所以经常采用 U 形水银测压计测量较大的压强。

2）U 形水银测压计

U 形水银测压计内盛装水银，它的一端与大气相通，另一端与测点连接，如图2－5所示。如容器中 A 点的液体压强大于大气压强，则点 A 的压强为

$$p_A=\gamma_{汞}\Delta h-\gamma a \tag{2-9}$$

3）压差计

若需要测量的只是液体中两点的压强差，则可用压差计(也称比压计或差压计)直接测量。压差计可分为空气压差计、油压差计和水银压差计。图 2－6 所示为一种空气压差计，U 形管上部分充以空气，下部分的两端用橡皮管连接到容器中需要测量的 1、2 两点。如果 1、2 两点的压强不相等，则 U 形管中的液面高度不同形成液面差 Δh，因空气的重量很小，

可以认为两管的液面压强相等(都是 p_0)，于是有

$$\begin{cases} p_1 = p_0 + \gamma(\Delta h + y - a) \\ p_2 = p_0 + \gamma y \end{cases} \tag{2-10}$$

由式(2-10)得

$$p_1 - p_2 = \gamma(\Delta h - a) \tag{2-11}$$

在测得 Δh 和 a 后，即可求出 1、2 两点的压强差。

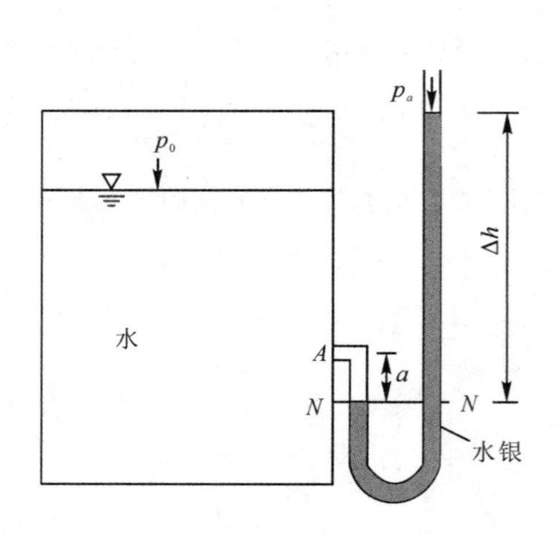

图 2-5 U 形水银测压计示意图

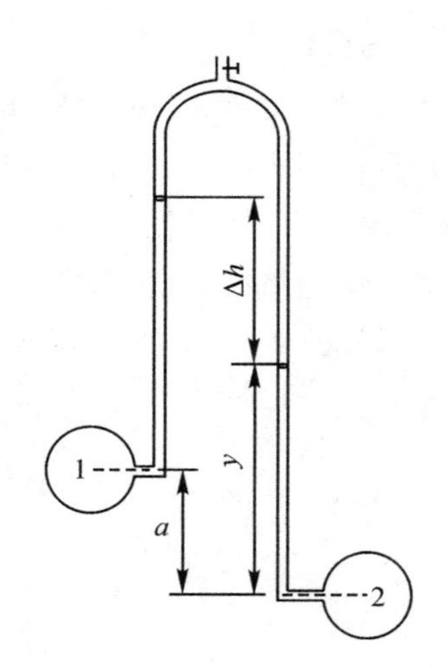

图 2-6 压差计示意图

当测量的压强差较小时，为了提高测量精度，可倾斜放置压差计，如图 2-7 所示。用倾斜压差计测量的 1、2 两点的压强差为

$$p_1 - p_2 = \gamma(\Delta L \sin\alpha - a) \tag{2-12}$$

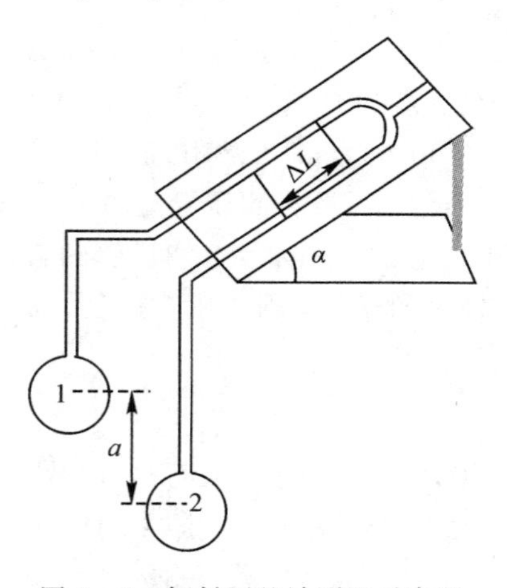

图 2-7 倾斜压差计测压示意图

为了测量更小的压强差，可将压差计内的空气换成重度更小的另一种液体(如油类)，按同样的方法可求得 1、2 两点的压强差为

$$p_1 - p_2 = (\gamma - \gamma')\Delta h - \gamma a \tag{2-13}$$

式中，γ' 为另一种液体(如油类)的重度。

当所测量的压差较大时，可用 U 形水银压差计，如图 2-8 所示。在 U 形管中充以水

银，根据等压面原理，断面 1—1 为等压面，可得

左面：
$$p_1 = p_A + \gamma z_A + \gamma \Delta h = p_A + \gamma (z_A + \Delta h) \tag{2-14}$$

右面：
$$p_1 = p_B + \gamma z_B + \gamma_{汞} \Delta h \tag{2-15}$$

$$p_A - p_B = \gamma (z_B - z_A) + (\gamma_{汞} - \gamma) \Delta h \tag{2-16}$$

如果 A、B 两点在同一水平面上，则

$$p_A - p_B = (\gamma_{汞} - \gamma) \Delta h \tag{2-17}$$

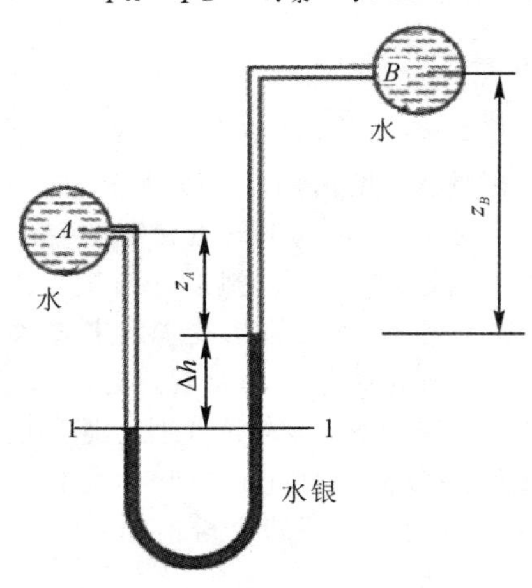

图 2-8　U 形水银压差计测压示意图

4）真空计

真空计是测量真空值的仪器，如图 2-9 所示。如果容器 A 中液面压强小于大气压强，由于真空作用而将容器 B 内的水吸上一高度 h_V，则液面压强为

$$p_0 = p_A = p_a - \gamma h_V \tag{2-18}$$

由此可得

$$h_V = \frac{p_a - p_0}{\gamma} \tag{2-19}$$

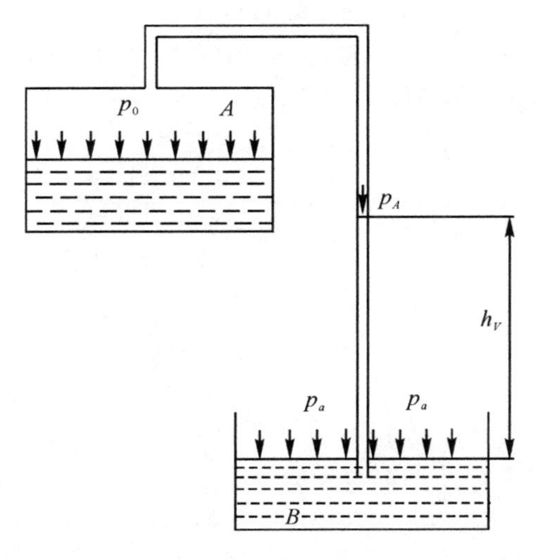

图 2-9　真空计测压示意图

以上介绍的是液柱式测压计，其优点是测量精确度较高，其缺点是量测范围较小，携带不便，多在实验室中使用。

5）压力表和真空表

除液柱式测压计外，还有压力表。压力表是利用待测压力与金属弹性元件变形成比例的原理来测量压力的。压力表的量程较大，一般用 kN/m^2 作为压强的单位，其值为相对压强。真空表的工作原理与压力表的相同，表盘读数单位常用 N/m^2 表示。

2.1.2 水动力学

在自然界和工程实践中，液体常处于运动状态。所谓液体的运动，是指液体内部流层间以及液体与其周围边界间存在相对运动的流动。液体物理性质的多变性以及液体边界的复杂性，使实际工程中的液体运动千变万化，运动形式也异常复杂。不论液体的运动状态和运动形式如何变化，总有其内在的规律，液体的运动仍然遵守质量守恒、能量守恒和动量守恒定律。液体的运动特性可以用流速、加速度、动水压强等物理量来表示，这些物理量统称为液体运动的要素。水动力学的基本任务就是研究这些运动要素随时间和空间的变化情况，进而建立这些运动要素之间的关系式，并用这些关系式来解决工程上遇到的实际问题。

当液体运动时，其运动要素一般都随时间和空间而变化。液体又是由众多的质点所组成的连续介质，描述整个液体的运动规律一般有拉格朗日法(Lagrange)和欧拉法(Euler)两种方法。

1）拉格朗日法

拉格朗日法以液体中的每个质点为研究对象，通过对每个液体质点运动规律的研究来获得整个液体运动的规律性。这种方法又称为质点系法或“跟踪法”。

假设某一液体的质点 M 在 t_0 时刻占有空间坐标为(a，b，c)，该坐标称为起始坐标；在任意时刻 t 所占有的空间坐标为(x，y，z)，该坐标称为运动坐标，如图 2－10 所示。运动坐标应取决于讨论质点及其经历的时间，即运动坐标可表示为时间 t 与确定该点的起始坐标的函数，其表达式为

$$\begin{cases} x=x(a,b,c,t) \\ y=y(a,b,c,t) \\ z=z(a,b,c,t) \end{cases} \tag{2-20}$$

式中，a、b、c、t 称为拉格朗日变数。

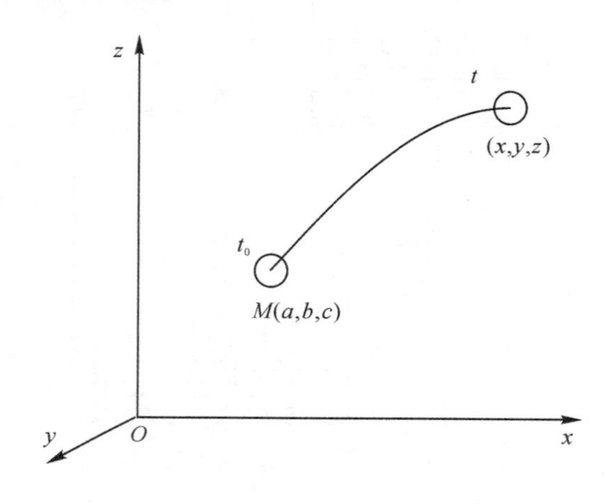

图 2-10　运动坐标

若给定方程中的 a、b、c 值，就可以得到某一特定质点的轨迹方程，如果令(a, b, c)为常数(即某一确定的质点)，t 为变数，即可以得出这个确定质点在任意时刻所处的位置。如果令 t 为常数，(a, b, c)为变数，即可得出某一瞬时不同质点在空间的分布情况。

若要知道任一液体质点在任意时刻的速度，可对式(2-20)求导得

$$\begin{cases} u_x = \dfrac{\partial x}{\partial t} = \dfrac{\partial x(a,b,c,t)}{\partial t} \\ u_y = \dfrac{\partial y}{\partial t} = \dfrac{\partial y(a,b,c,t)}{\partial t} \\ u_z = \dfrac{\partial z}{\partial t} = \dfrac{\partial z(a,b,c,t)}{\partial t} \end{cases} \tag{2-21}$$

对式(2-21)求导，可得出液体质点运动的加速度，即

$$\begin{cases} a_x = \dfrac{\partial u_x}{\partial t} = \dfrac{\partial^2 x}{\partial t^2} = \dfrac{\partial^2 x(a,b,c,t)}{\partial t^2} \\ a_y = \dfrac{\partial u_y}{\partial t} = \dfrac{\partial^2 y}{\partial t^2} = \dfrac{\partial^2 y(a,b,c,t)}{\partial t^2} \\ a_z = \dfrac{\partial u_z}{\partial t} = \dfrac{\partial^2 z}{\partial t^2} = \dfrac{\partial^2 z(a,b,c,t)}{\partial t^2} \end{cases} \tag{2-22}$$

由以上分析可以看出：拉格朗日法适用的是熟知的物理学上研究质点运动的方法。该方法物理概念清楚，易于理解。但用拉格朗日法分析液体质点运动的历史情况是比较困难的，其数学处理过程也十分复杂。这是因为拉格朗日法把液体的运动看成是无数质点运动的总和，以研究个别液体质点的运动过程为基础，通过研究足够多的液体质点的运动来掌握整个液体的运动情况。由于液体质点的运动轨迹非常复杂，要寻求为数众多的个别质点运动的规律，除了较简单的个别运动情况外，还会在数学上导致难以克服的困难。另外，液体是连续介质，很难把液体划分为这一块或那一块，并让它们互不相干的运动。此外，实际工程中并无必要了解液体质点运动的详尽过程，因此拉格朗日法使用不多，仅在个别情况(如研究波浪运动)时使用。

2) 欧拉法

例如，当人们打开自来水龙头时，人们关心的是水量大小够不够，水量不够再开大一点水龙头，很少有人想到这些水是从哪里来的，经过使用后的水又流到哪里去。又如，在防汛时，人们关心的是城市附近河道水位及流量是否超过某一界限，而不顾及洪水中各个质点的运动历程。这两个例子的共同特点在于：人们注意的是水流在某些指定点(如水龙头、高低水位等)，而不是水流本身的运动历程。这实际上就是欧拉法的基本思想。

欧拉法描述液体运动的基本思想是：把液体的运动情况看作是各个空间点上不同液体质点运动情况的总和。换言之，欧拉法是以考察不同液体质点通过固定的空间点的运动情况来了解整个流动空间内的流动情况，即着眼于研究各种运动要素的分布场，所以欧拉法又叫作流场法。把表征液体运动状态的物理量称为运动要素或水力要素，如流速、压强等。

采用欧拉法，可以把流场中任何一个运动要素表示为空间坐标和时间坐标的函数。例如，任一时刻 t 通过流场中任意点(x, y, z)的液体质点的流速在各坐标轴上的投影 u_x、u_y、

u_z 可表示为

$$\begin{cases} u_x = u_x(x, y, z, t) \\ u_y = u_y(x, y, z, t) \\ u_z = u_z(x, y, z, t) \end{cases} \tag{2-23}$$

若令式(2-23)中的 x、y、z 为常数，t 为变数，即可求得在某一固定空间点上，液体质点在不同时刻通过该点的流速变化情况。若令 t 为常数，x、y、z 为变数，就可求得在同一时刻、通过不同空间点上的液体质点的流速的分布情况(如流速场)。注意：这两种情况无需考虑这些速度属于哪种性质的。

同理，动水压强 p 可写为

$$p = p(x, y, z, t) \tag{2-24}$$

式中，坐标变量 x、y、z 称为欧拉变数。

求导后，可得流场中任意点的加速度在各坐标轴上的投影，即

$$\begin{cases} a_x = \dfrac{du_x}{dt} \\ a_y = \dfrac{du_y}{dt} \\ a_z = \dfrac{du_z}{dt} \end{cases} \tag{2-25}$$

函数 $u=f(x, y, z)$的全微分为 $du = \frac{\partial u}{\partial x}dx + \frac{\partial u}{\partial y}dy + \frac{\partial u}{\partial z}dz$，而$\frac{dx}{dt} = u_x$、$\frac{dy}{dt} = u_y$、$\frac{dz}{dt} = u_z$，可得

$$\begin{cases} a_x = \dfrac{du_x}{dt} = \dfrac{\partial u_x}{\partial t} + u_x\dfrac{\partial u_x}{\partial x} + u_y\dfrac{\partial u_x}{\partial y} + u_z\dfrac{\partial u_x}{\partial z} \\ a_y = \dfrac{du_y}{dt} = \dfrac{\partial u_y}{\partial t} + u_x\dfrac{\partial u_y}{\partial x} + u_y\dfrac{\partial u_y}{\partial y} + u_z\dfrac{\partial u_y}{\partial z} \\ a_z = \dfrac{du_z}{dt} = \dfrac{\partial u_z}{\partial t} + u_x\dfrac{\partial u_z}{\partial x} + u_y\dfrac{\partial u_z}{\partial y} + u_z\dfrac{\partial u_z}{\partial z} \end{cases} \tag{2-26}$$

式中，$\frac{\partial u_x}{\partial t}$、$\frac{\partial u_y}{\partial t}$、$\frac{\partial u_z}{\partial t}$ 表示空间固定点上由于时间过程而引起的加速度，称为时变加速度或当地加速度，它是因流场的非恒定性而产生的加速度；$u_x\frac{\partial u_x}{\partial x} + u_y\frac{\partial u_x}{\partial y} + u_z\frac{\partial u_x}{\partial z}$表示质点位置改变而产生的加速度，称为位变加速度或迁移加速度。

在实际工程中，一般只需要搞清楚在某一空间位置上水流的运动情况，而不去追究液体质点的运动轨迹。例如，测量河流中某点的水流速度时，流速仪是放在某一位置(即测点)上的，在测量时段内，有很多水流的质点经过了该位置，因此流速仪所测的并不是某一质点的速度，而是该空间位置上测量时段内的平均流速。

一般情况下，用欧拉法描述液体运动时，将各种运动要素都表示为空间坐标和时间的函数。

如果在流场中任何空间上所有运动要素都不随时间而变化，这种流动称为恒定流。恒定流又称为稳定流、定常流。也就是说，在恒定流情况下，无论哪个液体质点通过任一空间

点，其运动要素都是不变的。运动要素仅是空间坐标的连续函数，而与时间无关。对于流速而言，欧拉方程式可以写成

$$\begin{cases} u_x = u_x(x, y, z) \\ u_y = u_y(x, y, z) \\ u_z = u_z(x, y, z) \end{cases} \tag{2-27}$$

当所有的运动要素对时间的偏导数为零时，即

$$\begin{cases} \dfrac{\partial u_x}{\partial t} = \dfrac{\partial u_y}{\partial t} = \dfrac{\partial u_z}{\partial t} = 0 \\ \dfrac{\partial P}{\partial t} = 0 \end{cases} \tag{2-28}$$

如果流场中任何空间点上有任何一个运动要素是随时间而变化的，这种流动称为非恒定流。非恒定流又称为不稳定流、非定常流。

2.1.3　数值模拟

工程实际的水力学问题，可根据其特点建立不同的数学模型。这种数学模型通常是用一组给定初始条件与边界条件的微分方程组来表示。数值模拟是利用计算机和数值计算方法求解水力学具体问题的近似解，并对各种可能出现的条件进行数值模拟。随着高速大容量计算机的出现和数值计算方法的不断发展，数值模拟已成为解决水力学问题的重要手段。本节主要介绍水力学数值模拟的一些基础方法，包括非线性方程的牛顿迭代法、数值拟合方法及流体力学数值模拟方法。

1. 非线性方程的牛顿迭代法

在工程水力学实际应用中，有许多求解非线性方程的根的问题。牛顿迭代法作为求方程根的重要方法之一，比较适合于求解次数较高的代数方程和超越方程的根，其最大优点是在方程的单根附近具有平方收敛性。牛顿迭代法还可以用来求方程的重根、复根，并可以达到较高的精确度，而且易于计算机编程。

设 x_n是方程 $f(x)=0$ 的 1 个近似根，把非线性函数 $f(x)$ 在 x_n处作一阶泰勒级数展开，即

$$f(x) \approx f(x_n) + f'(x_n)(x - x_n) \tag{2-29}$$

则有如下近似方程

$$f(x_n) + f'(x_n)(x - x_n) = 0 \tag{2-30}$$

设 $f'(x_n) \neq 0$，则其解为

$$x_{n+1} = x_n - \frac{f(x_n)}{f'(x_n)} \quad (n = 0, 1, 2, \cdots) \tag{2-31}$$

式(2-31)称为牛顿迭代法的迭代公式。

牛顿迭代法具有明显的几何意义。方程 $f(x)=0$ 的根就是曲线 $y=f(x)$与 x 轴交点的横坐标 x^*，如图 2-11 所示。设 x_n是 x^* 的第 n 次近似值，过$(x_n, f(x_n))$作 $y=f(x)$切线，其切线与 x 轴交点的横坐标可表示为

$$x_{n+1} = x_n - \frac{f(x_n)}{f'(x_n)} \tag{2-32}$$

注意： 用切线与 x 轴交点的横坐标近似代替曲线与 x 轴交点的横坐标。

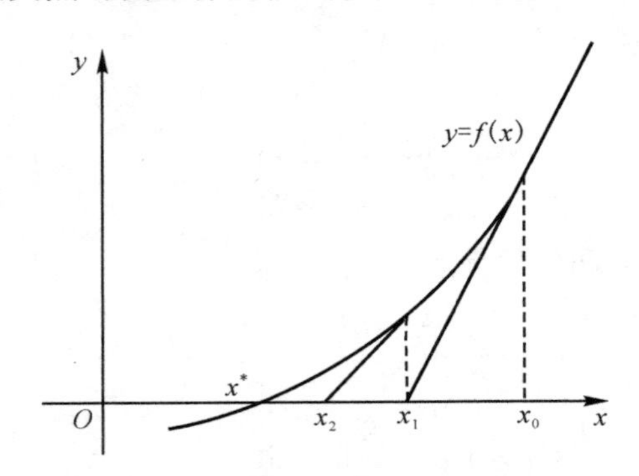

图 2-11　牛顿迭代示意图

牛顿迭代法比较简单，使用计算器就能完成计算。如果函数 $f(x)$ 比较复杂，迭代次数比较多，则可以用计算机完成计算。

2. 数值拟合方法

工程及实验中常用的数值拟合方法是最小二乘法。假设 $y=f(x)$ 的一组观测（或实验）数据（也称样点），则可表示为

$$(x_i, y_i),\quad i=1,2,3,\cdots,m \tag{2-33}$$

要求在某特定函数类（如多项式）中找出一个函数 $P(x)$ 作为 $y=f(x)$ 的近似函数，使得在 x_i 上的误差（或称残差），其表达式为

$$R_i=P(x_i)-y_i,\quad i=1,2,3,\cdots,m \tag{2-34}$$

按某种量度标准最小，这就是拟合问题，也称为曲线拟合。拟合问题就是用一个适当的函数关系式来表达若干个已知离散值（样点）之间内在规律的数据整理方法。

为了减少误差以及防止正负误差的相互抵消，由式(2-34)所表示的误差的平方和公式可表示为

$$\sum_{i=1}^{n} R_i^2 = \sum_{i=1}^{n} \left[P(x_i) - y_i\right]^2 \tag{2-35}$$

最小的拟合称为曲线拟合的最小二乘法。最小二乘法是一种最常见的曲线拟合方法。按直线、抛物线、指数曲线、对数曲线规律，以及按周期性规律变化的离散值，均可以直接或经过变换通过下式的多项式回归方程来进行曲线拟合。

$$P(x)=a_0+a_1x+a_2x^2+\cdots+a_nx^n \tag{2-36}$$

式中，a_0，a_1，a_2，…，a_n 为回归系数，回归系数是通过回归分析得到的。一般情况下，$n\leqslant m$。

用最小二乘法求拟合曲线时，必须先确定或选择函数类型，即 $P(x)$ 的形式，这与所讨论问题的性质和经验有关。许多工程中的曲线拟合问题往往根据已有的数学模型和试验数据，求数学模型中的回归系数。

将所有已知样点上的误差的平方根列出，得到

$$\left.\begin{aligned}
\left[(a_0 + a_1x_1 + a_2x_1^2 + \cdots + a_nx_1^n) - y_1\right]^2 &= R_1^2 \\
\left[(a_0 + a_1x_2 + a_2x_2^2 + \cdots + a_nx_2^n) - y_2\right]^2 &= R_2^2 \\
&\vdots \\
\left[(a_0 + a_1x_m + a_2x_m^2 + \cdots + a_nx_m^n) - y_m\right]^2 &= R_m^2
\end{aligned}\right\} \tag{2-37}$$

根据最小二乘法的原理，为了使所有样点上误差的平方和最小，必须先得到这一误差的平方和的表达式，故将式(2-37)式中的左右两边相加，得

$$\sum_{i=1}^{m}\left(\sum_{j=0}^{n}a_jx_i^j-y_i\right)^2=\sum_{i=1}^{m}R_m^2 \tag{2-38}$$

确定回归系数($a_0,a_1,a_2,\cdots,a_n$)使式(2-38)所表示的误差平方和的值为最小。式(2-38)又可看成是以回归系数为自变量的多元函数，即

$$\mathrm{J}(a_0,a_1,a_2,\cdots,a_n)=\sum_{i=1}^{m}\left(\sum_{j=0}^{n}a_jx_i^j-y_i\right)^2 \tag{2-39}$$

根据求多元函数极值的必要条件，可以通过求式(2-39)这一多元函数对各个回归系数的偏导数为零时的解，进而得到回归系数的值。

$$\frac{\partial \mathrm{J}}{\partial a_k}=2\sum_{i=1}^{m}\left(\sum_{j=0}^{n}a_jx_i^j-y_i\right)x_i^k=0 \tag{2-40}$$

即

$$2\sum_{i=1}^{m}\sum_{j=0}^{n}a_jx_i^{k+j}-\sum_{i=1}^{m}y_ix_i^k=0\quad(k=0,1,\cdots,n) \tag{2-41}$$

为了便于求解，式(2-41)可写为

$$\sum_{j=0}^{n}a_jS_{k+j}=T_k\quad(k=0,1,\cdots,n) \tag{2-42}$$

式中，$S_{k+j}=\sum_{i=1}^{m}x_i^{k+j}$；$T_k=\sum_{i=1}^{m}y_ix_i^k$。

式(2-42)是一个包含 $n+1$ 个未知数 $a_0,a_1,a_2,\cdots,a_n$ 的 $n+1$ 阶线性代数方程组，展开为

$$\left.\begin{array}{c}a_0S_0+a_1S_1+\cdots+a_nS_n=T_0,k=0\\a_0S_1+a_1S_2+\cdots+a_nS_{n+1}=T_1,k=1\\\vdots\\a_0S_n+a_1S_{n+1}+\cdots+a_nS_{n+n}=T_n,k=n\end{array}\right\} \tag{2-43}$$

式(2-43)称为正规方程组或正则方程组。

3. 流体力学数值模拟方法

流体力学的运动方程是一组非线性偏微分方程，而且流动区域的几何形状较复杂，导致对绝大多数流动问题无法得到解析解。另外，有些流体力学实验存在模型尺寸的限制、周期长、经费投入大及安全风险等问题。尤其是对于作为开放系统的环境问题，如在一条未受污染或污染很轻的河流里，原则上是不允许进行各种状态下的人为污染物的研究和实验。流体力学数值模拟方法较好地解决了以上问题，即流体力学数值模拟方法根据实际资料所提供的各种信息，经过思维逻辑和数理方法建立系统的数学模型，在初、边值条件下进行数值模拟，得到物理量的变化规律。在给定的参数下，流体力学数值模拟方法用计算机对现象进行一次数值模拟相当于进行了一次数值实验。数值模拟可以减少实验经费和时间，当然数值模拟的结果仍需要检验。

随着高速计算机的不断发展，计算流体动力学(Computational Fluid Dynamics，CFD)在流体力学数值模拟方法领域得到了广泛的应用，并已有许多大型流体力学计算软件，可以模拟实际工程中许多复杂的流体力学问题。CFD 方法具有成本低和能模拟较复杂的过程

等优点。CFD方法的主要过程概括为以下五个步骤：

(1) 明确拟解决问题中流场的几何形状、流动条件和对数值模拟的要求。

(2) 选择反映问题的各个物理量之间的微分方程组(控制方程)及定解条件。

(3) 确定数值方法，包括有限差分法、有限元法、有限体积法等。

(4) 编制程序计算，主要包括计算网格划分、初始条件和边界条件的输入、控制参数的设定等。

(5) 显示、分析数值计算结果，并评估数值方法和物理模型的误差。

2.2 输配水基础

2.2.1 概述

输配水是供水的重要环节。在供水系统中，水的输送、运动和加压一般是靠水泵来完成的，因此泵站是供水工程中不可缺少的重要组成部分。只有泵站正常工作时，才能保证整个供水系统正常运行。

图2-12所示为供水系统基本组成示意图。供水系统是先将天然水体输送到水质净化处理系统，然后将符合相关标准的水输送到用户端，同时还要考虑污水排放问题。在输送水的整个过程中，必须依靠供水系统的取水泵站、送水泵站以及加压泵站的连续工作，给水不断增加能量，才能把水通过供水管网送到目的地。在正常输配水系统中，排水过程中的排水管道一般是依靠重力流动的，有时也需要污水泵站(如中途提升泵站、污水总提升泵站等)以及雨水泵站的连续工作才能把污水送达目的地(如污水处理厂或天然水体等)。

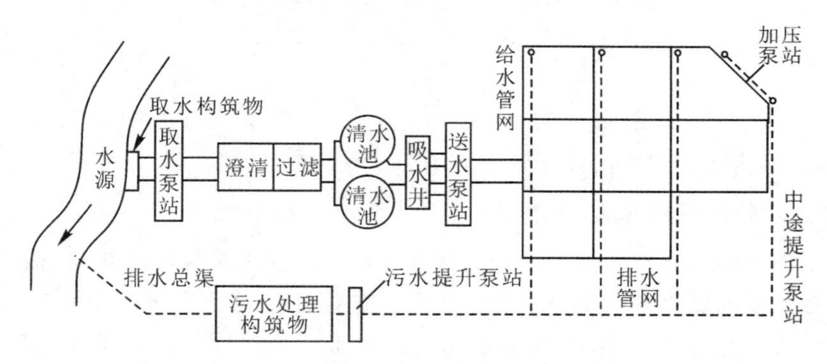

图2-12 供水系统基本组成示意图

野外应急供水属特殊条件下的应急供水，如果用水点的用水量少、在一个点位持续的时间不长(如一个月左右)，可以不考虑污水处理。这种情况下的污水处理可以采用挖渗坑(井)、填埋的方式进行简单处理，但必须远离生活区且在生活区和水源地下游。

2.2.2 水泵及泵站

1. 水泵

1) 水泵的定义

水泵是一种把原动机(如电机)的机械能传给液体，使液体增加动能的机械。

2）水泵的分类

水泵种类繁多，且用途各异。通常按照其作用原理不同，水泵可分为三类，即叶片式水泵、容积式水泵、其他类型水泵。

（1）叶片式水泵。叶片式水泵是靠装有叶片的叶轮高速旋转来提高水的压力。叶轮出水的水流方向可以分为径向流、轴向流和斜向流三种，即叶片式水泵可分为离心泵、轴流泵和混流泵。

（2）容积式水泵。容积式水泵对液体的压送是靠泵体工作室容积的周期性变化来完成的。使工作室容积改变的方式有两种，即往复运动和旋转运动。往复运动的容积泵包括活塞式往复泵、柱塞式往复泵和隔膜泵等，旋转运动的容积泵包括转子泵、齿轮泵等。

（3）其他类型水泵。除叶片式水泵和容积式水泵之外的特殊泵归为其他类型水泵。其他类型水泵主要包括螺旋泵、射流泵（也称水射泵）、水锤泵及气升泵（也称空气水扬机）等。其中，螺旋泵是利用螺旋推进原理来提高液体的位能；射流泵、水锤泵及气升泵都是利用高速液流或气流的运动能来输送液体。

3）各类水泵的使用范围

叶片式水泵、容积式水泵、其他类型水泵等类型的泵的使用范围不尽相同。目前，定型生产的各类叶片式水泵的流量扬程适用范围非常广泛，而其中离心泵、轴流泵、混流泵和往复泵等的使用区别较大，往复泵的使用范围侧重于高扬程、小流量；轴流泵和混流泵的使用范围介于两者之间，工作区间最广，产品的品种、系列和规格也最多。

2. 泵站

泵站在供水系统中占有很重要的地位。如果取水泵站断水，水处理系统会停止工作。如果送水泵站断水，整个供水管网可能会停水，甚至引发事故。从经济方面来讲，供水泵站的电费在供水系统的经营费用中占很大比重，对供水成本起决定作用。因此，正确设计泵站对保障安全供水、降低供水成本具有重要意义。

1）泵站的组成

供水泵站是系统中的一个重要组成部分，其主要作用是按照服务对象的需要，保证必要的水量和水压。

泵站是一个包括机械设备和管道配件等的综合体，主要组成部分包括：水泵、原动机（如内燃机或电动机）、管道及附件（如闸阀、逆止阀等）、电器、附属设备（如冲水设备、计量设备、起重设备等），以及安放以上元素的专门构筑物（泵房）。上述组成部分中“附属设备”和“构筑物”（泵房）应视具体情况进行设置。

2）泵站的分类

泵站有以下三种分类方法。

（1）按照水泵机组设置的位置与地面的相对标高关系不同，泵站可分为地面式泵站、地下式泵站和半地下式泵站。

（2）按照操作条件及方式不同，泵站可分为人工手动控制、半自动化、全自动化和遥控泵站等。

（3）按照供水系统中的作用不同，泵站可分为取水泵站、送水泵站和加压泵站等。

① 取水泵站。取水泵站是从水源取水，然后把水送到净水系统，对于符合要求的水也可直接送水到用户。

在供水系统中，取水泵站在水厂中也称为一级泵站。在地面水水源中，取水泵站一般由吸水井、泵房及闸阀井(亦称闸阀切换井)等部分组成。地面水取水泵站工艺流程如图2-13所示。取水泵站因具有临水的特点，所以河道的水文、水运、地质及航道的变化都会直接影响到取水泵站的埋深、结构形式及建造成本等。

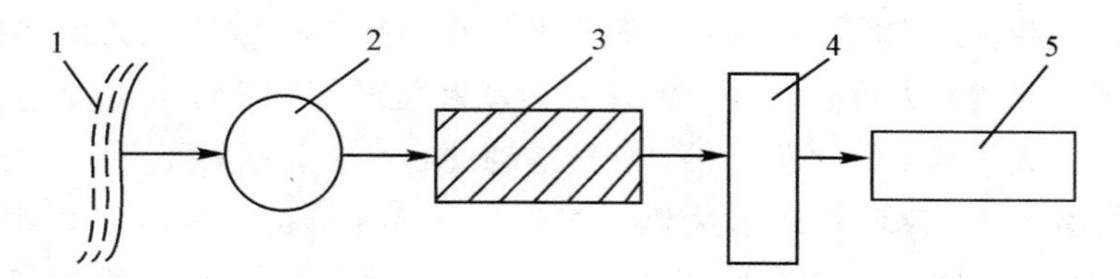

1—水源；2—吸水泵；3—取水泵站；4—闸阀井；5—净化厂。

图 2-13 地面水取水泵站工艺流程

在野外应急供水中，取水泵站一般都简化成一个或几个“潜水泵”或“自吸泵”。野外应急供水设计的原则：满足水源到净水系统的流量；克服水面到净水系统的高差，即满足水质净化系统的进口水压(一般不小于0.03 MPa)；一般条件下，可人工搬运、安装(特殊条件除外，如岸滩较平缓，需要借助小船等工具在远离岸边的地方取水等)。

② 送水泵站。送水泵站是指从水处理系统(设备)或贮水容器中，把净化后的水通过供水管网输送到用户的泵站。供水通常建在水厂内。在一般地面水(水源)供水系统中，取水泵站是第一次抽升，送水泵站是第二次抽升，所以送水泵站也称为二级泵站。送水泵站抽送的是清水，所以又称为清水泵站。送水泵站工艺流程如图2-14所示。

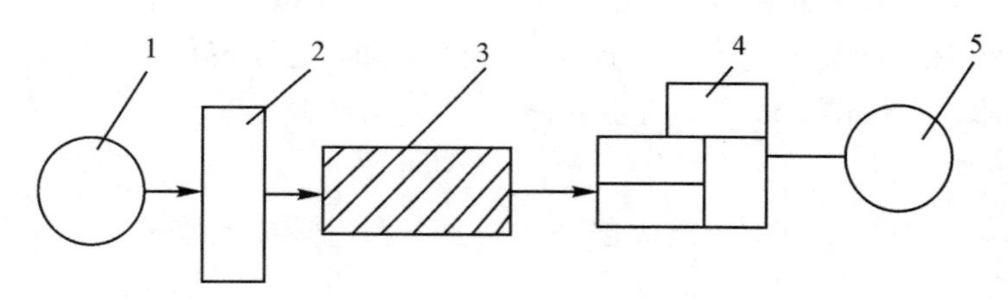

1—清水池；2—吸水井；3—送水泵站；4—管网；5—高地水池（水塔）。

图 2-14 送水泵站工艺流程

在野外条件下输送水一般采用两种方式：一是通过输水用的管路进行输送；二是通过运输工具(如专用车辆)进行运输。

当采用车辆等运输工具实施野外送水时，只需要一个加水泵站给运水容器内加(灌)水即可。这个加水泵站应该具备同时为多个运水容器内加灌水的能力。有时，加水泵站也称为配水系统。

当采用管线实施应急供水时(将净化后的水送到用水点)，需要设置泵站完成将水从储水设施中送入管线的工作。在输送距离较远或高差较大的情况下，可按需增设一定数量的加压泵站。

③ 加压泵站。在诸如供水管网面积较大、输配水管线长、供水对象所在的地势高、地

形起伏较大等情况下，供水管网中某一区域水压可能不能满足要求。一般可通过在管网中增设加压泵站来解决此类问题。

加压泵站的工况取决于加压所用的手段，一般有以下两种方式。

a. 采用在输水管线上直接串联加压的方式。如图 2－15(a)所示，这种方式送水泵站和加压泵站将同步工作。一般用于水厂位置远离用户的管网长距离输水场合。

b. 采用清水池及泵站加压供水方式。这种方式也称为水库泵站加压供水方式，即水厂内送水泵站将水输入远离水厂、接近管网起端处的清水池内。由加压泵站将水输入管网，如图 2－15(b)所示。

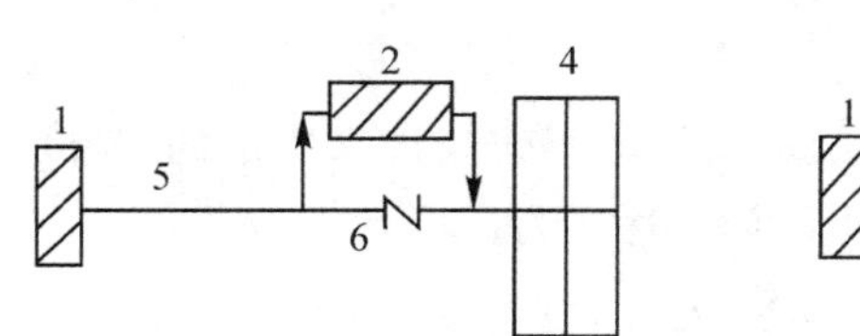

(a)直接串联加压方式

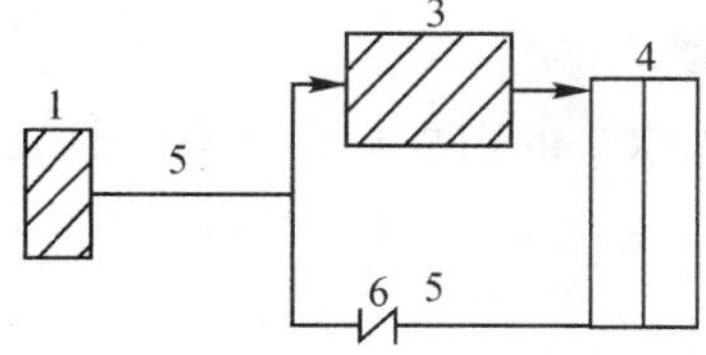

(b)清水池及泵站加压方式

1—二级泵站；2—增压泵房；3—水库泵站；4—配水管网；5—输水管；6—逆止阀。

图 2－15　加压泵站供水方式

在野外条件下，输送水一般采取类似“清水池及泵站加压供水”的模式。主要是由三个方面的原因确定的：

(1) 净水装置的净水能力。一般野外应急供水的净水装置应优先考虑移动性，所以出于可运输性、经济性等方面的要求，此类净水装置的产水量都不是特别大(净水能力有限)，基本是按一天连续工作(20 小时计)满足用水需要即可，且净水装置的背压(出水口压力)不能高，因此不宜采取直接输送的方式。

(2) 在野外条件下，用水点储存的水不易管理、容易造成水质的二次污染。因此用水点的各种储水设施都比较小，基本是以储存满足一天左右的用水量为基本配置。

(3) 在野外条件下作业时，各用水点的用水时间更多地集中在一日三餐和晚上休息时间，也没有连续输送的必要。

综上所述，需要“清水池”(由市购或研制的制式容器组成)进行调节，这样就能够很好地解决在不送水时净水装置净化后水的储存问题，并且能够做到在需要送水时可立即从“清水池”中取水进行输送保障。

3. 水泵的选择

1) 选泵的主要依据

泵站的任务是把所需的水量以所需的压力送达用水地点，兼顾系统运行经济和节能角度，也要掌握用水量的变化规律。因此所需的流量、扬程及水量的变化规律就是选泵的主要依据。

(1) 泵站的设计流量和扬程。

① 一级泵站。

第一种。泵站从水源取水，再把水送到净水构筑物。为了减少取水构筑物、输水管道和

净水构筑物的尺寸，节约基建投资，通常要求一级泵站中的水泵昼夜均匀工作，因此泵站的设计流量 Q_r 应为

$$Q_r = \frac{\alpha Q_d}{T} \tag{2-44}$$

式中，Q_r 为一级泵站中水泵所供给的流量，m^3/h；Q_d 为 供水对象最高日用水量，m^3/d；α 为因输水管漏损和净水构筑物自身用水而加的系数，一般取 $\alpha=1.05\sim1.1$；T 为一级泵站在一昼夜内工作小时数。

对于供应用水的一级泵站，其中水泵的流量应视给水系统的性质而定。例如，直流给水系统，泵站的流量应按最高日最高时用水量计算。当水量变化时，可采取开动不同台数泵的方法予以调节。

一级泵站中水泵的扬程是根据采用的给水系统的工作条件来决定的。当泵站送水至净水构筑物时，如图 2-16 所示，泵站的扬程计算表达式为

$$H = H_{ST} + \sum h_S + \sum h_d \tag{2-45}$$

式中，H 为泵站的总扬程，m；H_{ST}为静扬程，采用吸水井的最枯水位(或最低动水位)与净水构筑物进口水面标高差，m；$\sum h_S$为吸水管路的水头损失，m；$\sum h_d$为输水管路的水头损失，m。

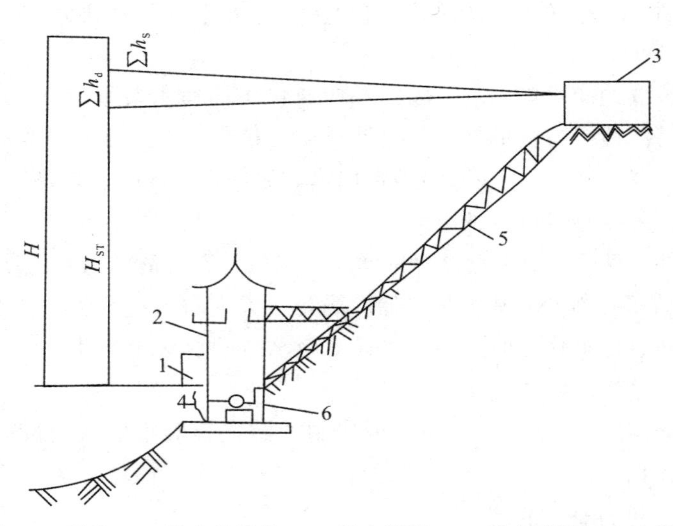

1—吸水井；2—泵站；3—净水构筑物；4—吸水管路；5—压水管路；6—水泵。

图 2-16 一级泵站供水到净水构筑物的流程

注意：应考虑增加一定的安全水头，一般为 1～2 m。

第二种。泵站将水直接供给用户。当采用地下水作为生活饮用水水源而水质又符合卫生标准时，就可将水直接供给用户。

由于在给水系统中没有净水构筑物，此时泵站的流量 Q_r 应为

$$Q_r = \frac{\beta Q_d}{T} \tag{2-46}$$

式中，β 为给水系统中自身用水系数($\beta=1.01\sim1.02$)；其余符号意义同前。

水泵扬程表达式为

$$H = H'_{ST} + \sum h + H_c \tag{2-47}$$

式中，H'_{ST} 为水源井中最低动水位与给水管网中控制点的地面标高差，mH_2O；$\sum h$ 为管路中总的水头损失，mH_2O；H_c 为给水管网中控制点所要求的最小自有水压(也称服务水头)。

② 二级泵站。

第一种。管网中无调节构筑物。以最大流量和最大扬程为依据，因此泵站的设计流量为供水对象的最高日最高时用水量，即 Q_h。

扬程表达式为

$$H_p = (Z_c - Z_p + H_c + h_{网} + h_{输} + h_{站}) \times 1.05 \tag{2-48}$$

式中，H_p 为二级泵站的扬程，m；$Z_c - Z_p$ 为管网控制点地面与吸水井的最低水位标高差，m；$h_{网}$ 为管网总水头损失，m；$h_{输}$ 为输水管路的水头损失，m；$h_{站}$ 为泵站内吸、压水管路的水头损失，m；1.05 为考虑安全水头的系数。

第二种。管网中有调节构筑物。此时，二级泵站一般先按最大日逐时用水变化曲线来确定各时段中水泵的分级供水线，然后取最大一级供水量作为泵站的设计流量。而扬程应视管网中调节构筑物的位置而定，可分情况进行管网平差计算。

(2) 泵站供水流量与扬程的变化。

整个泵站的供水能力，必须首先以最大流量和最大扬程为依据，但用水量是变化的，则仅仅以最大流量及扬程为依据来选择泵是极不经济的。因为供水由水泵及管道系统联合工作共同完成，从管道特性分析可知供水量越小所需扬程越低；而从水泵特性分析则流量越小，扬程越高。如仅按最大流量及最大扬程选泵会导致水泵扬程的浪费。

泵站的运行经济可从两方面来看：一是水泵效率高，即水泵工作点在高效率段，使原动机传来的功率浪费少；二是水泵的扬程与管道系统所需的扬程相等，否则会导致管道中压力不必要的升高，引起能量浪费。扬程利用效率(η')可用所需扬程(管道特性曲线纵坐标值)与水泵扬程(水泵特性曲线纵坐标值)之比表示。

$$\eta' = \frac{H_{管}}{H_{泵}} \times 100\% \tag{2-49}$$

而泵站运行效率($\eta_{运}$)应为水泵效率与扬程利用率两者的乘积，即

$$\eta_{运} = \eta \cdot \eta' \tag{2-50}$$

由此可见，在用水量变化的条件下，除了考虑最大流量及最大扬程之外，还必须考虑流量的变化以及流量变化(或其他原因)而引起的所需扬程的变化。

2) *选泵方法*

选泵既要满足最高日最高时的用水量与相应的扬程要求，还必须兼顾在其他用水量条件下能经济运行。从经济观点出发，尤应着眼于出现频率较多的供水范围，使得在此范围内有较高的运行效率。要解决上述问题，需要掌握各种用水量出现频率的资料，并计算出各种用水量条件下相应的管网水头损失，这在实际上是非常困难的。

(1) 供水量及所需扬程变化较大的泵站。例如，管网中无水塔、扬程中水头损失占相当大比重的送水泵站。

无水塔系统二级泵站的供水量是随着用水量的变化而被动变化的。为了能合理选泵，可以按下法进行。如图 2－17 所示，根据管网平差结果算出泵站最大扬程和最高日最高时用水量定出一工况点 a；然后根据用水量为零(或接近横坐标原点的流量)以及保持管网控制点自由水头所必需的扬程作出一点 b，用直线连接 ab 两点，并由 a 作水平线 ac。ab 线大致表示管网特性曲线，即所需扬程与流量的关系；ac 线则表示最大扬程的高度。由 ab 与 ac 构成的三角形区域是选泵的参考范围，由此可以较快地选出合适的水泵。

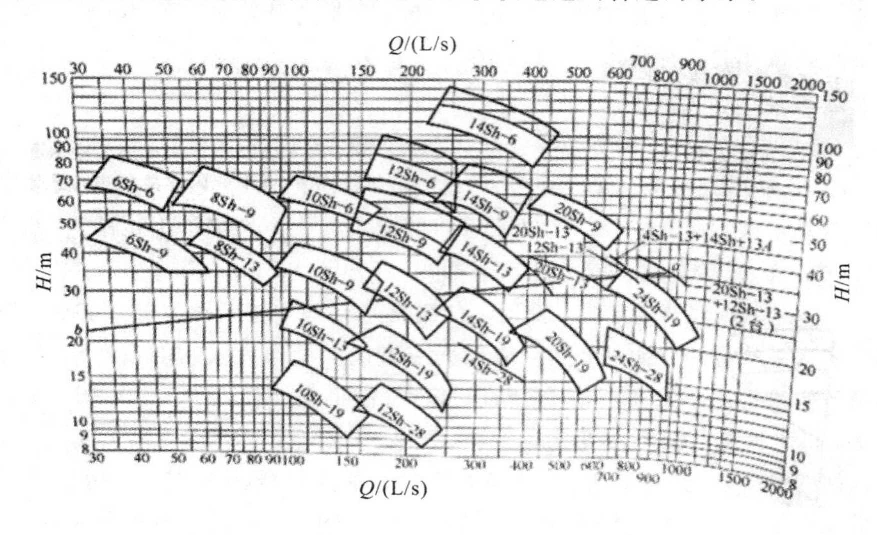

图 2－17 选泵参考特性曲线

必须强调指出的是：在选泵时，注意出现频率较高的用水范围，这一范围一般在平均用水量附近。对于新建的泵站，如能参考条件类似地区的用水量变化资料来选泵，将会大大提高其经济合理性。

(2) 水量与扬程变化不大的泵站。因为选泵时按最高用水量决定的，在用水量较低的日子可以减少工作泵数或在用水量低的季节换用车削的叶轮，以求得较经济的效果。当分级供水时，最后选用一种水泵来满足不同级供水的需要，使泵站中水泵型号统一、互为备用。

(3) 泵站并联工作泵调速台数的选定。现在国外对水泵调速的运行已比较普及，国内的应用也普及较多。例如，在泵站中选择确定并联工作的定速泵后(型号、台数)，应考虑一定比例的调速泵台数与其他水泵并联搭配运行，以达到节能目的、泵站中并不需要把每台都调速，一般只要有 1～2 台调速水泵即可。因此利用转速调节方法不但使泵站能经济运行而且还可减少泵数，这是今后一个发展的方向。

泵站中如果有多台水泵并联工作时，调速泵与定速泵配置台数比例的确定应以充分发挥每台调速泵在调速运行时仍能在较高效率范围内运行为原则。例如，3 台同型号水泵并联工作，如果采用“一调二定”方案，当泵站要求供水量为 Q_A，如果 $Q_2<Q_A<Q_3$ 时，开启两台定速泵、一台调速泵是完全可以满足的。此时，泵站的供水量为 Q_A，两台定速泵每台流量为 Q_0，调速泵流量为 Q_1。如果当 Q_A 很接近 Q_2 时，此时调速泵的出水量 Q_1 就很小，其效率 η 一定很低，达不到节能效果。如果上述情况采用的是“二调一定”方案，效果就不

一样了。此时，当泵站的供水量为 Q_A，一台定速泵供水量 Q_0、两台调速泵每台供水量均为 $\frac{Q_0+Q_1}{2}$时，此$\frac{Q_0+Q_1}{2}$值可以控制在单泵的高效段内。如果泵站要求的供水量 Q_A 减少（$Q_A \leqslant Q_2$ 时），此时可以关掉一台定速泵，由两台调速泵供水，这样也比较容易使调速泵在高效段内工作，达到调速节能的目的。

显然，如果泵站要求供水量 $Q_A > Q_3$ 时，可设两台定速泵和两台调速泵。按此类推，可使每单台调速泵的流量由 1/2 定速泵流量到满额定速泵供水量之间变化，缩小单台调速泵的调速范围，保持调速泵在高效段内运行，并达到调速节能的目的。

3）选泵时尚须考虑的其他因素

在选泵时除了考虑满足水量及水压要求，力求节省运行费用之外，尚须考虑其他因素。

（1）泵的结构形式对泵房大小、形式和内部管道布置都有影响，进而影响到泵房造价。例如，对于水源水位涨落很大、必须深入地下建造的泵房，采用立式泵比卧式泵可减少泵房面积，降低造价。又如，采用单吸式竖接缝的水泵和采用双吸式平接缝的水泵，在泵站管路布置上就有很大不同。

（2）选泵时应考虑水泵的吸水性能。例如，当泵站吸水水位降低时，如果选用吸水性能较差的水泵，势必使泵房埋深增加，在地质条件不利时会使造价剧增并使施工复杂。在这种情况下，选用吸水性能较好的水泵就可以提高水泵安装高度，减少泵房埋深，降低造价，即使其运行效率较低，但仍有经济意义。

（3）选泵时应考虑泵站的分期建设和发展情况。一般泵站在开始投入运转时，流量和扬程都较小，以后逐步增加到设计流量和设计扬程。如初期马上设置大泵，往往浪费大量能量，所以初期可以安装小泵来满足用水要求，在用水量增加后，再逐步增添水泵或换大泵。在设计时应使初期使用的小泵在以后仍能使用于低流量时的需要。此外，还可在近期采用车削的叶轮，到远期换用较大的叶轮。

（4）应尽量结合野外条件，优先选用当地制造的成系列生产、性能优良的国家定型产品。

4）备用泵的选择

泵站中除了按上述主要依据及其他因素选择工作泵之外，还应根据供水对象、供水可靠性的不同要求选用一定数量的备用泵。

（1）在不允许减少供水量的情况下，应有两套备用机组，以备一套机组正在大修或工作机组发生事故时，另一套可以用来供水。

（2）在允许短时间减少供水量的情况下，备用泵只保证供应事故的水量。允许短时间中断供水时,可只设一台备用泵。

（3）给水系统中的泵站一般只设一台备用泵。备用泵的型号应与泵站中最大一台工作泵相同。

（4）当管网中无水塔的二级泵站内机组较多时，也可考虑多增设一台备用泵。增设备用泵的型号应与最常运行的工作泵相同。

（5）如果给水系统中具有足够大的高地水池或水塔可以部分代替泵站进行短时间供水，则泵站中可不设备用泵，仅在仓库中储存一套备用机组即可。

(6) 备用泵与工作泵一样，应处于随时可以启动的状态。

2.2.3　野外应急供水管网

采用管线实施野外应急供水时(将净化后的水送到用水点)，一般采用“树干”型管网，即一条主干供水管线。在该条主干供水管线经过的途中，可根据需要分出一路或两路分支供水管线。但分支不能太多，否则整个系统的供水压力、供水流量变化太大，对泵站的控制和管线的稳定运行影响大，最终会影响系统运行的成本和可靠性。

管路输送的管材按其硬度分可分为两种。一种是不可盘卷的硬质管路(钢制管道、玻璃钢管道等)，其优点是管道坚固耐用，承载压力高(能克服较高的输送高差和长距离的管道沿程损失)；缺点是管线的铺设工作量大，且体积重量大运输费用高。另一种是由高分子材料与织物复合的软质管路，其优点是管道可以盘卷、易运输，管道的重量轻，铺设比较简单、方便，缺点是耐压能力有限(主要是织物材料限制)，使用寿命短。

在长距离输送水时，无论是硬质输水管线还是软质输水管线，均需要在管线中间设置加压泵站。设置加压泵站的原则就是以克服沿途的管道阻力和高差为依据。

1. 供水系统的组成与功能

供水问题对于现代社会的正常运行显然是至关重要的。诸如绿化浇水、街道广场的洒水，以及河流、湖泊和各种水造景观，对当代人生活和生产的条件、环境和质量都起着非常重要的作用。如果过去说供水系统是城市生命线，现在已经提高到生态环境和生活质量的高度了。

野外应急供水系统其实就是城市、企业等大型、复杂和多元化供水系统的简化板，也是一个完整的工程系统。概括地讲，野外应急供水系统就是向其服务对象提供足够的水量，并按要求的水质和一定的水压来供水，同时要保证一定的连续性、可靠性和卫生安全性，并且由一整套大量的相关技术标准和规范来制约。因此，供水系统必须具有一些必要的组成部分。

供水系统的组成部分与其各自的功能因环境条件和供水对象的要求不同而不同。总体来说，供水系统可以分成两大类型，即简单的(或一般的)供水系统和复杂的(或特殊的)供水系统。一般的供水系统如图 2-18 所示。

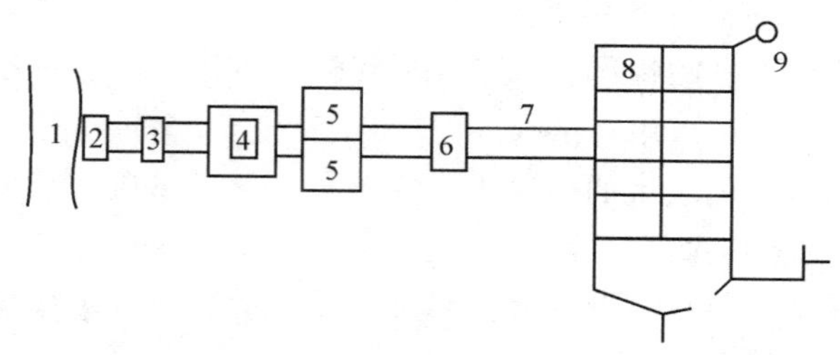

1—水源；2—取水构筑物：3—一级泵站；4—水处理构筑物；
5—清水池；6—送水泵站；7—输水管；8—配水管网；9—水塔或高地水池。

图 2-18　一般的供水系统示意图

上述系统及其各组成部分的功能如下：

(1) 水源是供水系统重要的组成部分，向系统提供足够水量和符合水质要求的原水。

一种水源是地面水源，包括江河、湖泊、水库，甚至海洋。另一种水源是地下水源，与地面水源有所不同，但其目的和功能是一样的。

(2) 一级泵站、水处理构筑物、输水管和水塔的必要性及配置方案需根据水源性质和用户要求而定。其影响因素很多而且复杂，主要的因素是水源和用户的水质、水量、水压的情况，水源和用户地理的平面和高程的相对关系，地形和地质条件等。这些不同条件派生出各种不同的系统。

(3) 清水池、送水泵站及配水管网是直接为用户服务的重要的组成部分，它们和水源以及取水构筑物等组成最简单的给水系统。

以深层地下水作为水源，以深井作为取水构筑物的简单给水系统如图 2 - 19 所示。

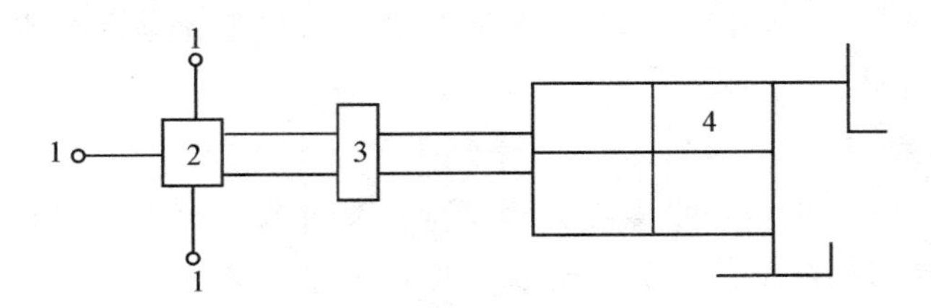

1—取水深井；2—集水池；3—送水泵站；4—配水管网。

图 2 - 19　简单给水系统示意图

2. 影响供水管网布置的因素

供水管网应根据需求及规划布置，必须满足水质、水量、水压的供水要求，主要影响因素包括以下方面。

1) 需求及规划的影响

规划中用水点对供水水质、水量、水压要求的不同会影响供水管网的布置，这也是供水管网布置应该考虑的因素。如果水质要求不同，而各自用水量的规模或者水压要求不同时，而各自用水量又达到相当的规模时，常采用分系统供水(也称为分质供水)。为满足不同水压要求的供水称为分压供水。分系统供水如图 2 - 20 所示。

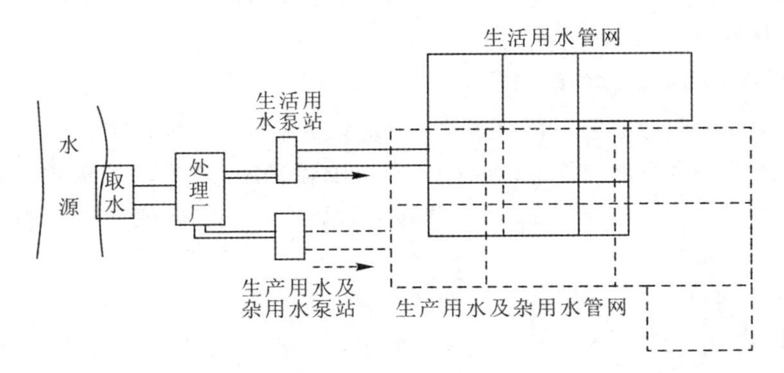

图 2 - 20　分系统供水示意图

2) 水源的影响

水源的影响主要体现在水源的种类、水质条件、水源地与供水区的距离等因素。

如果当地有丰富而且适用的地下水，可根据水文地质勘察资料，在地下水流向的上游端开凿管井群(深井群)或大口井(浅井)，将井群中的井水用管道引入集水井(水位较深时)或集水池(水位较浅时)。因为地下水一般水质较好，经消毒后即可满足水质要求，由泵站加压送至用户，系统和流程都比较简单。但含有高盐度的水、高铁的水或高氟的水等则需要处理。反之，如果当地缺乏地下水资源，但具备水量足够且适合采用的地面水，可在地面建取水构筑物，其类型可根据水源地的具体条件确定，原水经过处理后经泵站加压送至用户。

水源地的条件不同对供水系统影响很大，如地势高的水源可以借助重力向地势低的地方供水，以节省泵站压力完成供水。

当用水量较大时，可能有多个水源地，因此水源地的配置对供水管网的布置影响很大。从不同位置，各个方向供水必然决定管网布置方式。当附近无满足要求的水源时，必须通过长距离输水管线引水。

3）地形条件的影响

水源的布置和供水管网的布置主要是根据地形条件来划分水源和供水区域，节约能量为原则，充分利用地形的势能，科学合理布置供水管网。

4）水塔或高地水池

野外应急供水管网系统可设置水塔、高地水池来调节水量。当有适当高地，且其地形高度能够利用时，可设置高地水池来代替水塔。高地水池具有比水塔更大的调节容量，且其造价低于水塔。

水塔或高地水池的调节作用对管网工作时的水力工况还具有重要影响，而且这种影响随水塔或高地水池在管网中的位置不同而有微妙的变化。水塔或高地水池可以设置在管网的前端(靠近供水泵站的管网始端)、中间或末端，分别称为前置水塔、中间水塔或对置水塔。

野外应急供水的“水塔”都是现场由加工好的组件现场搭建完成的。所以其设置位置较为灵活，主要取决于用水点的布局以及地形情况。一般应尽可能地选择高地，以降低水塔上水箱的高度，从而降低劳动强度、节省造价。高地水池位置的可选择性较小，主要条件是适当的地形高度和管线铺设的经济性。

3. 供水系统各组成部分间的关系

供水管网是整个供水系统不可分割的一部分，要在整个供水系统大环境条件下完成自己的工作，必然要求全系统的各个组成部分密切协调配合，将要求的水质、足够的水量和一定的压力的水送到所有的用户。因此，供水系统各个组成之间的工作关系就是它们在水质、水量和水压之间的关系。

1）水源和水源地

水源的选择应该满足水源水质和取水量的要求。水压(即水位)决定了取水泵站的扬程等，水源水位及其变化必须满足取水条件；水源水质必须满足用水要求；水源水量应满足取水量的要求。

为了保证取水安全可靠且不影响当地环境要求，地面水应根据水文勘测报告、地下水应根据水文地质勘测报告中提出的可开采量进行取水。为了保护水源及水源地免受侵犯和污染，取水应按照有关水源及水源地的卫生防护要求和规定严格执行。

2）取水构筑物和一级泵站

取水构筑物和一级泵站的水质在一般情况下取决于水源水质，应该注意从水源至取水构筑物之间的水质卫生防护，严格防止对水质造成污染。

取水构筑物和水处理设备的设计流量与一级泵站基本上保持协调一致的关系，都是按最高日设计用水量计算。严格控制水源与取水构筑物之间的水量流失、蒸发、渗漏等，保证可取水量不致受到影响。

一级泵站自取水构筑物或与其相连的吸水井抽水、送水到水处理设备，一般不是远距离输水。一级泵站的设计取决于水处理设备进水压力要求与取水构筑物(或吸水井)最低设计水位高程之差。而后者又取决于水源设计最低水位减去水源至吸水井之间的落差。一级泵站前后水压关系如图 2－21 所示。

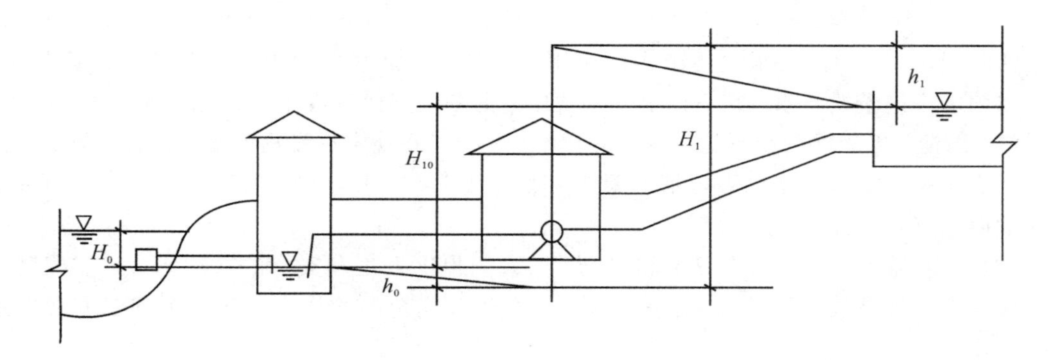

图 2－21　一级泵站前后水压关系示意图

3）水处理系统

通过各种处理工艺，对相应的原水(水源水)进行处理，并生产出水质、水量和水压达到要求的水。

4）清水池

在供水系统中，净化后的水(也称洁净水)的保存建议设置存储装置，即清水池。一方面可以为消毒剂提供一定的作用时间，另一方面可对供水水量做储备与调节。

5）送水泵站

送水泵站的水质是经过水处理设备处理，并经过消毒后达到水质卫生标准中的水质。

根据送水泵站水量的大小，后读设备的设置可分两种情况：一是管网中有水塔、高地水池或调节水池；二是管网中既无水塔、无高地水池也无调节水池。前者送水量分两级和三级送水，其供水量就是清水池的出水量，其分级和各级水量由设计决定。后者按用水曲线变化送水。

送水泵站的水压与管网中是否有水量调节构筑物(如水塔、高地水池、调节水池等)有很大的关系。

6）输配水管网

管材、流量、沿途地形变化对输配水管网都有较大的影响，是输配水管网设计主要考虑的问题。

2.3 水质检测技术

2.3.1 生活饮用水卫生标准

1. 制定卫生标准的原则和依据

饮用水是人类生活的必需品，没有卫生安全保证的饮用水就不可能保障人体的健康。因此，确保饮用水的卫生安全是保障人群健康所必须的。《生活饮用水卫生标准》是规范饮用水卫生和安全的法规，在保证供水方面起着至关重要的作用。

1）制定生活饮用水卫生标准的原则

（1）基于终身用水安全确定对人群的健康防护。生活饮用水是指供人类日常饮用和日常生活的用水。生活饮用水包括个人卫生用水，但不包括水生物用水以及特殊用途的水。生活饮用水不同于饮料水，它不仅供日常饮用，也需供其他日常生活使用，如做饭、洗衣、洗澡等。因此，生活饮用水不是只供短时期使用的水。在确定有毒物质限值时，必须基于饮用者终生用水安全来考虑健康防护的要求。也就是说，饮用者终生使用饮用水，不会带来明显的健康危害。

（2）必须确保生活饮用水卫生和安全。向人们提供卫生和安全的饮用水，对于控制疾病和确保人体健康具有重要意义。一般而言，卫生和安全的饮用水需满足下列三方面的水质要求。

① 水质感官性状良好。水质感官性状（即水的外观、色、臭和味）良好是十分必要的。它是使用者判断水质及其可接受程度的首要和直接的指标。饮用者几乎完全依赖于自己的感官来判断水质及其安全性。如果水的浊度很高，有异色或令人厌恶的臭和味，就会使饮用者感到不安全而拒绝饮用。必须说明的是，感官良好的水也并不意味着一定安全。

② 防止介水传染病的发生，确保水质微生物学质量的安全性。饮用水可能受到各种细菌、病毒，甚至原虫和寄生虫的污染而成为传播疾病的媒介。特别是人和动物粪便的污染可引起介水传染病的暴发。在发展中国家，饮用水的微生物污染仍然是饮用水卫生的最大威胁。因此，饮用水消毒是十分重要的。

在此应该指出的是，饮用水加氯消毒引起的消毒副产物具有潜在的健康危害，已引起公众的关注。但是就目前情况来看，由于饮用水消毒不充分所带来的危害要远远大于消毒副产物的危害，因此为保证饮水卫生，仍然把饮用水加氯消毒放在首位。

③ 预防化学物质的急、慢性中毒以及其他健康危害。饮用水中化学物质的健康危害不同于微生物污染所带来的危害。一般而言，化学物质的危害主要是人群长期暴露于污染中所带来的健康影响，特别是蓄积性毒物和致癌物。但是，在不影响公众健康的前提下，饮用水所容许超过的数值及持续时间将取决于含有的特定物质的性状。

（3）必须充分依据本国地理、经济、社会状况以及人们生活习惯等因素确定标准限值。在制定国家标准及确定标准限值时，不仅要考虑到和国际接轨，尽量吸取国际组织和发达国家标准的先进部分，而且要基于本国的社会经济状况以及地理和生活习惯等特点来制定标准及确定限值，以使制定的标准符合国情，具有可行性和可操作性。在制定标准过程中，往往需要进行“获利和投入”的利弊分析，在保证饮用者健康的前提下，根据本国经济水平、社会状况和人文特点决定标准限值或所要采取的措施。

2）选择需要确定限值的水质指标的依据

选择水质指标的依据包括以下各项。

（1）对水质能造成明显的不良影响。饮用水中污染物很多。其中有些物质对水质影响不大，不影响水的感官性状，而且毒性也低。对于这些物质，确定限值的必要性不大。但是对那些能明显影响水的外观、色、臭或味的物质以及毒性大、危害大的物质就有必要制定限值，以保证饮用水的安全。

（2）具有足够制定限值的科学依据。制定限值标准是以现场调查和科学研究资料为依据的。如果科学依据不充分，就无法制定限值，即使是客观上需要的限值，也只好暂不纳入标准。

（3）已知在水中含有一定浓度，并且经常在饮用水中已检出数百种污染物，其中多数污染物的浓度很低，甚至低于检出限值，并且仅存在于某些水样中，不能经常检出，因此没有必要制定限值。只有当污染物含量达到一定水平，并有造成危害的可能性，而且检出频率高时，才有制定限值、进行检测的必要性。

（4）具有可行的检测方法。为了确保饮用水水质安全，必须经常进行的水质监测以及在特定情况下的水质检验，从而可以基于标准限值评价饮用水的安全性。如果没有可行的检验方法，就无法了解饮用水中污染物，特别是化学物质的污染水平，也无法进行安全性评价。所以只有对已经具有可行性检验方法的物质才能纳入标准。

3）制定化学物质限值时值得注意的问题

（1）确定限值时需要考虑的主要因素。

① 经调查和研究所获得的科学基准资料。这些资料是制定限值的基础依据，包括毒理学和流行病学资料。因为限值是以确保健康为前提的，所以必须首先考虑这些资料。

② 化学物质在饮用水中的检出频率和浓度范围。对于在饮用水中经常检出，并具有一定浓度的化学物质，当其具有明显卫生学意义时，应列入需要优先确定限值的物质名单。为使制定的限值具有可行性，在饮用水中已存在的化学物质浓度范围也是确定限值数值时必须考虑的关键因素。

③ 是否具有适宜的处理技术以及其所需费用的可接受程度。在制定本国饮用水标准时，经济情况和社会现状是重要的制约条件，必须考虑处理技术的可行性及其经济投入的可接受程度。

（2）不确定因素的存在。对化学物质进行危险度评价所需资料主要有两方面来源，一是人群流行病学调查；二是动物的毒理学实验研究。科学的人群流行病学调查可提供最有价值的资料，为制定化学物质限值提供最直接的依据，但这方面的调查报告较少，且往往缺乏定量资料，使其可利用的价值受到限制。动物实验研究是在严格控制的条件下进行的，可获得明确的剂量一反应关系，是安全性定量评价的重要基础资料，也是制定限值的主要科学依据。但是动物实验资料也有其局限性，存在着许多不确定因素，主要包括下列内容。

① 从动物实验所获得的资料外推到人时，存在着种间差异。动物和人对毒物的吸收、排泄、解毒速度以及对毒物的反应可能不同，因此这种外推有明显的不确定因素。

② 动物实验资料是在采用高剂量染毒从而有害作用发生率相当高的条件下获得的，而人从饮用水中摄入的化学物质浓度通常很低，因此必须从动物实验中高剂量下的剂量一反应曲线，外推到低剂量下的反应，只是未经实验证实的反应，因此，存在不确定因素是显而易见的。

2. 国外饮用水水质标准

1）国外饮用水标准的发展动态

随着人类不断深化关于水中污染物危害的认识，以及水质的检测技术的不断进步，国内外饮用水水质标准正向着更加关注人类健康安全的方向发展。相关饮用水指标的制定也在更安全科学经济的健康风险分析和投资效益分析的基础上执行。

目前，国外水质标准的发展动态可大致归结为以下几个方面：

(1) 高度关注微生物对人体的健康风险。目前，饮用水的主要风险来源于微生物指标，WHO《饮用水水质准则》第3版(以下简称《准则》)中明确提出:“无论在发展中国家还是发达国家，与饮用水有关的安全问题大多来自微生物”，并将微生物问题列为首要问题，其后依次是消毒、化学物问题、放射性问题和可接受性问题。《准则》中还强调：就改善和保护公众健康而言，不同的参数可能有不同的优先重点。一般来说，优先顺序如下：

① 确保充足供应在微生物方面安全的饮用水，并保证水的可接受性，以阻止用户饮用在微生物方面有潜在不安全因素的水。

② 管理已知的对人体健康有不良影响的重要化学污染物。

③ 控制其他的一般化学污染物。

由此可见，饮水中微生物引起的危害被认为是威胁饮水安全的首要问题，因此必须充分认识微生物的重要性，并应对微生物的人体健康风险给予高度重视。在水质指标方面，虽然隐孢子虫、甲第鞭毛虫、军团菌和病毒等指标在WHO、EC以及许多国家水质标准中还不常见，但在美国、英国等少数发达国家已将其列为重要的控制项目，此外美国还把浑浊度列入微生物学指标，主要是从控制微生物风险方面来考虑，而不仅仅是考虑水的感官性状。

(2) 关注消毒剂及其副产物的健康影响。在安全饮用水的供应过程中，消毒无疑是很重要的。消毒对于许多病原体(尤其是细菌)，是一道有效的防线。WHO在《饮用水水质准则》中将消毒置于仅次于微生物问题的地位。美国EPA《国家饮用水基本规则》中明确规定饮用水必须经过消毒。但是，在使用化学消毒剂的过程中通常会产生消毒副产物，这是消毒所带来的新的问题。而20世纪70年代，美国率先开展了有关消毒副产物的研究，确认了加氯消毒会产生有机卤代物，从而给人类带来健康风险，为此还特别制定了《消毒与消毒副产物条例》。

(3) 扩大指标范围，严格指标限值。从各国的标准发展历程不难看出，饮水标准的修订过程也是一个指标数量不断递增的过程。以WHO的《饮用水水质准则》为例，第1版中仅包括微生物指标 2 项，确立具有健康意义的准则值的化学指标 27 项、放射性指标 2 项、另有感官性状指标 12 项。第 3 版中指标数量大幅度增加，其中水源性疾病病原体 27 项，确立具有健康意义的准则值的化学指标 93 项、放射性指标 3 项、另有感官性状指标 28 项。美国的标准更是如此，1914 年的美国的标准中仅包括 2 项细菌学指标；2006 年的美国的标准中指标数量已经增加至 113 项，其中一级饮用水规程中规定项目 98 项，二级饮用水规程中规定项目 15 项。

除指标数量增加之外，指标限值也越来越严格，以铅为例，美国 1975 年标准中铅的限值为 50 μg/L，后修订为 10 μg/L，新标准于 2001 年 1 月 1 日开始实施。欧盟指令中也作出了同样的修订，此外，欧盟的《饮用水水质指令》(98/83/EC)明确要求在 2013 年 12 月前更换掉所有含铅配水管。

(4) 制定水质标准的过程中更加注重风险效益投资分析。风险效益投资分析是今后制定水质标准的重要步骤。美国在制定饮水标准时格外关注这问题，如《加强地面水处理条例》和《消毒与消毒副产物条例》制定时都进行了详尽的效益和投入分析。在饮用水水质标准或目标的基础上进一步提高水质要求，要作详细调查，要弄清调查指标可能取得的效益和降低的风险，提供改善指标的可行净水措施并进行效益和投入分析，使标准更合理、更可行和更科学。

生活饮用水质标准是以保护人体健康和保证人类生活质量为出发点，对饮用水中与人体健康相关的各种因素，以法律形式作出的量值规定，以及为实现量值所作的有关行为规范的规定。在水环境不断变化，水中的污染物不断被人们发现和认识的今天，饮用水水质标准的不断修订和完善对保障人民群众的身体健康有着重要的意义。

2) 国外饮用水标准的现状

国外饮用水水质标准的制定和发展已有超过百年的历史。目前，WHO 制定的《饮用水水质准则》(Guidelines for Drinking Water Quality)，欧盟(European Commission，EC)提出的《饮用水水质指令》(Council Directive 98-83-EC on the Quality of Water Intended for Human Consumption)和美国环保署(USEPA)颁布的《国家饮用水水质标准》(Drinking Water Standards and Health Advisories)，因其所具有的广泛影响和代表性而作为权威标准被全世界引用，其他国家或地区的饮用水标准的制定大都将这三种标准作为基础或者重要参考。

(1) 世界卫生组织《饮用水水质准则》。1958 年，WHO 发布了《饮用水国际准则》(第 1 版)，并于 1963 年和 1971 年进行了修订，分别公布了第 2 版和第 3 版。1976 年，将其更名为《饮用水水质监测》；1983 年又更名为《饮用水水质准则》(以下简称《准则》)，此名一直沿用至今。WHO 制定的《准则》是国际上现行最重要的饮用水水质标准之一，为许多国家制定本国标准的提供重要参考依据。从 1983 年至今，WHO 一共发布了 4 版《准则》，其中第 4 版《准则》于 2011 年 7 月在新加坡国际水源周上发布，其涵盖的指标包括水源性疾病病原体 28 项，其中细菌 12 项病毒 8 项，原虫 6 项，寄生虫 2 项；具有健康意义的化学指标 161 项(建立准则值的指标 90 项，尚未建立准则值的指标 1 项)，放射性指标 3 项，另外提出了

26项指标的感官推荐阈值。各版本《准则》指标数目比较如表2-1所示。

表2-1 世界卫生组织各版本《准则》指标数目比较

指标	第1版(1983～1984年)	第2版(1993～2002年)	第3版(2004年)	第4版(2011年)
水源性疾病病原体指标	2	2	25	28
具有健康意义的化学指标	27	124	143	161
放射性指标	2	2	3	3
感官指标	12	31	30	26
合计	43	159	201	218

《准则》作为一种国际性的饮用水水质标准，与各国的饮用水水质标准不同。《准则》中提出的各项指标指导值不是限制性标准值，即不是“强制性标准”，也不具有法律上的约束力。《准则》是根据最新研究资料，经多个国家、多个学科、多位专家的评定和判断而建立的，其制定过程严谨、涵盖面广泛、指标完整全面，依据WHO提出的定量危险度评价方法对提出的水质指标逐一进行评价，代表了世界各国的病理学、水环境技术、风险评价体系的最新发展，具有绝对权威性。为了及时总结世界上各实验室的饮水安全最新研究成果，WHO还在各版《准则》发布的间隔期间经常公布一些“补充版本”，对一些化合物的建议指导值进行修改，以保持其先进性。

WHO《准则》中推荐的各项水质指标指导值以保护人类健康为目标，推荐的水质指标限值属于安全饮水水质标准，因此其有别于环境水质标准，但《准则》中的各项指标并不能直接满足水中生物和生态保护的要求。

(2) 欧盟《饮用水水质指令》。欧洲共同体(欧盟前身)《饮用水水质指令》(80/778/EC)，最早发布于1980年，其指标比较完整，要求也比较高。指令中列出了66项水质参数，包括了微生物指标、毒性指标、一般理化指标、感官指标等。绝大部分参数既给出了指导值(guidelines)，又制定了最大允许浓度(Maximum Acceptable Concentration，MAC)。该标准是欧洲各国制定本国国家标准的重要参考和主要框架。

1998年11月，欧盟对《饮用水质指令》(80/778/EC)进行了修改，将水行业的科技成果纳入其中，颁布了新的《饮用水水质指令》(98/83/EC)。新指令将指标参数由66项减少至48项(瓶装或桶装饮用水为50项)，其中微生物学指标2项(瓶装或桶装饮用水为4项)、化学指标26项、感官性状等指标18项、放射性指标2项。98指令更加强调指标值的科学性和与WHO《饮用水水质准则》中规定的准则值的一致性。对比80/778/EC，98/83/EC作了较大修订，新增指标9项、删减指标36项、标准值发生变化的有17项指标。

2015年10月7日，欧盟发布了(EU)2015/1787号法规，修订了关于人类饮用水水质指令98/83/EC附录Ⅱ和Ⅲ。这两个附录制定了人类饮用水监测最低要求和不同参数的分析方法说明，还要求自2017年10月27日起，各成员国的法律、法规、行政规章必须符合该指令要求。

欧盟饮用水水质指令的主要特点是指标较少但严格，强调人类直接使用的水嘴的水

(即可供人直接使用的水)达标。此外还建立了一些综合性的指标，如农药的品种很多，每年都会有所增加，所以对其规定了单一农药和农药总量两项指标。对于浊度、色度、臭和味等感官指标，没有给出标准量值，只作了“用户可接受且无异常”的规定，使指令在使用中更具有灵活性和适应性。

(3) 美国《国家饮用水水质标准》。美国最早的一部水质标准是颁布于 1914 年的《公共卫生署饮用水水质标准》，该标准只有关于细菌学的两个指标，规定每 100 mL 水中不准超过 2 个大肠菌群，该标准分别在 1925 年、1942 年、1946 年和 1962 年经过四次修订和重新颁布。该标准的指标主要包括与人体健康有关的化学物质(主要为无机物)和生物因子，以及一些感官指标等。但是这些早期水质标准并不具有全国性的法律约束力。

1974 年，美国国会通过了《安全饮用水法》(Safe Drinking Water Act，SDWA)。这个法案的通过对于美国饮用水水质标准的发展具有划时代的意义。它要求美国环保署对全国的公共供水系统制定可强制执行的污染物控制标准。据此，美国环保署于 1975 年 3 月发布了具有强制性的《饮用水一级标准》(National Primary Drinking Water Regulations，NPDWRs)，又于 1979 年提出了不包括与健康相关的标准在内的非强制性《饮用水二级标准》(National Secondary Drinking Water Regulations，NSDWRs)，我们统称为《国家饮用水水质标准》，该标准分别于 1986 年、1998 年、2004 年和 2006 年进行了修订。

现行的美国《国家饮用水水质标准》发布于 2006 年，包括一级饮用水标准指标 98 项，其中有机物指标 63 项、无机物指标 22 项、微生物指标 8 项、放射性指标 5 项；二级饮用水标准指标 15 项，主要是水中会对人体容貌(如皮肤、牙齿等)和水体感官(如色、臭、味等)产生影响的污染物。一级标准主要用于限制有害公共健康的及已知的或者在公共给水系统中出现的有害污染物浓度；二级标准为非必须遵守标准，各州可选择性采纳为强制性标准。

美国环保署每隔三年就会对以前发布的标准值进行审查，以使水质标准能及时吸收最新的科技成果。对于各项指标，《国家饮用水水质标准》均提出了两个标准，即最大浓度值(Maximum Contaminant Levels，MCLs)和最大浓度目标值(Maximum Contaminant Level Goals，MCLGs)。前者是具体执行时采用的标准，综合考虑了最大浓度目标值和处理费用、处理技术以及许可风险等各个方面的因素；后者则侧重于对人体健康的影响，是非强制性的公共健康目标。

美国《国家饮用水水质标准》高度关注微生物对人体健康的高风险，其标准中关于微生物的指标多达 8 项，包括了在其他国家的水质标准中并不常见的隐孢子虫、甲第鞭毛虫、军团菌和病毒等指标，并将浊度作为控制微生物风险的因子列入微生物指标中，同时十分重视饮用水中消毒副产物对人体健康的影响。

(4) 日本《生活饮用水水质标准》。日本卫生部最早于 1955 年 7 月颁布了日本饮用水水质标准，期间进行过几次修订，一直沿用到 1992 年。根据国际和国内的实际情况，新的水质标准于 1993 年实施。在此标准中，包括 29 项与健康相关的项目，17 项自来水必须具备的性状指标，13 项补充感官项目(如色、味、浊度等)以及 35 项与健康相关的监测项目。日本卫生部在 1998 年、1999 年、2000 年对标准进行了修订，分别增加了一些监测项目。

日本最新饮用水水质标准的制定以 2003 年 5 月 30 日颁布的饮用水水质标准(第 101

号厚生省令)为基础。目前为止,标准共经历了7次左右的改动,主要由日本厚生省科学生活环境上水委员会负责修订和审核。日本最新的水质标准于2015年4月1日正式实施,该标准包括如下三类指标。

① 根据日本自来水法第4条规定必须要达到的标准,即法定标准,共51项。

② 可能在自来水中检出,水质管理上需要留意的项目,即水质目标管理项目,共26项,其中农药类项目含120种。

③ 需要探讨的项目有47项。因为这些指标的毒性评价还未确定,或者自来水中的存在水平还不大清楚,所以还未被确定为水质标准项目或者水质目标管理项目。

日本《生活饮用水水质标准》在总溶解性固体和总硬度、农药类指标及亚硝酸盐氮三个方面指标较为严格,水质目标管理项目中的农药指标共计120项,在世界上涵盖最多,同时有不少指标是既要求测定其母体农药,又要求测定其主要代谢产物。此外,要探讨的项目中包括了一些常见的EEDs(如雌二醇、炔雌醇、双酚A、壬基酚等),但相应限值较高,其合理的限值范围还有待于进一步科学探讨。

(5) 其他主要国家饮用水水质标准的特点。其他主要国家饮用水水质标准的特点如下:

① 英国。英国是全世界范围内第一个提出饮用水中隐孢子虫量化标准的国家。在1999年颁布的水质规则中,英国政府要求存在水源隐孢子虫风险的供水企业必须连续监测出厂水中的隐孢子虫数量,对饮用水中的隐孢子虫也有强制性的限制标准,即每10 L出厂水中隐孢子虫卵囊要少于1个。

② 加拿大。现行的加拿大饮用水水质准则(第六版)包括微生物学指标、理化指标和放射性指标,共计139项(其中有多达29项放射性指标)。上述指标值是经过科学评估由于吸收饮用水中某种物质而对人体所造成的健康危险所给出。

③ 澳大利亚。澳大利亚饮用水指南是在综合参考WHO、EC和USEPA这三大权威标准基础上制定的,考虑的项目最全面。现行的2004年版是对1996年版的修订,涵盖了指标111项,其中包括了85项化学性物质(含无机物、有机物、农药、放射性物质)、13项细菌性指标、5项病毒、4项原生动物和4项有毒藻类。在指标值的确定上,分列了健康指标值和感官指标,以此来区别所列项目可能对人体健康与设备管道的影响,以及人们对于感官的要求。

④ 俄罗斯。俄罗斯现行标准发布于2001年,2002年1月开始正式实施。其水质标准独具特点,大多数指标值接近国际水平,部分指标值甚至比WHO要求的更高(如汞,WHO的指标值为0.001 mg/L,俄罗斯的指标值达到0.0005 mg/L)。对微生物、放射性、无机物、有机物等指标,均根据其毒性和对人体的危害程度划分为一级非常危险、二级高危险、三级危险和四级轻微危险。感官性参数多达47项,如碲、钐、铷、铋、过氧化氢、剩余臭氧等这些指标尚未在其他国家的水质标准中出现过。

3. 生活饮用水卫生标准

1) 我国《生活饮用水卫生标准》的历史回顾

1857年,洋商格罗姆等人在上海开设供水公司,在杨树浦建成小型自来水厂,1879年满清政府在旅顺口修建了龙眼泉地下水源供水设施,开启了我国的城市自来水事业,至今已有一百多年的历史。但真正得到巨大发展的，还是在新中国成立以后，尤其是从 20 世纪 80 年代开始。

我国制定的饮用水水质标准，是随着社会的发展和科学技术的进步而不断与时俱进的(见表 2-2)。在 20 世纪初期，饮用水水质标准主要包括水的外观和预防水致传染病方面的项目；此后开始重视重金属离子的危害；20 世纪 80 年代开始侧重于有机污染的防治；20 世纪 90 年代以来更加重视工业废水排放及农药使用的有机物污染，以及消毒副产物和某些致病微生物等方面的危害。

表 2-2 我国饮用水水质发展历程

实施时间	标准名称	发布单位	级别	指标项目总数
1950 年	上海市自来水水质标准	上海市	地方	16
1955 年 5 月	自来水水质暂行标准	卫生部	部标	15
1956 年 12 月	饮用水水质标注(草案)	国家建设委员会 卫生部	国标	15
1959 年 11 月	生活饮用水卫生规程	建筑工程部 卫生部	国标	17
1976 年 12 月	生活饮用水卫生标准 (TJ 20－76)(试行)	国家建设委员会 卫生部	国标	23
1986 年 10 月	生活饮用水卫生标准(GB5749－85)	卫生部	国标	35
1991 年 5 月	农村实施《生活饮用水卫生标准》准则	卫生部 全国爱卫会	国标	21
1992 年 11 月	2000 年水质目标	建设部		89(一类)， 51(二类)、 35(三、四类)
1996 年 7 月	生活饮用水卫生监督管理办法	建设部 卫生部		31
1999 年 2 月	城市给水工程规划规范 “生活饮用水水质标准”(GB50282－1998)	国家质量技术 局建设部		89(一级)， 51(二级)
2000 年 3 月	饮用净水水质标准(CJ9－1999)	建设部	行标	39
2001 年 9 月	生活饮用水卫生规范	卫生部	部标	96
2005 年 6 月	城市供水水质标准(CJ/T206－2005)	建设部	部标	101
2005 年 10 月	饮用净水水质标准(CJ94－2005)	建设部	行标	39

(1)《自来水水质暂行标准》与《饮用水水质标准》(草案)简介。《自来水水质暂行标准》是新中国成立后最早的一部生活饮用水技术法规。包括了15项监控指标：透明度、色度、臭和味、细菌总数、总大肠菌群、剩余氯、总硬度、氟化物、铅、砷、铜、锌、酚、总铁和pH值。该标准由卫生部发布，于1955年5月在北京、天津、上海等12个城市试行。在《自来水水质暂行标准》的基础上，由卫生部和国家建设委员会在参考总结国外相关标准后，联合审批发布了《饮用水水质标准》(草案)，于1956年12月1日实施。

(2)《生活饮用水卫生规程》简介。《生活饮用水卫生规程》在1959年由卫生部和建筑工程部联合发布实施。此规程是在修订《饮用水水质标准》(草案)和《集中式生活饮用水水源选择及水质评价暂行规定》基础上合并而成。包括了3部分内容：水质指标的卫生要求，水源选择和水源卫生防护。其中水质监测指标增加到17项，删减了透明度一项，增加了浑浊度、大肠菌值和不得含有肉眼可见的水生生物及令人嫌恶的物质三项。

(3)《生活饮用水卫生标准》(TJ20—76)(试行)简介。该标准于1976年12月1日由国家建设委员会和卫生部批准实施，包括了5部分内容，分别为：总则、水质标准、水源选择、水源卫生防护和水质检验。包含的水质监测指标23项与《生活饮用水卫生规程》相比，删减了一项大肠菌值，增加了锰、阴离子合成洗涤剂、氰化物、硒、汞、镉和六价铬七项指标。

(4)《生活饮用水卫生标准》(GB5749—85)简介。由卫生部于1985年批准发布，并于次年10月1日起实施的《生活饮用水卫生标准》(GB5749—85)包括了总则、水质标准和卫生要求、水源选择、水源卫生防护和水质检验5部分内容。其水质指标增加到了35项，包括12项新增指标，分别为：硫酸盐、氯化物、溶解性总固体、银、硝酸盐、氯仿、四氯化碳、苯并[a]芘、滴滴涕、六六六、总α放射性以及总β放射性。其中，与人体健康有关的有机化合物标准限值和放射性物质指标参考水平首次被列入水质标准。

2)《生活饮用水卫生标准》(GB5749—2006)

随着人们生活水平的提高，对于饮用水水质的要求也在不断提升。由于现代工业的高速发展，农药化肥的使用，使得更多种类更多数量的化学物质排入水体，水体遭受到更严重的污染。自来水厂常规处理工艺也越来越不能彻底去除新的污染物，自来水厂出厂水消毒产生的消毒副产物也越来越引起人们的重视，同时水质分析技术也有了很大的提高。制定于1985年的《生活饮用水卫生标准》(GB5749—85)无论是指标限值还是指标数目都不能反映现今水质安全状况。2006年12月29日，经过卫生部和国家标准委员会修订的《生活饮用水卫生标准》(GB5749—2006)发布，并于2007年7月1日正式实施。这是原标准自1985年以来的首次修订。新标准不仅综合参考了WHO、EC和USEPA等的水质标准，同时充分考虑了我国的实际情况，提出的指标目标均根据我国现有的经济和技术条件而制定，并且参照了国际组织和发达国家的水质标准，与世界先进水平接轨。

该标准分为10部分内容：范围、规范性引用文件、术语和定义、生活饮用水水质卫生要求、水源水质卫生要求、集中式供水单位卫生要求、二次供水卫生要求、涉水产品卫生要求、水质监测和水质检验，包含了常规指标42项(见表2-3)，非常规指标64项(见表2-4)，总计106项水质指标。另外，该标准对水中消毒剂常规指标也提出了要求(见表2-5)。

表 2－3　水质常规指标及限值

指　标		限　值
微生物指标	总大肠菌群/(MPN/100 mL 或 CFU/100 mL)	不得检出
	耐热大肠菌群(MPN100 mL 或 CFU100 mL)	不得检出
	大肠埃希菌/(MPN/100 mL)	不得捡出
	菌落总数/(CFU/mL)	100
毒理指标	砷/(mg/L)	0.01
	镉(mg/L)	0.005
	铬(六价)/(mg/L)	0.05
	铅/(mg/L)	0.01
	汞/(mg/L)	0.001
	硒/(mg/L)	0.01
	氰化物/(mg/L)	0.05
	氟化物/(mg/L)	1.0
	硝酸盐(以 N 计)/(mg/L)	10，地下水源限制时为 20
	三氯甲烷/(mg/L)	0.06
	四氯化碳/(mg/L)	0.002
	溴酸盐(使用臭氧时)/(mg/L)	0.01
	甲醛(使用臭氧时)/(mg/L)	0.9
	亚硫酸盐(使用二氧化氯消毒时)/(mg/L)	0.7
	氯酸盐(使用复合二氧化氧消毒时)/(mg/L)	0.7
感官性状和一般化学指标	色度(铂钴色度单位)	15
	浑浊度(散射浑浊度单位)NTU	1，水源与净水技术条件限制时为 3
	臭和味	无异臭、异味
	肉眼可见物	无
	pH 值	不小于 6.5 且不大于 8.5
	铝/(mg/L)	0.2
	铁/(mg/L)	0.3
	锰/(mg/L)	0.1
	铜/(mg/L)	1.0
	锌/(mg/L)	1.0
	氯化物/(mg/L)	250
	硫酸盐/(mg/L)	250
	溶解性总固体/(mg/L)	1000
	总硬度(以 $CaCO_3$ 计)/(mg/L)	450
	耗氧量(COD_{Mn}法。以 O_2 计)/(mg/L)	3，水源限制，原水耗氧量>6 mg/L 时为 5
	挥发酚类(以苯酚计)/(mg/L)	0.002
	阴离子合成洗涤剂/(mg/L)	0.3
放射性指标	总 α 放射性/(Bq/L)	0.5
	总 β 放射性/(Bq/L)	1

表 2-3 中，MPN 表示最可能数；CFU 表示菌落形成单位。当水样检出总大肠菌群时，应进一步检验大肠埃希菌或耐热大肠菌群；当水样未检出总大肠菌群时，不必检验大肠埃希菌或耐热大肠菌群；放射性指标超过指导值，应进行核素分析和评价，判定能否饮用。

表 2-4 水质非常规指标及限值

指标		限值
微生物指标	甲第鞭毛虫子/(个/10L)	<1
	隐孢子虫/(个/10L)	<1
毒理指标	锑(mg/L)	0.005
	钡(mg/L)	0.7
	铍(mg/L)	0.002
	硼(mg/L)	0.5
	钼(mg/L)	0.07
	镍(mg/L)	0.02
	银(mg/L)	0.05
	铊/(mg/L)	0.0001
	氯化氢/(mg/L)	0.07
	一氯二溴甲烷/(mg/L)	0.1
	二氯一溴甲烷/(mg/L)	0.06
	二氯乙酸/(mg/L)	0.05
	1，2-二氯乙烷/(mg/L)	0.03
	二氯甲烷/(mg/L)	0.02
	三卤甲烷(三氯甲烷、一氯二溴甲烷、三氯一溴甲烷、三溴甲烷的总和)	该类化合物中各种化合物的实测浓度与其各自限值的比例不超过 1
	1，1，1-三氯乙烷/(mg/L)	2
	三氯乙酸/(mg/L)	0.1
	三氯乙醛/(mg/L)	0.01
	2，4，6-三氯酚/(mg/L)	0.2
	三溴甲烷/(mg/L)	0.1
	七氯/(mg/L)	0.0004
	马拉硫磷/(mg/L)	0.25
	五氯酚/(mg/L)	0.009
	六六六(总量)/(mg/L)	0.005
	六氯苯/(mg/L)	0.001
	乐果/(mg/L)	0.08
	对硫磷/(mg/L)	0.003
	灭草松/(mg/L)	0.3
	甲基对硫磷/(mg/L)	0.02

续表

指　　标		限　　值
毒理指标	百菌清/(mg/L)	0.01
	呋喃丹/(mg/L)	0.007
	林丹/(mg/L)	0.002
	毒死蜱/(mg/L)	0.03
	草甘膦/(mg/L)	0.7
	敌敌畏/(mg/L)	0.001
	莠去津/(mg/L)	0.002
	氯氰菊酯/(mg/L)	0.02
	2,4 滴滴涕/(mg/L)	0.03
	滴滴涕/(mg/L)	0.001
	乙苯/(mg/L)	0.3
	二甲苯(总摄)/(mg/L)	0.5
	1,1 二氯乙烯/(mg/L)	0.03
	1,2 二氯乙烯/(mg/L)	0.05
	1,4 二氯苯/(mg/L)	0.3
	三氯乙烯/(mg/L)	0.07
	三氯苯(总量)/(mg/L)	0.02
	六氯丁二烯/(mg/L)	0.0006
	丙烯酰胺/(mg/L)	0.0005
	四氯乙烯/(mg/L)	0.04
	甲苯/(mg/L)	0.7
	邻苯二甲酸(2-乙基己基)酯/(mg/L)	0.008
	环氧氯丙烷/(mg/L)	0.0004
	苯/(mg/L)	0.01
	苯乙烯/(mg/L)	0.02
	苯并芘/(mg/L)	0.00001
	氯乙烯/(mg/L)	0.005
	氯苯/(mg/L)	0.3
	微囊藻毒素-LR/(mg/L)	0.001
感官性状和一般化学指标	氨氮(以 N 计)/(mg/L)	0.5
	硫化物/(mg/L)	0.02
	钠/(mg/L)	200

表 2-5　饮用水中消毒剂常用指标要求

消毒剂名称	与水接触时间(min)	出厂水中限值(mg/L)	出厂水中余值(mg/L)	管网末梢水中余量(mg/L)
氯气及游离氯制剂	≥30	4	≥0.3	≥0.05
一氯胺(总氯)	≥120	3	0.5	≥0.05
臭氧(O_3)	≥12	0.3	—	0.02；如加氯，总氯≥0.05
二氧化氯(ClO_2)	≥30	0.8	0.1	≥0.02

3)《军队战时饮用水卫生标准》(GJB 651—89)

《军队战时饮用水卫生标准》主要对战时以及平时军队行军、野营及其他野外条件的饮用水的水质要求，饮水期分为 7 天或 90 天以内两类，分别对两类饮水期的各项水质指标进行了限值规定。因野外应急供水不是长期实施的供水行为，其水质卫生标准可以按照《军队战时饮用水卫生标准》进行要求。

该标准分为 6 部分内容：主体内容与适用范围、引用标准、水质标准、水源选择、卫生防护和水质检验，包含了感官性指标 4 项、一般化学指标 4 项、毒理学指标 8 项、细菌学指标 3 项、军用毒剂指标 6 项、放射性指标 1 项(见表 2-6)，总计 26 项水质指标。

表 2-6　战时饮用水水质标准

项　目		单　位	限　量　值	
			7 天以内	90 天以内
感官性状指标	色	度	无明显异色	不超过 25 度，并不得呈现异色
	浑浊度	度	可有轻度浑浊	不超过 15 度
	臭和味		不得有明显异臭、异味	不得有异臭、异味
	肉眼可见物		不得含有	不得含有
一般化学指标	pH 值		5.0～9.0	5.0～9.0
	总硬度(以 $CaCO_3$ 计)	mg/L	—[(1)]	600
	硫酸盐(以 SO_4^{2-} 计)	mg/L	—	500
	氯化物(以 Cl^- 计)	mg/L	—	600
毒理指标	砷	mg/L	0.5	0.15
	汞	mg/L	0.1	0.01
	氰化物(以 CN^- 计)	mg/L	1.5	0.2
	氟化物	mg/L	—	2.0
	铅	mg/L	—	0.2
	镉	mg/L	—	0.1
	铬(六价)	mg/L	—	0.5
	钡		—	1.0

续表

项　目		单　位	限　量　值	
			7天以内	90天以内
细菌学指标	菌落总数	个/mL	100	100
	大肠菌群	个/100 mL	1	1
	游离余氯	mg/L	接触30 min不得低于1.5 mg/L；生物战剂污染情况下，接触30 min不得低于1.5 mg/L	接触30 min不得低于1.5 mg/L；生物战剂污染情况下，接触30 min不得低于1.5 mg/L
军用毒剂指标(2)	沙林	mg/L	0.07	—
	梭曼	mg/L	0.025	—
	维埃克斯	mg/L	0.01	—
	芥子气	mg/L	1.5	—
	路易氏剂	mg/L	1.0	—
	毕兹	mg/L	0.005	—
放射性指标	放射性物质(3)	Bq/L	2×10^5	2×10^4

注：（1）表示没有规定限量值。

（2）表示水被军用毒剂污染时，每人每天饮水量为2 L，饮用期限为3天。

（3）表示核武器爆炸产生的放射性时落下的灰。

水是维系人类生存和社会发展不可替代的基本物质。世界卫生组织认为：提供安全的饮用水对保障人体健康、生命安全和社会稳定具有重要的作用，因此许多国家将供水安全纳入国家安全的概念中。我国先后实施的标准《生活饮用水卫生标准》(GB 5749—2005)及《生活饮用水标准检验方法》(GB/T 5750—2006)保障了饮用水的安全。各类供水水质必须保证在使用中不应该给人体带来短期或长期的健康危害，不得含有致病微生物；所含化学物质和放射性物质不得危害人体健康；水的感官性良好。供水水质标准规定了包括微生物指标、感官性状指标和一般化学指标、毒理学指标、放射性指标在内的水质检验项目及限值，水质检验的结果与之比对，用来评价水质、水源、水处理和饮用水输送的安全。

2.3.2　水源水质检验技术

水质检验是利用各种仪器和物理化学方法，分析用水的物理、化学、细菌的性质，测定放射性、化学毒剂、生物战剂的沾染程度及其数据，作为水质确认和进行水质处理的依据。

1. 水样采集

采集水样的数量由待测项目和指标多少确定，一般采集2 L即可。采集水样的容器一般应使用玻璃瓶或硬质塑料瓶，如图2-22所示。注意：当水中含有油类和油状化学毒剂时，要用玻璃瓶。采样容器必须干净。采样时，首先用水样水将容器冲洗2～3次，再将水样收集于瓶中。从江、河、湖、水库或没有抽水设备的井中取样时，应首先将采样瓶浸入水中，使采样瓶的瓶口位于水面下 20 cm～30 cm 处，然后拉开瓶塞，使水进入瓶中。采集管道中水样时，应先放水数分钟，然后收集水样。

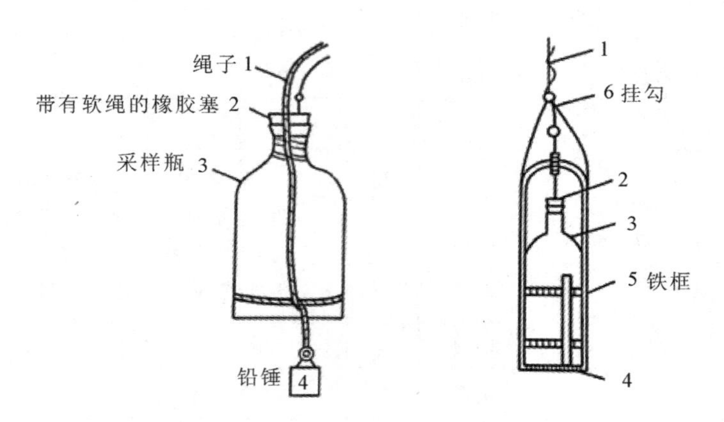

图 2-22 采样瓶

当采集供细菌学检验用的水样时，必须对容器进行灭菌处理，并需保证水样在运送、保存过程中不受污染；当采集含有余氯的水样时，应在采样瓶未消毒前按每 500 mL 水样投加 5 mL 的 1.5%硫代硫酸钠溶液进行预处理。

水样采集后应尽快化验。如放置过久，水中某些成分会发生变化进而影响检测结果。如检测水样的余氯、pH 值，应在采样现场进行化验；供卫生细菌学检验的水样，一般要求从取样到检验不应超过 2 h。若条件不允许时，水样应放在冰箱(盒)中保存，但最多不超过 4 h。

2. 常规水质检验

1) 水质理化检验方法

(1) 重量分析法。重量分析法是把被测成分与其他成分分离，成为纯化合物或单体之后，测定其重量，求出被测成分在样本中所占的比例的方法。除这种直接测定的方法以外，还可以采用使待测组分挥发，而由前后重量之差求得待测组分的间接方法。重量分析法主要用于水质中钙、镁、硫酸盐等物质的测定。

(2) 容量分析法。容量分析法是用已知浓度的试剂溶液(标准溶液)，用滴定管直接滴加到被测溶液中，直至试剂的用量与被测物质含量相当，即达到等当点，由标准溶液的用量和它的浓度计算出被测物质的含量的方法。在标准溶液滴定时，加入指示剂，由它的颜色转变以显示滴定终点。该方法可以测定酸、碱及能与酸碱反应的物质。

(3) 比色分析法。许多物质都是有颜色的，当含有这些物质的溶液的浓度改变时，溶液的颜色的深浅也随之改变，可通过比较溶液深浅来确定溶液中有色物质的浓度，这种测定方法称为比色分析法。其基本原理是朗伯-比尔定律，即当一束单色光透过溶液时，在溶液层厚度一定的条件下，吸光度(A)与溶液中有色物质浓度(CL)成正比，即 $A=\varepsilon CL$(其中，ε 为消光系数)。

(4) 分光光度法。分光光度法的分析原理也是以朗伯-比尔定律为理论基础的，将一个光谱区域中每一个单色光分别依次通过溶液，测定溶液对每一个光波的吸收，然后绘制波长-吸收曲线。这种分析方法也称为光谱分析法。应用标准波长-吸收曲线量板与所测物质的光谱进行对比分析，可以对溶液中的物质进行定量分析。

2）水质微生物检验

水质微生物检验是指水体中细菌总数和大肠菌群的检查，它是判断饮水细菌学安全性的重要指标。主要采用以下技术方法进行检查：

(1) 滤膜法。水样经滤膜过滤后，细菌被阻留在膜上，阻菌滤膜于营养琼脂培养基上在37℃条件下培养 24 h，通过膜上菌落计数得出 1 mL 水样中的细菌总数。如果将阻菌滤膜贴于含有乳糖的选择性培养基上，于 37℃条件下培养 24 h，使膜上大肠菌群生长发育成为有一定特征的菌落，可直接进行菌落记数得出水样中总大肠菌群数。

(2) 涂布平板法。取适当稀释的样品，取样量一般为 0.1 mL～0.2 mL，最大接种量为 1 mL，加到营养琼脂平板培养基表面，然后用弯玻璃棒将样品均匀涂布于培养基表面，在37℃条件下培养 24 h 后记数，得出水样中的细菌总数。

(3) 多管发酵法。该方法的原理是：大肠菌群能发酵乳糖并产生酸气，进而能在选择性培养基上产生典型菌落。

3. 野外条件下的水质检验

野外条件下的水质检验，要求方法简单、操作简单、设备简易，且对结果易于评价。以下介绍常用野外应急的水质检验器材的基本原理。

1）水质理化简易检测方法

(1) 试纸法。当试样中含有被测物成分时，与滤纸上吸附的显示剂发生化学反应，呈现出一定特征的颜色，将其与色调板进行对比，就可以定性或半定量地测定水中该成分的含量。试纸法可以测定水体中的 pH 值、硬度、金属离子、砷、余氯等水质指标。

(2) 液体与固体试剂法。液体试剂法实质上是简易的容量分析法，它是用预先配制一定浓度的标准溶液逐次少量加入试样溶液中，直到等当点为止。根据消耗的标准溶液量求出待测定成分的量。为便于携带和野外操作，一般将标准溶液改制成固体试剂或片剂。为提高固体试剂的稳定性，多选用中性物质、不易潮解的添加剂或载体作为标准试剂。

(3) 检测管和试剂管法。检测管是在直径为 2 mm～3 mm 的优质玻璃管内装填一定数量的作为检测试剂的固体物质成分，两端用棉花或塑料泡沫密封。装入检测管的检测试剂由显色剂和吸附剂组成。显示剂与被测元素或离子接触时改变颜色，并形成色带。测定时根据形成色带的长短确定水中被测成分的含量。固体吸附剂不可与显色剂发生化学反应，一般为中性且不易吸潮变质的物质。

(4) 富集检验方法。当水样中毒剂浓度较低时，不易被精确检测，必须采用固相萃取方法进行水样富集。其原理是用固体材料吸附样品中待测物质，并用适当的溶剂清洗以除去杂质，再用适当的洗脱剂将被测物洗脱下来进行检测。

(5) 其他辅助方法。当上述各种简易方法不能满足检验要求时，可采用预处理作为辅助手段，以提高检验方法的灵敏度。预处理可使待测样品的有效成分在单位体积内增加绝对含量，浓缩载体可用吸附树脂、巯基棉等。例如，酚的测定可用大孔吸附树脂，铅的测定可用巯基棉浓缩。研究表明：先用吸附管吸附，再用适宜密度的洗脱液解吸附，然后与显色剂反应，检验灵敏度可提高 10 倍。

2）水质细菌学检查方法

水中细菌总数与大肠菌群的检查均采用滤膜营养垫法，其原理与常规检查方法相同，所用培养基分别为改良营养肉汤干粉培养基和改良远藤氏干粉培养基。这些培养基应分装于玻璃管并用橡皮塞蜡封包装，方可长期保存。

检查水中细菌总数时，营养肉汤干粉培养基可经蒸馏水或自来水煮沸或直接用开水冲泡溶解，制备营养肉汤培养垫。这种营养基不仅使用效果好，而且因培养基内含有 TTC 染料，可使细菌着红色，与白色滤膜形成反差，易于识别、计数。检查水中大肠菌群时，改良远藤氏干粉培养基可直接以蒸馏水或冷开水溶解制备营养培养垫，不需要煮沸。

滤膜营养垫法还可以初步检查水中的沙门氏菌属和志贺氏菌属。

3）水质放射性沾染检查方法

放射性测量方法按放射源不同可分为两大类。一类是天然放射性检查方法，是对放射性射线的总量或能谱的测量，主要有 γ 测量法、α 测量法等。另一类是人工源放射性检查方法，是基于放射性射线与物质的相互作用所产生的康普顿-吴有训效应和热中子效应原理，对散射 γ 射线的测量，主要有 X 射线荧光法、中子法等。

对曾被敌占领或上游在敌占区等情况复杂地区的水源进行侦察时，必须注意水中是否投毒，并以感官初步判断水源是否染毒。水中含毒的一般特征包括：水中挥发出不正常的气味，如腥臭、芥子味、大蒜味等；水中及水源附近有油斑、油迹；水中有死亡的水生动物或两栖动物，如鱼、青蛙、蚂蝗等；水味不正常，如有苦、涩或金属味等。但应注意的是，只有在没有发现其他显著的染毒特征时，才准口尝水味，且不得吞咽，以防中毒。

对被放射性落下灰、化学武器或其他毒剂沾染或污染的地表水源，除用感官判断有无染毒外，应用检水检毒箱和辐射仪进行检测，以进一步确定是否染毒和污染。如发现水中有明显的化学毒剂、致病微生物或放射性物质等染毒和污染，应详细记录侦察情况，并在给水条件图上标注，且应在水源地设置明显的标识。

2.3.3　水源水质检验项目

1. 物理性质检验

物理性质检验是通过仪器和人的感官对水质情况的检查，包括色、嗅、味、温度、浊度等检验。

在检验之前，首先应观察水源周围的环境状况，特别注意观察是否有污染源，然后观察水源是否被污染。污染的水源的特征为：水的颜色改变；有不正常气味；水面有油迹、斑点等；有死亡生物（如死鱼、枯黄的水生植物）的漂浮或过分浑浊的现象等。

1）温度测定

水的温度测定必须在现场进行，并同时测定气温。测定时，将温度计浸入水中 3 min～5 min 后取出记录，准确到 0.1℃，作好记录。若取样测定，则水样体积不得少于 1 L。测量水体的温度通常采用相关装备，如 0～100℃ 普通的水银温度计等。

2）色度测定

水色的测定通常采用“铂钴标准法”，即氯铂化钾（$K_2P_tC_{16}$）和氯化钴（CoC_{12}）溶液配成标准色阶，与水样进行比较。规定 1 mg/L 铂所具有的颜色称为Ⅰ度。

（1）标准色阶配制。称取 1.246 g 的化学纯氯铂化钾及 1 g 化学纯氯化钴，溶于 100 mL 蒸馏水中，加入 100 mL 化学纯浓盐酸，然后用蒸馏水稀释至 1000 mL，此标准溶液的色度为 500 m 度(含铂 500 mg)。

取容量为 50 mL 的具塞比色管 11 支，分别加入铂钴标准溶液 0、0.5、1.0、1.5、2.0、2.5、3.0、4.0、4.5 和 5.0 mL，加蒸馏水至 50 mL，混合均匀，则配制成 0、5、10、15、20、25、30、35、40、45 和 50 度的标准色阶，并将管口密封。

(2) 测定步骤。将水中悬浮杂质滤除，使水样呈真色；取 50 mL 水样置于空比色管中。如果水的色度过大，可以蒸馏水稀释到适宜程度。将水样管和铂钴标准色阶放在白纸上，在光线充足的地方用眼睛自管口向下垂直观察比色，记录与水样相同管的铂钴标准色阶的度数，如发现异色，可用文字叙述记录。

3) 透明度的测定

(1) 野外法。用一根直径 4 mm～6 mm 标记有刻度记号的绳子，其一端系牢一个直径为 30 cm 的白色瓷盘或面积为 15 cm×21 cm 的白瓷板，如图 2-23(a)所示，将瓷盘慢慢沉到水中，直到在水面上开始看不见瓷盘时为止，此时，从绳子上的刻度记号读出瓷盘沉入水中的深度；然后慢慢提起绳子，直到水面上开始看得见瓷盘为止，再读出提起绳子的深度。将前后两次测得的深度数据相加，取其平均值即为水的透明度。水的透明度的单位用米(m)表示。

(2) 铅字法。透明度计如图 2-23(b)所示，长 33 cm、内径为 25 mm 的玻璃管，下端封底并透明，在管下端 1 cm～2 cm 处接一侧管，用于放水。

① 标准铅字：采用视力表中 1.3 大小的符号或 5 号宋体铅字。

② 测定步骤：将透明度测定器置于光线充足的地方，但不受到阳光直射，一般距窗户 1 m 为宜。将铅字置于距离玻璃管底端 4 cm 处，此时，将水样充分摇匀后倒入玻璃管内至深度 30 cm，然后由上往下看，如果看不见铅字符号，则慢慢放水，至刚能辨认符号为止，记下水位标高值，精确到 0.5 cm，此时，水位标高即为水的透明度。若水柱标高超过 30 cm，则视为透明；小于 10 cm 是极浑浊的水；10 cm～20 cm 是浑浊的水；20 cm～30 cm 是稍浑浊的水。我国规定饮用水的透明度应不小于 30 cm。

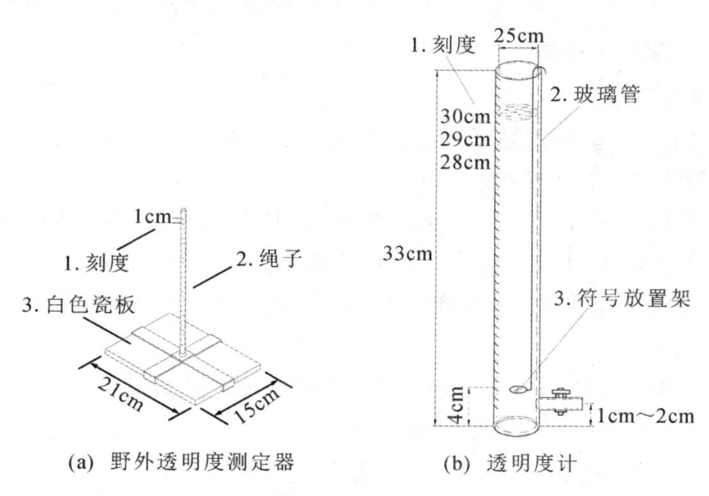

(a) 野外透明度测定器　　(b) 透明度计

图 2-23　透明度测定仪器

4) 浑浊度测定

浑浊度的测定根据浊度的高低可采用不同的方法。野外条件下，往往通过水的透明度数据换算成浑浊度，即采用铅字法测出透明度，再通过查表得出浑浊度。若条件许可时，也可用采用白陶土标准比色法直接测定其浑浊度。

另外，还有一种光电比色比浊计和浊度仪，可方便用于测定。

5）臭和味的测定

臭和味的测定没有适当的标准，一般以感官的感觉来描述。对臭和味的强烈按照表2-7的描述判定等级。臭和味的测定分常温测定和煮沸测定两种方法。

（1）常温测定。常温下测定臭和味时，取100 mL水样，置于250 mL的三角瓶中，振荡后从瓶口嗅水样的气味，并用适当词句描述，按6级标准记录其强度。

对人体健康无害的水样，可取少量放入口中尝味，加以描述，按6级标准记录其强度。

（2）煮沸测定。在野外常采取原水煮沸后测其臭和味，即将三角瓶中的水样加热至沸腾以后，立即取下三角瓶，稍冷后嗅味和尝味，用适当词句描述，按6级标准记录其强度。

表2-7 臭和味的强度等级

等　级	强　度	描　　述
0	无	无任何臭和味
1	微弱	一般饮用者甚难察觉，但臭味敏感者可以发觉
2	弱	一般饮用者能轻微察觉
3	明显	已明显察觉
4	强	已有显著的臭或味
5	极强	有强烈的臭和味

2. 化学性质检验

野外条件下，水的化学性质检验包括一般化学指标、化学毒物和军用毒剂的检测。

1）水的一般化学指标检测

（1）常规化学性质检测。

① pH值：水的pH值常用试纸比色法粗略测定。当水样带有颜色，浑浊，含有较多的氧化剂、还原剂和游离氧时，不宜采用比色法测定。

② 总硬度：常用EDTA滴定法及软脂酸钾法测定。用EDTA二钠盐滴定至滴定终点时，Ca^{2+}、Mg^{2+}全部与EDTA二钠络合而使铬黑T游离，溶液由紫红色变为蓝色。

③ 总碱度：采用酚酞和甲基橙试剂，以0.1 N的HCl标准溶液测定的方法测定。

④ 溶解性矿物盐。

a. 硫酸盐：对于比较清洁的天然水，采用铬酸钡比色法较适宜。还可以利用$BaSO_4$不能溶解的原理，用容量法和比浊法测定硫酸盐。

b. 氯化物：常用硝酸银容量法测定。

⑤ 铁：常用邻二氮菲比色法测定。高价铁用盐酸羟胺还原后测定。

⑥ 溶解性气体

a. 溶解氧：通常采用向水样中加入饱和的硫酸钠标准溶液滴定的方法测定。水样如含有大量的有机物、亚硝酸盐或三价铁盐等特殊情况时，应采用其他标准溶液测定。

b. 二氧化碳：侵蚀性二氧化碳的测定。在水样中加入1%甲基橙试剂，采用0.1N的NaOH标准溶液滴定，在水中加入1%酚酞酒精溶液试剂，然后用0.5N的NaOH标准溶液滴定。

c. 硫化氢：硫化氢常用醋酸铝简易定性法和碘定量法测定。

(2) 水中有毒物质测定。

① 挥发酚类：常用4-氨基安替比林比色法及0.1 N的$Na_2S_2O_3$滴定法测定。为防止酚分解，水样通常应在4 h内进行测定。否则应在每升水样中加入2 g NaOH(固体)。

② 氟化物：常用茜素磺酸锆目视比色法测定。

③ 氰化物：常用吡啶联苯胺比色法，也可以用普鲁士蓝定性法测定。

④ 砷化物：常采用二乙基二硫代氨基甲酸银比色法和砷斑法。

⑤ 汞：常采用双硫腙比色法和碘化亚铜法。

⑥ 重金属离子铅：常用双硫腙比色法，也可以用铬酸(或重铬酸)离子沉淀法测定。

(3) 简便检水检毒。为适应野外条件下水质检验的需要，一种小型、轻便、操作简单的检水检毒试条和检水检毒笔已用于实际工作中，使用方法如下：

① 检水检毒试条：试条检测原理是化学物质与试剂作用后，产生不同颜色，然后根据颜色判断阳性或阴性。检测时，将甲条和乙条放在被检测的水中，0.5 min后取出甩干，然后与比色量板对照比色(比色量板为最低检出量颜色)，根据表2-8的规定判断结果。

表2-8　检水检毒试条法结果判定表

检测项目	阳　性	阴　性
氨氮	微淡黄色	无色
亚硝酸盐	紫蓝色	微淡黄色
砷化物	微黄色	棕黄色
氰化物	桃红色	黄色
钡化物	玫瑰红色	黄红色
汞化物	紫红色	洋红色
余氯	紫红色	淡红色
硫代磷脂、芥子气	棕黄色	原色
非硫代磷酸脂	淡黄色	亮绿色

② 检水检毒笔：可测定水中余氯、砷化物、氰化物、氨氮、有机氯和有机磷等多项指标，其检验方法、灵敏度及应用意义见表2-9，各种项目的测定方法如下：

a. 测氨氮：取水样3 mL，加试剂[2]半勺，若呈黄色，则表示水中有氨氮。

b. 测砷化物：取水样3 mL，加试剂[3]一大勺，摇匀后立即盖上带溴化汞试剂的小盖，5 min后若呈黄色，则表示水中有砷化物。

c. 测氰化物：取水样3 mL，加试剂[4]小半勺，摇匀后，加试剂[1]半勺，呈兰色，则表示水中有氰化物。

d. 测余氯：取水样3 mL，加试剂[5]小半勺，摇匀后呈棕红色，则表示水中含余氯。

e. 测有机磷、有机氯：取水样 3 mL，加试剂[6]小半勺，摇匀后加试剂[1]小半勺，若水样呈亮绿色，则表示结果为阴性，不含有机磷、有机氯；若变成无色，则表示水中含有有机磷；若变成淡黄色，则表示水中含有有机氯。

需要注意的是，水中铁离子对有机磷检验有干扰，区别方法是重复取水样 3 mL，加试剂[6]小半勺，摇匀后，再加试剂[1]小半勺，若水样呈亮绿色，荧光反应完成后，颜色逐渐消失为无色，并有气泡发生，则属于铁离子干扰所致。

检测结果判定：当水中氨氮超过色管标准，表示水受有机物污染，应除去污染源或另外选择水源；如急需使用，应进行消毒处理。当水中砷化物、氰化物、有机磷、有机氯的检验，不论哪一种呈阳性反应，均不能使用；加氯消毒 30 min 后测定水中余氯，应不能低于色管标准。

表 2-9 检水检毒笔检验法及应用意义

项 目	方 法	灵敏度(mg/L)	应用意义
氨氮	纳氏试剂法	0.5	超过本标准，表示受有机物污染
砷化物	溴化汞试剂法	1.0	结果为阴性，不致引起急性中毒
氰化物	水合茚三酮法	0.5	结果为阴性，不致引起急性中毒
有机氯	荧光黄法	5.0	结果为阴性，不致引起急性中毒
有机磷	荧光黄法	4.0	结果为阴性，不致引起急性中毒
余氯	对氨基二乙基苯二胺硫酸盐法	0.2	氯素消毒效果的指标应在 0.2 mg/L 以上
附注	试剂配制： [1] 碱试剂：氢氧化钙(分析纯)； [2] 氨氮试剂：碘化钾 0.5 g，碘化汞 1.0 g，酒石酸钾钠 13.5 g，氯化钠 30 g，混合磨匀； [3] 砷试剂：硫酸氢钾 9 g，锌粉 4 g，分别研细后混合而成； [4] 氰化物试剂：水合茚三酮(分析纯)； [5] 余氯试剂：对氨基二乙基苯二胺硫酸盐(分析纯)； [6] 有机磷、有机氯试剂；过硼酸钠(分析纯)或荧光黄 1.0 g，加碳酸钠 50 g 研细混匀而成		

2) 军用毒剂检测

当水源被军用毒剂污染呈现生物(包括植物)大量死亡、水中有异常气味、其耗氧量特别高、pH 值在 6 以下等特征时，可根据各种军用毒剂在水中呈现的不同特征来判断毒剂的种类。如：

(1) 塔崩：水底有棕褐色油状液滴，有水果香味。

(2) 路易氏气：水面有油膜，水底有油状液滴，有天竺葵味。

(3) 芥子气：水面有油花，常有小黑点，水底有黑色油状液滴，有大蒜味。

(4) 沙林：易溶于水，虽然没有明显特点，但可引起水中生物大量死亡。

另外，可以根据情报或供水系统直接遭到破坏等现象来判断水源是否受到化学毒剂的污染，然后使用仪表进行检测。

野外检水检毒箱(盒)、水质理化检验箱：可检查水中余氯、pH 值、亚硝酸盐、砷化物、氰化物、汞、生物碱、芥子气、路易氏剂、神经毒剂和有机磷农药等。检验方法的灵敏度可达定性或半定量，基本满足野外饮水水质检验的需求；试剂 90%为固体，便于携带和使用。

3) 水质细菌检验

我军已经利用细菌滤膜培养大肠杆菌的原理，研制了 69 型和 88 型水质细菌检验箱。88 型水质细菌检验箱野外工作时，可将改良远藤干粉培养基直接用蒸馏水或冷开水溶解制备营养垫，不需要煮沸，便可准确检测细菌含量。

4) 水中放射性沾染物质检验

在野外情况下，通常使用乙丙沾染程度检查仪(简称乙丙仪)和 FD－802－1 型数字闪烁辐射仪来检测水中放射性物质，新型国产放射性检验器材还有：CD－3γ 能谱仪、HYX－3 微型 X 射线荧光仪等。水中放射性检验工作一般对地表水面进行剖面或面积性方式的探测，测点的采样间隔按步行比例尺要求，从 1∶2000 到 1∶100 不等。在确定出污染范围后，还应该对污染水体的污染性质和污染程度进一步详查，要求取样做 γ 能谱测量和 α 及 β 能谱测量。将详查结果及时上交指挥和卫生防疫部门，以便组织人员消除污染。

2.3.4 水质检验报告

水样检测完毕后，必须及时填写水质检验报告表(一式三份)，分别报供水部门、上级卫生部门及检验单位存档。

水质检验报告应包括：样品编号、收样日期、样品名称、采样日期、检测目的、检验依据、应用仪器、检测项目、检测结果、结论、检验人、审核人、检测日期等。常用的水质检测结果报告单如表 2－10 所示。

表 2－10 水质检验结果报告单

<table>
<tr><td>样品编号</td><td colspan="3"></td><td>样品名称</td><td colspan="3"></td></tr>
<tr><td>收样日期</td><td colspan="3"></td><td>采样日期</td><td colspan="3"></td></tr>
<tr><td>检测目的</td><td colspan="3"></td><td></td><td colspan="3"></td></tr>
<tr><td>检验依据</td><td colspan="7"></td></tr>
<tr><td>应用仪器</td><td colspan="7"></td></tr>
<tr><td>检测项目</td><td>单位</td><td>检测结果</td><td>标准限制</td><td>检测项目</td><td>单位</td><td>检测结果</td><td>标准限制</td></tr>
<tr><td></td><td></td><td></td><td></td><td></td><td></td><td></td><td></td></tr>
<tr><td></td><td></td><td></td><td></td><td></td><td></td><td></td><td></td></tr>
<tr><td></td><td></td><td></td><td></td><td></td><td></td><td></td><td></td></tr>
<tr><td></td><td></td><td></td><td></td><td></td><td></td><td></td><td></td></tr>
<tr><td>结论</td><td colspan="7"></td></tr>
</table>

检验人 审核人 年 月 日

第3章

野外应急供水处理技术

3.1 饮用水处理技术的历史及发展趋势

1. 饮用水处理技术的历史

野外应急供水水质应达到饮用水水质标准，而饮用水的净化技术与工程设施，是人类在与水源污染及由此引起的疾病所作的长期斗争中产生，并随之不断发展和完善的。从1804年在英国建成世界上第一座城市慢砂滤池水厂以来，饮用水处理技术可分为三个显著不同的阶段。

第一阶段是从19世纪初到20世纪60年代。欧美一些城市由于排出的污水、粪便和垃圾等使地表水和地下水水源受到污染，造成了霍乱、痢疾、伤寒等水传染疾病的多次大规模爆发和蔓延，夺去了成千上万人的生命。这一阶段促进了饮用水去除和消灭细菌技术的发展，代表性的工艺流程是"混凝—沉淀—砂滤—消毒"，该工艺的目的是去除浊度和杀灭水传染病菌。

第二阶段是从20世纪60年代开始，随着工业技术和城市经济的迅速发展，饮用水水源不仅受到更多城市污水及工业废水等点源污染，还遭受到更难控制的非点源污染，如城市街道及地面径流水、农田径流、空气沉降、垃圾场的渗滤液等。从各种自来水中检测出700多种有机化合物，经研究发现其中20多种具有致癌性，还检测出多种难挥发性的有机卤代物。根据英国、美国等一些流行病学家调查发现，长期饮用含多种微量污染物(尤其是致癌、致畸、致突变污染物)的水的人群，其消化道的癌症死亡率明显高于饮用洁净水对照组的人群。因此，从饮用水中去除这些微量污染物已成为首要任务。而当时的给水厂的"混凝沉淀—砂滤—加氯消毒"通用工艺已无法有效去除这些微量污染物，为此从20世纪60年代开始，工业界人员对活性炭吸附、臭氧、二氧化氯、高锰酸钾、过氧化氢等氧化剂氧化除污染方法及由其造成的净化系统进行了大量的试验研究，并形成了以臭氧氧化和生物活性炭为代表的深度净化工艺。

第三阶段是20世纪90年代后，饮用水中不断出现新的病原微生物因子，同时饮用水中化学成分的数量急剧增加，水污染日趋严重。抗氯型病原微生物(如隐孢子虫)的出现也使人们对传统的加氯消毒工艺产生了质疑。贾第虫和隐孢子虫是目前世界水处理界研究最多的病原微生物。贾第虫孢囊的体形大小为5 μm～10 μm；而隐孢子虫更小，为2 μm～5 μm，两种虫病都是胃肠炎症，隐孢子虫病则具有周期性腹泻的特征，健康和免疫力强的患者30 d内即可痊愈，而免疫力低下者往往会因此死亡。而去除两虫最为有效的技术是膜过滤法。

2. 饮用水处理技术的发展趋势

1）常规处理工序优化

以新材料和新理论为基础，通过优化、创新常规处理工艺从而形成新的给水处理技术，具体体现在混凝环节、消毒技术的改进等方面。利用新式混凝剂（如聚合硫酸铁）来提高水处理中的混凝效果，且其还利用生物絮凝剂提升了絮凝速度，这就大大提高了混凝效率。此外，利用臭氧及紫外线等现代给水处理新技术，提高了消毒和杀菌效果，进而提高了处理水的效率，同时保障了现代给水处理系统的安全性。另外，通过不断改造现代给水处理系统，如将渗透膜材料应用于水处理末端，以提升水处理质量。

2）水处理新技术

(1) 絮凝技术的改进。聚合硫酸铁混凝剂的应用解决了常规净水方式周期长、成本高、反应慢以及催化剂有毒等方面的问题。聚合硫酸铁絮凝剂在沉淀的过程中的速度十分快，能够很好地提高净水效果，此外聚合硫酸铁絮凝剂在生产过程中并不需要进行加热，因此生产的相关设备比较简单，其设备投资很少，因此，提高生产效率的同时也能够很好地降低成本。这种技术具有经济效益高、反应速度快、生产周期短、生产工艺简单、原料成本低及操作简便的优势，且其质量稳定性较长、可靠性较高。

生物絮凝剂利用生物的习性或活性，对水中的悬浮颗粒物、杂质及重金属等污染物絮凝沉淀去除，且能够有效分离油水混合物中的油和水。生物絮凝剂较小危害人体健康，这也是现代给水处理技术未来的发展方向。

(2) 消毒技术的改进。臭氧消毒技术具有作用快、用量少的特点，且可同时控制铁、锰及水的味、色、嗅，也不会在消毒时产生过多污染物，很好地保障了现代给水处理效果。但在应用时，应注意控制臭氧用量，因为臭氧残留会腐蚀给水设备和给水处理系统，还会危害人们的健康。因此，应建立检测残余臭氧的体系，并增设组织体系和应急方案，以强化消毒效果，有效预防危害和危险。

紫外线消毒技术，通常利用200 nm～280 nm波长的紫外线及其附近波长区域破坏微生物DNA，从而阻止细菌繁殖和蛋白质合成。由于紫外线可有效杀灭隐孢子虫，不会在消毒时产生危害物质，且无残留，所以最常见的现代给水处理技术就是紫外线消毒技术。

(3) 中水的回收再利用技术。中水的回收再利用技术包括物理化学处理、生物处理以及膜处理三种方法。

① 物理化学处理法。这种方法很好地将活性炭吸附技术和混凝沉淀技术结合起来。物理化学处理法具有运行简单、管理方便、工程流程短并且占地面积小等特点，其广泛地应用在小规模的中水回用工程中。与生物处理法相比，混凝剂的数量和种类对出水的水质有着直接的影响，其波动性很大。

② 生物处理法。生物处理法就是通过好氧微生物的氧化和吸附作用，将污水中的可降解有机物全部去除。生物处理法包括了厌氧微生物、好氧微生物和兼性微生物三种处理方法。在中水处理时，主要采用好氧生物膜微生物处理技术，常见的有接触氧化和活性污泥等方法。生物处理法的运行成本较低，经济效益较高，其通常都被应用在规模较大的给水处理工程中。

③ 膜处理法。这种方法就是利用膜技术来处理水，从而保证水质符合相应的规范要

求。现阶段我们通常可采用膜生物反应器和连续微过滤两种膜处理技术。

中水回用技术普遍应用在居民所居住的小区内，而要想在整个城市的内部应用中水回用技术还是有很大难度的，但其是未来给水处理工作的一个发展方向。

3.2 常规水处理技术

常规水处理技术及其工艺在20世纪初期就已形成雏形，并在饮用水处理的实践中不断得以完善。饮用水常规处理工艺的主要去除对象是水源水中的悬浮物、胶体物和病原微生物等，常规水处理工艺所使用的处理技术有混凝、沉淀、澄清、过滤、消毒等。由这些技术所组成的常规水处理工艺目前仍被世界上大多数水厂所采用，我国目前95%以上的自来水厂采用的是常规处理工艺，在以地表水为水源时，饮用水常规处理的主要去除对象是水中的悬浮物质、胶体物质和病原微生物，所需采用的技术包括混凝、沉淀、过滤、消毒，典型的以地表水为水源的自来水净水厂处理工艺流程如图3-1所示。

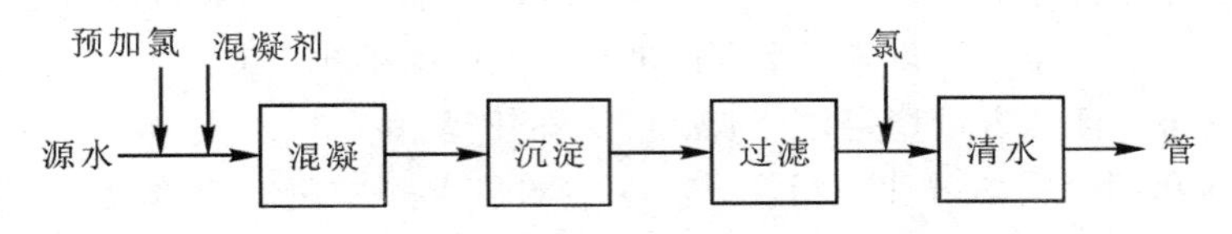

图3-1 以地表水为水源的自来水净水厂处理工艺流程

3.2.1 混凝

1. 混凝基本概念

一般来讲，“混凝”是指水中胶体粒子以及微小悬浮物的聚集过程。混凝过程包括：水中胶体粒子(含微小悬浮物)的性质，混凝剂在水中的水解物种以及胶体粒子与混凝剂之间的相互作用。

如图3-2所示，混凝剂的水解胶体是条形的，能像链条似的拉起来，在水中形成颗粒较大的松散网状结构。这种网状结构的表面积很大，吸附力极强，能够吸附水中的悬浮物质、有机物、细菌甚至溶解物质，生成较大的絮体，俗称矾花。混凝剂为随后在沉淀或澄清池中的固液分离创造良好条件，使水由浑变清。

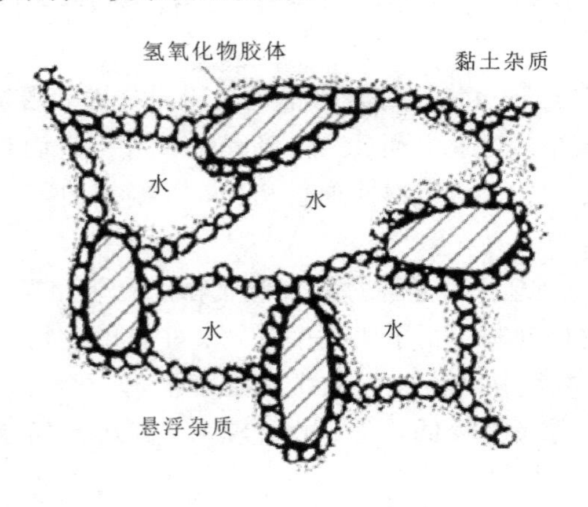

图3-2 矾花构造示意图

水处理中的混凝现象比较复杂，混凝剂作用机理与混凝剂种类及水质条件有关。混凝剂对水中胶体粒子的混凝作用有以下三种。

1）电性中和

根据戴兰维奥(DLVO)理论，为了使胶粒通过布朗运动相撞聚集，必须降低或消除排斥能峰，吸引势能与胶粒电荷无关，它主要决定于构成胶体的物质种类、尺寸和密度。对于一定水质，胶粒的这些特性是不变的。因此，降低排斥能峰的办法是降低或消除胶粒的ξ电位。在水中投入电解质可达此目的。加入适量的混凝剂，带有正电荷的高分子物质或高聚合离子吸附了带负电荷的胶体离子以后，就产生电性中和作用，从而导致胶粒ξ电位的降低，并达到临界电位，再通过吸附作用，使胶体达到脱稳凝聚的目的。

2）吸附架桥

拉曼(Lamer)等通过对高分子物质吸附架桥作用的研究成果表明：当高分子链的一端吸附了某一胶粒后，另一端又吸附了另一胶粒，形成了“胶粒-高分子-胶粒”的絮凝体。吸附架桥作用是指不仅带异性电荷的高分子物质与胶粒具有强烈吸附作用，不带电甚至带有与胶粒同性电荷的高分子物质与胶粒也具有吸附作用。高分子物质在这里起到了胶粒与胶粒之间相互结合的桥梁作用。当高分子物质投量过多时，将产生“胶体保护”作用，胶体保护可理解为：当全部胶粒的吸附面均被高分子物质覆盖以后，两胶粒接近时，两胶粒就受到高分子的阻碍而不能聚集。这种阻碍来源于高分子之间的相互排斥。排斥力可能来源于“胶粒-胶粒”之间高分子受到压缩变形而具有排斥势能，也可能由于高分子之间的电性斥力(对带电高分子而言)或水化膜。因此，高分子物质投量过少则不足以将胶粒架桥连接起来，投量过多又会产生胶体保护作用。最佳投量应是既能把胶粒快速絮凝起来，又可使絮凝起来的最大胶粒不易脱落。根据吸附原理，当胶粒表面高分子覆盖率为1/2时絮凝效果最好。在实际水处理过程中，胶粒表面覆盖率无法测定，故高分子混凝剂投量通常由试验决定。

3）网捕或卷扫

当铝盐或铁盐混凝剂投量很大而形成大量氢氧化物沉淀时，可以通过网捕、卷扫水中胶粒以致产生沉淀分离的过程，称卷扫或网捕作用。这种作用，基本上是一种机械作用，所需混凝剂量与原水杂质含量成反比，即原水胶体杂质含量少时，所需混凝剂多，反之亦然。

若硫酸铝、氯化铁、金属氧化物和氢氧化物作凝聚剂，当投加量大得足以迅速沉淀金属氢氧化物[如$Al(OH)_3$、$Fe(OH)_3$、$Mg(OH)_2$]或金属碳酸盐(如$CaCO_3$)时，尽管此时胶体颗粒的结构没有大的改变，水中的胶体颗粒可被这种沉析物在形成时所网捕卷扫。胶体颗粒成为沉析物形成的核心。若去除的胶粒越多、则沉析的速率越快，因此当水中胶体物质较多时，絮凝剂的投加量反而减少。所需混凝剂量与原水杂质含量成反比，即原水胶体杂质含量少时，所需混凝剂多；原水胶体杂质含量多时，所需混凝剂少。

2. 混凝剂

用于饮用水处理的混凝剂应符合混凝效果好、对人体健康无影响、使用方便、货源充足等基本特点。混凝剂种类很多，目前所知的混凝剂种类不少于200种。按化学成分不同，混凝剂可以分为无机和有机两大类。无机类混凝剂品种较少，目前主要是铁盐和铝盐，但水处理中用量最多。有机类混凝剂很多(如高分子混凝剂),但水处理中用量较少。下面仅介绍几种常用的混凝剂。

1) 无机混凝剂

传统的无机混凝剂主要是铝盐和铁盐两类化合物及其聚合物,在水处理中常用的无机盐类混凝剂详见表3-1。此外,还有复合型无机高分子絮凝剂,如聚合硅酸铝(PASC)、聚合硅酸铁(PFSC)、聚合氯化铝铁、聚合硅酸铁铝等。

表3-1 常用的无机盐类混凝剂

名称	分子式	适用范围及优缺点
精制硫酸铝	Al2(SO4)$_3$ · 18H_2O	(1) 适宜水温为20~40℃ (2) 含无水硫酸铝50%~52% (3) 效果:当pH=4~7时,主要去除水中有机物;当pH=5.7~7.8时,主要去除水中悬浮物;当pH=6.4~7.8时,适用于处理浊度高、色度低的水 (4) 使用过程应注意:湿式投加时一般先溶解成10%~20%的溶液
工业硫酸铝	Al2(SO4)$_3$ · 18H_2O	(1) 根据无水硫酸铝含量,设计时一般可采用20%~25% (2) 生产工艺较简单 (3) 与精制硫酸铝比较价格便宜 (4) 用于废水处理时,投加量一般为50~200 mg/L (5) 其他特点与精制硫酸铝类似
明矾	$Al_2(SO_4)_3 \cdot K_2SO_4 \cdot 24H_2O$	(1) 同精制硫酸铝(1)、(3) (2) 现已大部分被硫酸铝所代替
硫酸亚铁(绿矾)	$FeSO_4 \cdot 7H_2O$	(1) 腐蚀性较高 (2) 矾花形成较快,较稳定,沉淀时间短 (3) 适用于碱度高,浊度高的水
三氯化铁	$FeCl_3 \cdot 6H_2O$	(1) 对金属(尤其对铁器)腐蚀性大,容易腐蚀容器 (2) 不受温度影响,矾花结得大,沉淀速度快,效果较好 (3) 易溶解、混合,适用最佳pH值为6.0~8.4
聚合氯化铝	$[Al_n(OH)_mCl_{3n-m}]$(通式)简写PAC	(1) 净化效率高,耗药量少,过滤性能好,多用于各种工业废水处理 (2) 温度适应性高,腐蚀性小 (3) 设备简单,操作方便,成本较三氯化铁低

2）有机高分子絮凝剂

有机高分子絮凝剂分为合成有机高分子絮凝剂与天然絮凝剂。合成有机高分子絮凝剂常用的有聚丙烯酰胺(PAM)、聚苯乙烯磺酸钠、聚氧化乙烯等，常用的有机高分子絮凝剂详见表3-2。

表3-2　常用的有机高分子絮凝剂

名称	简称	适用范围及优缺点
聚丙烯酰胺	PAM	(1)最有效的高分子之一，在废水处理中与铝盐或铁盐配合使用 (2)与常用混凝剂配合使用时，应按一定的顺序先后投加 (3)聚丙烯酰胺固体产品不易溶解，宜在有机械搅拌的溶解槽内配制成0.1%～0.2%的溶液再进行投加，稀释后的溶液保存期不宜超过1～2周 (4)聚丙烯酰胺有极微弱的毒性，用于生活饮用水净化时，应控制投加量 (5)目前市场上已有阳离子型聚丙烯酰胺产品出售。聚丙烯酰胺是合成有机高分子助凝剂，为非离子型；通过水解构成阴离子型，也可通过引入基团制成阳离子型
脱色絮凝剂	脱色I号	(1)属于聚胺类高度阳离子化的有机高分子混凝剂，液体产品固含量70% (2)贮存温度5～45℃，使用pH值7～9，按1:50～1:100稀释后投加，投加量一般为20～100 mg/L，也可与其他混凝剂配合使用 (3)可用于印染厂等工业废水处理，其脱色效果好
天然絮凝剂	F691	(1)原料是刨花木，直接引起絮凝的是皮、茎、叶等细胞中的黏胶液等多糖 (2)约占木料的20%，是一种非离子型高分子絮凝剂 (3)对废水中的微细颗粒和部分胶体物质进行絮凝而强化固液分离
天然植物改性高分子絮凝剂	—	(1)由691化学改性制得，取材于野生植物，制备方便，成本较低 (2)宜溶于水，适用水质范围广，沉降速度快，处理水澄清度好 (3)安全无毒，性能稳定，不易降解变质

3）助凝剂

助凝剂的作用是为了改善絮凝体结构，使得细小而松散的絮粒变得粗大而密实，其作用机理是高分子物质的吸附架桥。单独使用凝聚剂不能取得良好的混凝效果时可采用助凝剂。

从广义来讲，凡能提高或改善混凝剂作用效果的化学药剂均可称为助凝剂，如生石灰(CaO)、氯气等。常用的助凝剂有骨胶、活化硅酸、聚丙烯酰胺、海藻酸钠等。

当原水的pH值低或碱度不足时，为满足混凝的需要，常用生石灰来调整原水中的pH值和碱度。当原水污染严重时，为阻止一些有机物对混凝过程的干扰，往往采用加氯气(Cl_2)的方法。在以硫酸亚铁为凝聚剂时，可用氯气将亚铁氧化成高价铁，提高混凝效果。

常用的助凝剂详见表3-3。

表 3-3 常用的助凝剂

名 称	化学式	适用范围及优缺点
氯	Cl_2	(1) 当处理高色度废水及用作破坏水中有机物或去除臭味时，可在投混凝剂前先投氯，以减少混凝剂用量 (2) 用硫酸亚铁作混凝剂时，为使二价铁氧化成三价铁可在水中投氯
生石灰	CaO	(1) 用于原水碱度不足 (2) 用于去除水中的 CO_2，调整 pH 值 (3) 对于印染废水等有一定的脱色作用
活化硅酸、活化水玻璃、泡花碱	$Na_2O \cdot xSiO_2 \cdot yH_2O$	(1) 适用于硫酸亚铁与铝盐混凝剂，节省混凝剂用量，缩短混凝沉淀时间 (2) 原水浑浊度低、悬浮物含量少及水温较低(约在 14℃以下)时使用，效果更为显著 (3) 可提高滤池滤速，须注意加注点；要有适宜的酸化度和活化时间

3. 混凝过程

1）凝聚剂的配制与投加

配制凝聚剂时先将凝聚剂倒入溶解池中，用机械或水力搅拌使凝聚剂溶解，然后将溶解好的药液放入溶液池，用水稀释成规定的浓度。凝聚剂的投加量与原水水质、凝聚剂品种、水温、混合方法等因素有关，需要通过试验和观察确定。药剂的配制和投加过程见图3-3。

图 3-3 药剂的配制和投加过程

混凝剂的投加方法是根据投药点的不同而决定的，一般分为重力投加与压力投加两种。

(1) 重力投加方法能满足混合工艺要求，节省凝聚剂，但对水泵叶轮有一定的腐蚀，尤其是采用铁盐作凝聚剂时。重力投加是依靠重力作用把凝聚剂加入原水中的投加方法。泵前投加是投加点选择在水泵的吸水管或吸水管喇叭口。泵前重力投加是利用水泵叶轮的高速转动使凝聚剂迅速地分散到原水中，并要求投药点到反应设施的距离不大于 100 m。

(2) 压力投加利用加药泵或水射器(也叫真空泵)，将凝聚剂加注进水泵的出水管内，用在取水泵站距反应池较远时。水射器的原理就是利用水泵出水管产生负压将凝聚剂吸入出水管管内。

在野外使用的移动式水净化设备时，主要使用的是压力投加凝聚剂这种技术方式，因为此类设备比较容易精准控制、摆放方便。

2）混合、絮凝过程

混合是指凝聚剂与原水进行充分混合的过程。当药剂与原水充分混合后，水中胶体和悬浮物质发生凝聚进而产生细小矾花，这时还需要通过絮凝池进一步形成沉淀性能良好、粗大而密实的矾花，才能在沉淀池中去除。絮凝过程必须控制一定的流速，创造适宜的水力条件。在反应池的前部，因水中的颗粒细小，此时的流速应适当增大，以利颗粒碰撞黏结；到了絮凝池的后部，矾花颗粒逐步黏结变大，此时的流速应适当减小，以免矾花破碎。

混合的主要作用是使凝聚剂迅速均匀地扩散在原水中，以创造良好的水解和聚合条件，因此混合应该快速剧烈，整个过程要求在10～30 s内完成，最多不超过2 min。简易的混合方法是将药剂投在一级泵站吸水喇叭口处或吸水管中，利用水泵叶轮的高速转动来达到快速而剧烈混合的目的。因此，絮凝池内的流速应按由大到小的变速设计。

絮凝池的种类较多，常用的有隔板絮凝池、旋流式絮凝池等。

在移动式应急供水的水净化设备中，为了减小设备的体积和减轻设备的重量，一般都不设"絮凝池"。通常采用微絮凝处理工艺，由"多介质过滤器""砂滤罐"或其他过滤装置直接过滤。该过程只需要产生絮凝效果，当然带来的后果是"过滤器"的反冲洗频繁、功耗较大等，但是对于移动设备来说整体效果及性价比都是比较好的。

4. 选择混凝剂要点

对于处理某种特定的原水，选择混凝剂考虑的因素不同，一般可以综合以下四个要点来选择：

1）水处理效果好

若原水污染物较多，则去除率较高要求时才能满足使用要求。两种或多种混凝剂及助凝剂同时配合使用，才能满足去除污染物的要求。

2）性价比较好

混凝剂及助凝剂的价格也是选择其种类的重要因素，尤其是用量较大时，选择性价比高的混凝剂及助凝剂才能取得较好的经济效益。因此可选择价格适当便宜、需要的投加量适中，以防止由于价格昂贵造成处理运行费用过高。

3）性能稳定

混凝剂的来源必须可靠，产品性能比较稳定，并应宜于贮存和投加方便，才能满足使用要求。

4）安全性好

采用的混凝剂不应对处理出水产生二次污染，要适当考虑出水中混凝残余量所造成的轻微色度等影响，尤其是有轻微毒性的混凝剂要慎重使用。

由于野外应急供水装置处理的原水不固定，不能按照常规的方式选择混凝剂品种，原则上用少量的混凝剂试验，经过反复试验结果及分析比较，选择效果好、性能优、价廉的混凝剂。目前，野外应急供水装置选择的混凝剂（絮凝剂）是聚合氯化铝或者聚丙烯酰胺，其适应水源范围广，处理效果好，价格低廉，来源广泛。

5. 影响混凝效果的因素

影响混凝效果的因素错综复杂，包括水温影响、水的pH和碱度影响、水中悬浮物浓度的影响、强化混凝等。

1）水温影响

水温对混凝效果有明显影响。当地表水温低达0～2℃时，即使加大混凝剂用量也难以达到混凝效果，此时的絮凝体形成缓慢，絮凝颗粒细小、松散。

为提高低温水混凝效果，常用方法是增加混凝剂投加量和投加高分子助凝剂。常用的助凝剂是活化硅酸，对胶体起到吸附架桥作用，它与硫酸铝或三氯化铁配合使用时，可提高絮凝体密度和强度，节省混凝剂用量。尽管这样，但混凝效果仍不理想，故低温水的混凝尚需进一步研究。

2）水的pH和碱度影响

水的pH对混凝效果的影响程度，与混凝剂品种相关。对硫酸铝而言，水的pH直接影响Al^{3+}的水解聚合反应，也就是影响铝盐水解产物的存在形态。去除浑浊度的最佳pH在6.5～7.5之间，絮凝作用主要是氢氧化铝聚合物的吸附架桥和羟基配合物的电性中和作用；去除水的色度的pH宜在4.5～5.5之间。研究数据表明，在相同絮凝效果下，原水pH=7.0时的硫酸铝投加量，约比pH=5.5时的投加量增加一倍。

3）水中悬浮物浓度的影响

水中悬浮物浓度很低时，颗粒碰撞速率大大减小，混凝效果差。为提高低浊度原水的混凝效果，通常采用以下措施：

（1）在投加铝盐或铁盐的同时，投加高分子助凝剂，如活化硅酸或聚丙烯酰胺等。

（2）投加矿物颗粒（如黏土等），以增加混凝剂水解产物的凝结中心，提高颗粒碰撞速率并增加絮凝体密度。

如果矿物颗粒能吸附水中有机物，效果更好，能同时达到部分去除有机物的效果。如果原水浑浊度既低且水温又低，即通常所称的“低温低浊”水，混凝更加困难。

4）强化混凝

强化混凝是指在混凝处理阶段，控制一定pH条件下，投加适度过量而不使胶体颗粒再稳的混凝剂、新型混凝剂或助凝剂或其他药剂，加强凝聚和絮凝作用，提高常规处理工艺过程对浑浊度和有机物的去除效果。

强化混凝可选用的方法如下：

（1）筛选与水源水质、水温匹配的高效混凝剂种类。

（2）适当增加混凝剂的投加量。

（3）调整pH值。

（4）投加助凝剂或高锰酸钾复合药剂等。

6. 混凝剂的配置和投加

混凝剂投加分为固体投加和液体投加两种方式。固体投加在我国应用较少，一般是将固体混凝剂溶解后配制成一定浓度的溶液投入水中。

溶解设备一般决定于水厂规模和混凝剂品种。大型水厂的投药系统包括溶解池、溶液池、计量设备和投加设备。溶解池是用来溶解固体药品，并配置搅拌的装置，其通过搅拌加速药剂溶解。当直接使用液态混凝剂时，溶解池也就不需要了，但需设置储液池。药剂溶解完毕后，可用耐腐蚀泵或射流泵将浓药液送入溶液池，同时用自来水稀释到一定浓度以备投加使用。

投药设备应满足以下条件：

(1) 投加量准确且能随时调节。药液投入原水中必须有计量或定量设备以及投加设备。计量设备多种多样，如直接使用定量投药泵、以转子流量计控制投量、以电磁流量计控制剂量等。

(2) 设备简单，工作可靠，操作方便。常用的投加方式和设备有重力投加、水射器投加、泵投加等。采用计量泵投加药剂的方式成为主流，投加和计量一体，不必另考虑计量设备，易实现自动化控制。

野外应急供水装置投药系统相对简单，通常仅包含加药罐和计量泵，加药罐为箱式或桶式。目前，国内外已有根据长期积累的数据，以水温、浊度、pH 值、碱度和硬度等几个主要参数与投药量之间的关系建立数学模型，用计算机自动控制投药量。

要正确选择混凝剂品种，并决定混凝剂最佳投量，主要还依赖混凝试验。尤其是对野外应急供水装置来说，自动控制较难实现，因为野外水源水质和自然环境不固定、水质变化大，很难实现加药量控制参数的自适应。野外净水可以用静态混凝试验粗略估计加药量，再在实际的净水过程中调整药剂量，以达到相对优化的混凝剂投加量。常见的固体混凝剂投加量可参照表 3-4。

野外应急供水设备加药罐容积按下式计算：

$$W=\frac{20\times100aQ}{1000\times1000bn}=\frac{aQ}{500bn} \tag{3-1}$$

式中，W 为加药罐容积，m^3；Q 为处理的水量，m^3/h；α 为混凝剂最大投量，mg/L；b 为溶液浓度，一般取 10%；n 为每日调制次数，一般为 2～6 次，野外应急供水按每日不大于 1 次计算；20 为每天工作时间 20 h。

野外应急供水装备加药泵流量可表示为

$$q=Q\times\frac{\alpha}{b} \tag{3-2}$$

式中，q 为加药泵流量，L/h。

表 3-4　固体混凝剂投加量

混凝		助凝剂	混凝剂与助凝剂加量的比例
名称	投加量(mg/L)		
硫酸铝 $Al_2(SO_4)_3\cdot18H_2O$	30～150	石灰 $Ca(OH)_2$	3∶1
		苏打 $NaHCO_3$	1∶1～2∶1
硫酸亚铁 $FeSO_4\cdot7H_2O$	5～25	氯 Cl_2	8∶1
		石灰 $Ca(OH)_2$	3∶1～4∶1
聚合氯化铝 $[Al_2(OH)_n\cdot C_{16-n}]m$	低于 60	硅酸钠 Na_2SiO_3	1∶0.7～3.0
聚丙烯酰胺(PAM)	0.2～0.5	—	—

3.2.2 沉淀

1. 沉淀的含义

在野外使用为主的移动式水净化设备中，混凝沉淀工艺一般都省略，而是采用微絮凝处理工艺，由“微絮凝＋过滤装置”替代，作为水处理的重要工艺，本小节对沉淀作简要介绍。

沉淀是指水中悬浮颗粒依靠重力作用，从水中分离出来的过程。当颗粒密度大于水的密度时，表现为下沉；当颗粒密度小于水的密度时，表现为上浮。在水处理过程中，一般有两种沉淀，一种是颗粒沉淀过程中，彼此没有干扰，只受到颗粒本身在水中的重力和水流阻力的作用，称为自由沉淀；另一种是颗粒在沉淀过程中，彼此相互干扰，或者受到容器壁的干扰。虽然粒度和前述相同，但沉淀速度较小，称为拥挤沉淀。

沉淀是指使原水或已经过混凝作用的水中固体颗粒依靠重力的作用，从水中分离出来的过程。根据水中悬浮颗粒的凝聚性能和浓度，沉淀可分成四种类型：自由沉淀、絮凝沉淀、成层沉淀和压缩沉淀。

1）自由沉淀

悬浮颗粒浓度不高，沉淀过程中悬浮固体之间互不干扰，颗粒各自单独进行沉淀，颗粒沉淀轨迹呈直线。自由沉淀过程中，颗粒的物理性质不变

2）絮凝沉淀

悬浮颗粒浓度不高，沉淀过程中悬浮颗粒之间有互相絮凝作用，颗粒因相互聚集增大而加快沉降，絮凝沉淀轨迹呈曲线。絮凝沉淀过程中，颗粒的质量、形状、沉速是变化的。化学絮凝沉淀属于这种类型。

3）成层沉淀

悬浮颗粒浓度较高(500 mg/L 以上)，颗粒的沉降受到周围其他颗粒的影响，颗粒间相对位置保持不变，形成一个整体共同下沉，与澄清水之间有清晰的泥水界面。

4）压缩沉淀

悬浮颗粒浓度很高，颗粒相互之间已挤压成团状结构，互相接触，互相支撑，下层颗粒间的水在上层颗粒的重力作用下被挤出，使污泥得到浓缩。

2. 常用的沉淀池

沉淀池是构筑物。沉淀池可分为以下几类。

1）平流式沉淀池

平流式沉淀池是应用较早、形式比较简单的一种沉淀形式，其应用较广，特别是在城市水厂中应用较多。一般情况下，平流式沉淀池采用砖石或钢筋混凝土建造的矩形水池，既可用于自然沉淀，也可用于混凝沉淀。平流式沉淀池的优点是具有构造简单、造价低、操作方便、处理效果稳定、潜力较大的优点；其缺点是平面面积大、排泥较困难。

平流式沉淀池构造示意见图 3－4，平流式沉淀池分为进水区沉淀区、积泥区和出水区。

(1) 进水区是使水流均匀地分布在整个进水截面上，并尽量减少紊流扰动和偏流、股流的影响，以利于矾花沉淀和防止积泥冲起。一般将絮凝池和沉淀池间的隔墙做成穿孔花

墙，洞口形状采用喇叭形。

(2) 沉淀区是平流式沉淀池的主体部分，在该区域可实现杂质与水分离。

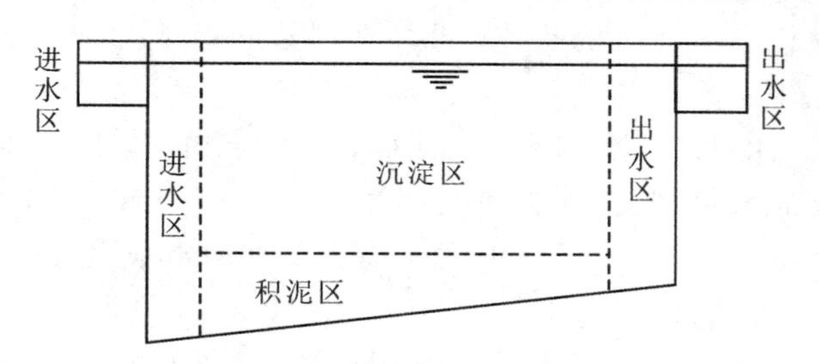

图3-4 平流式沉淀池构造示意图

为了提高沉淀分离效果，主要设计参数规定如下：

池深：一般采用有效水深为3～3.5 m，超高0.3～0.5 m，池深3.3～4 m。

池长L(m)为

$$L=3.6vT \tag{3-3}$$

式中，v为池内平均水平流速，一般为10 mm/s～25 mm/s；T为沉淀时间，一般采用1～3 h。

经验表明，池长与池宽之比不得小于4∶1，池长与池深之比不小于10∶1。

(3) 积泥区是存积污泥以便采用人工或机械设备及时排除的区域。大部分污泥沉积在距池起端1/5～1/3池长的范围内，因此排泥漏斗应设置在这个范闱内。平流式沉淀池般采用多斗重力排泥或穿孔管排泥。

(4) 出水区是均匀地汇集沉淀后的表层清水的区域。一般采用溢流堰式和淹没孔口式两种出口形式。溢流堰可分为平顶堰和齿形堰。施工时必须使堰顶保持水平。淹没孔口式的孔口应均匀布置在整个池宽上，孔口一般位于水面下12 cm～15 cm处，孔口中心必须在同一水平线上，以方便均匀出水。

2) 斜板斜管沉淀池

斜板斜管沉淀池是在平流式沉淀池基础上发展起来的一种新型沉淀池。斜板沉淀池是把与水平面成一定角度(一般为60°左右)的众多斜板放置于沉淀池中构成。水从下向上流动(也有从上向下,或水平方向流动)的过程中，颗粒则沉于斜板底部。当颗粒累积到一定程度时，便自动滑下。斜板斜管沉淀池满足了水流的稳定性和层流的要求。当前，我国使用较多的是斜板斜管沉淀池。

斜板斜管沉淀池按水流的方向，分为上向流、侧向流、下向流三种。斜板斜管沉淀池主要由配水整流区、斜管斜板区、集水区、积泥区等部分组成，见图3-5。

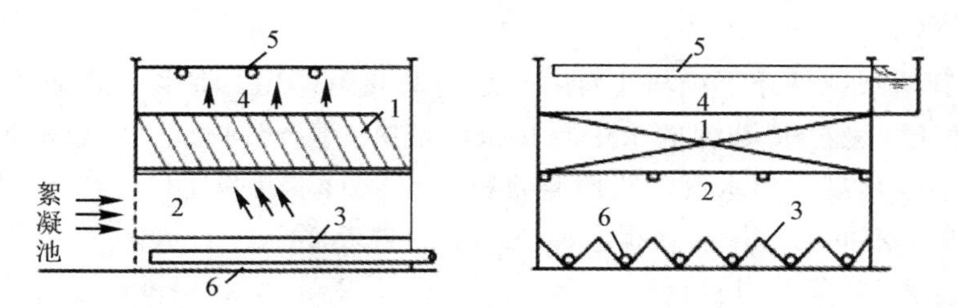

1-斜管斜板区；2-整流区；3-积泥区；4-集水区；5-出水管；6-排泥管。

图3-5 斜管(板)沉淀池构造

斜板斜管沉淀池工作原理是：加过凝聚剂的原水，在絮凝池内生成良好的矾花，由整流区均匀地配水整流，进入斜管斜板区下部，泥渣与水在通过斜管斜板时迅速分离，清水从上部经集水区由穿孔集水管送出池外；沉淀在斜管斜板上的杂质依靠重力滑落入积泥区，由穿孔排泥管定期排出。

斜管斜板材料应无毒无味、耐水耐久、薄而轻、便于加工，目前使用的有塑料、木材、石棉水泥板、玻璃钢等。定型的斜管管径大都为 25 mm～35 mm，多用六角形断面（长度 1 m），倾斜角通常为 60°。中、小规模的斜管斜板沉淀池通常采用穿孔管排泥。穿孔管设在三角槽内，管径一般不小于 150 mm，孔径 20 mm～30 mm，孔距 0.3 mm～0.6 mm，孔眼向下与垂线成 45°～60°交叉排列。穿孔管可采用钢管、钢筋混凝土管和铸铁管。

斜板斜管沉淀池的表面负荷 q 是一个重要参数，可表示为

$$q=\frac{Q}{A} \tag{3-4}$$

式中，Q 为流量，m^3/h；A 为沉淀池清水区表面积，m^2。

规范规定斜板斜管沉淀池的表面负荷为 9 $m^3/(m^2 \cdot h)$～11 $m^3/(m^2 \cdot h)$，目前生产上倾向于采用较小的表面负荷以提高沉淀池出水水质。

3.2.3 过滤

在常规水处理过程中，过滤一般是指以石英砂等粒状料层截留水中悬浮杂质，从而使水获得澄清的工艺过程。滤池通常置于沉淀池或澄清池之后，进水浑浊度一般在 5NTU 以下，滤出水浑浊度必须达到饮用水标准。在饮用水的净化工艺中，有时沉淀池或澄清池可省略，但过滤是不可缺少的，它是保证饮用水卫生安全的重要措施。

过滤是野外移动净水设备中很重要的一个工艺，在移动净水装置中，过滤又分为：

(1) 粗过滤即预处理。

(2) 保安过滤，主要用于进入膜处理工艺前，保护水处理膜免受硬质颗粒物伤害。

(3) 超级过滤，即各种膜处理技术。

水厂进行水处理时，通常经过混凝沉淀或澄清工艺后，原水中颗粒较大而易于下沉的杂质已被截留于沉淀池或澄清池中，但仍有细小杂质及细菌留在水中，还需要进一步用过滤的方法进行处理。水的过滤处理是让原水通过具有孔隙的粒状滤料层，利用滤料与杂质间吸附、筛滤、沉淀等作用，截留水中的细微杂质，水得到澄清。

在饮用水的净化工艺中，野外用移动式净水设备为了减少设备的体积、重量，基本都将沉淀池或澄清池省略，采用过滤、吸附工艺以保证饮用水的卫生和安全。

1. 过滤的机理

过滤主要是利用水中悬浮颗粒与滤料颗粒之间的黏附作用，将水中的悬浮颗粒去除的技术。过滤的作用原理是：待处理的水中颗粒被水流夹带着流向过滤滤料颗粒，在水力学的作用下这些颗粒会出现脱离水流流线而向滤料颗粒表面靠近的迁移。当这些颗粒与滤料表面接触或接近时，不同的作用力使得它们黏附于滤粒表面上。

以单层砂滤池为例，其滤料粒径通常为 0.5 mm～1.2 mm，滤层厚度一般为 70 cm。经反冲洗水力分选后，滤料粒径自上而下大致按由细到粗依次排列，称滤料的水力分级，滤层中孔隙尺寸也因此由上而下逐渐增大。设表层细砂粒径为 0.5 mm，以球体计，滤料颗粒

之间的孔隙尺寸约80 μm。进入滤池的悬浮物颗粒尺寸大部分小于30 μm，仍然能被滤层截留下来，而且在滤层深处(孔隙大于80 μm)也会被截留，说明过滤显然不是机械筛滤作用的结果，可以说过滤主要是悬浮颗粒与滤料颗粒之间黏附作用的结果。

水流中的悬浮颗粒能够黏附于滤料颗粒表面上，一是被水流挟带的颗粒如何与滤料颗粒表面接近或接触，这就涉及颗粒脱离水流流线而向滤料颗粒表面靠近的迁移机理；二是当颗粒与滤粒表面接触或接近时，依靠哪些力的作用使得他们黏附于滤粒表面上。过滤的机理主要包括以下四个方面。

1）颗粒迁移

在过滤过程中，滤层孔隙中的水流一般属于层流状态，被水流挟带的颗粒将随着水流作流线运动。脱离流线而与滤粒表面接近，完全是一种物理－力学作用，包括拦截、沉淀、惯性、扩散和水动力作用等。对于颗粒迁移机理，主要为定性描述，颗粒尺寸较大时，处于流线中的颗粒会直接碰到滤料表面产生拦截作用；颗粒沉速较大时会在重力作用下脱离流线，产生沉淀作用；颗粒具有较大惯性时也可以脱离流线与滤料表面接触(惯性作用)；颗粒较小、布朗运动较剧烈时会扩散至滤粒表面(扩散作用)；在滤粒表面附近存在速度梯度，非球体颗粒由于在速度梯度作用下，会产生转动而脱离流线与颗粒表面接触(水动力作用)。当然几种机理可能同时存在，也可能只有其中某些机理起作用。这些迁移机理所受影响因素较复杂，如滤料尺寸、形状、滤速、水温、水中颗粒尺寸、形状和密度等。

2）颗粒黏附

颗粒黏附是一种物理化学作用。当水中杂质颗粒迁移到滤料表面上时，则在范德华引力和静电力相互作用下，以及某些化学键和某些特殊的化学吸附力作用下，被黏附于滤料颗粒表面上。

此外，絮凝颗粒的架桥作用也会存在黏附过程，与澄清池中的泥渣所起的黏附作用基本类似，不同的是滤料为固定介质，排列紧密，效果更好，故黏附作用主要决定于滤料和水中颗粒的表面物理化学性质。未经脱稳的悬浮物颗粒，过滤效果很差，所以必须投加混凝剂使其脱稳。

3）滤层内杂质分布规律

与颗粒黏附的同时，还存在由于孔隙中水流剪力作用而导致颗粒从滤料表面上脱落趋势。黏附力和水流剪力相对大小，决定了颗粒黏附和脱落的程度。过滤初期，滤料较干净、孔隙率较大、孔隙流速较小、水流剪力较小，因而黏附作用占优势。随着过滤时间的延长，滤层中杂质逐渐增多、孔隙率逐渐减小、水流剪力逐渐增大，以至黏附上的颗粒首先脱落，或者被水流挟带的后续颗粒不再有黏附现象，此时的悬浮颗粒便向下层推移、下层滤料截留作用再次得到发挥。

由于滤料经反冲洗后，滤层因膨胀而分层，表层滤料粒径最小，黏附比表面积最大，截留悬浮颗粒量最多、而孔隙尺寸又最小，所以往往是下层滤料截留悬浮颗粒作用远未得到充分发挥时，过滤就得停止。因此，过滤到一定时间后，表层滤料间孔隙会逐渐被堵塞，甚至产生筛滤作用而形成泥膜，使过滤阻力剧增。滤层厚度一定时，此面积越大，滤层含污能力越大。如果悬浮颗粒量在滤层深度方向变化越大，表明下层滤料截污作用越小，就整个滤层而言，含污能力越小，反之亦然。

4）直接过滤

原水不经沉淀而直接进入滤池过滤称为“直接过滤”。直接过滤充分体现了滤层中特别是深层滤料中的接触絮凝的作用。直接过滤有两种方式：

（1）原水经加药后直接进入滤池过滤，滤前不设任何絮凝设备。这种过滤方式一般称“接触过滤”。

（2）滤池前设一简易微絮凝池，原水加药混合后先经微絮凝池，形成粒径相近的微絮粒后（粒径大致在 40 μm～60 μm）即刻进入滤池过滤。这种过滤方式称为“微絮凝过滤”。

这两种过滤方式，过滤机理基本相同，即通过脱稳颗粒或微絮粒与滤料的充分碰撞接触和黏附，被滤层截留下来，滤料也是接触凝聚介质。“微絮凝池”，是指絮凝条件和要求不同于一般絮凝池。前者要求形成的絮凝体尺寸较小，便于深入滤层深处以提高滤层含污能力；一般絮凝池要求絮凝体尺寸越大越好，以便于在沉淀池内下沉。微絮凝时间一般较短，通常在几分钟之内。

2. 普通快滤池

1）普通快滤池的构造

普通快滤池构造图如图 3－6 所示，主要由以下几个部分组成。

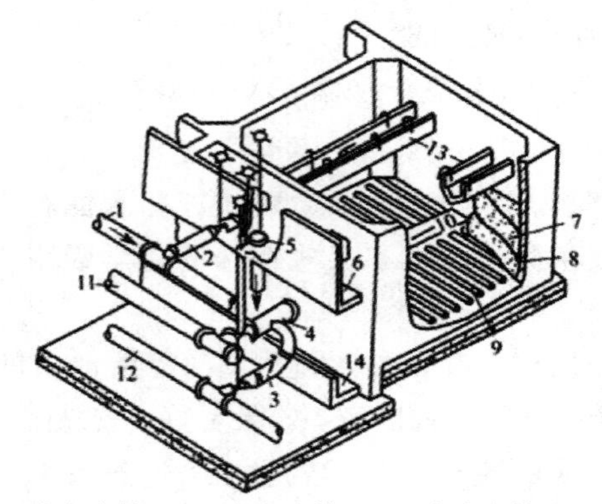

1—进水总管；2—进水支管；3—清水支管；4—冲洗支管；5—排泥阀；6—混水渠；7—过滤层；8—承托层；9—配水支管；10—配水干管；11—放空管；12—清水总管；13—排水槽；14—废水渠。

图 3－6　普通快滤池构造图

（1）滤池本体主要包括进水管渠、排水槽、过滤介质（滤料层）、过滤介质承托层（垫料层）和配（排）水系统。

① 滤料。给水处理所用的滤料，必须符合以下要求：

a. 具有足够的机械强度，以防冲洗时滤料产生磨损和破碎现象。

b. 具有足够的化学稳定性，以免滤料与水产生化学反应而恶化水质。尤其不能含有对人类健康和生产有害物质。

c. 具有一定的颗粒级配和适当的空隙率。滤料应尽量就地取材，货源充足、价廉。其中石英砂是使用最广泛的滤料。在双层滤料中，常用的还有无烟煤等。在轻质滤料中，有聚苯乙烯及陶粒等。

滤料级配的控制参数是：最小粒径、最大粒径和不均匀系数 K_{80}，其可表示为

$$K_{80}=\frac{d_{80}}{d_{10}} \tag{3-5}$$

式中，d_{80}为筛分时通过80%滤料重量时的筛孔大小，反映了粗颗粒滤料尺寸；d_{10}为筛分时通过10%滤料重量时的筛孔大小，反映了细颗粒滤料尺寸。

K_{80}越大，表示粗细颗粒的尺寸相差越大，滤料越不均匀；K_{80}越小，则滤料越均匀。

为了改变上细下粗的滤层中杂质分布严重的不均匀现象，提高滤料含污能力，便出现了双层滤料、三层滤料或混合滤料，这也就是所谓的多介质过滤。另外还有均质滤料。

双层滤料一般上层采用密度较小、粒径较大的轻质滤料(如无烟煤)，下层采用密度较大、粒径较小的重质滤料(如石英砂)。由于两层滤料密度差，在一定反冲洗强度下，反冲后轻质滤料仍在上层，重质滤料位于下层。虽然每层滤料粒径仍由上而下递增，但就整个滤层而言，上层平均粒径总是大于下层平均粒径，三层滤料一般上层为大粒径、小密度的轻质滤料(如无烟煤)，中层为中等粒径、中等密度的滤料(如石英砂)，下层为小粒径大密度的重质滤料(如石榴石)。各层滤料平均粒径由上而下递减。如果三种滤料经反冲洗后在整个滤层中适当混杂，即滤层的每一横断面上均有煤、砂、重质矿石三种滤料存在，则称“混合滤料”。尽管称为混合滤料，但绝非三种滤料在整个滤池内完全均匀地混合在一起。上层仍以煤粒为主，掺有少量砂、石；中层仍以砂粒为主，掺有少量煤、石；下层仍以重质矿石为主，掺有少量砂、煤。平均粒径由上而下递减，否则就完全失去三层或混合滤料的优点。这种滤料组成不仅含污能力大，而且因下层重质滤料粒径很小，对保证滤后水质有很大作用。滤料级别与滤层厚度详见表3-5。

表3-5　滤料级别与滤层厚度

类别	滤料组成			滤速(m/h)	强制滤速(m/h)
	粒径(mm)	不均匀系数 K_{80}	厚度(mm)		
单层石英砂滤料	$d_{max}=1.2$ $d_{min}=0.5$	<2.0	700	～10	10～14
双层滤料	无烟煤 $d_{max}=1.8$ $d_{min}=0.8$	<2.0	300～400	10～14	14～18
	石英砂 $d_{max}=1.2$ $d_{min}=0.5$	<2.0	400		
三层滤料	无烟煤 $d_{max}=1.6$ $d_{min}=0.8$	<1.7	450	18～20	20～25
	石英砂 $d_{max}=0.8$ $d_{min}=0.5$	<1.5	230		
	重质矿石 $d_{max}=0.5$ $d_{min}=0.25$	<1.7	70		

均质滤料一般指沿整个滤层深度方向的任一横断面上，滤料组成和平均粒径均匀一致。要做到这一点，必要的条件是反冲洗时滤料层不能膨胀。当前应用较多的气水反冲滤池大多属于均质滤料滤池。这种均质滤料层的含污能力显然大于上细下粗的级配滤池。

② 承托层。承托层的作用主要是防止滤料从配水系统中流失，对均匀冲洗水也有一定作用。将砾石层设置在滤料层和配水系统之间。承托层的作用一方面能均匀集水，并防止滤料进入配水系统；另一方面在反冲洗时能均匀布水。承托层的材料一般采用天然卵石或碎石，颗粒最小尺寸 2 mm，最大尺寸 32 mm，自上而下分层敷设。

③ 配水系统。配水系统的作用是使冲洗水均匀分布在整个滤池平面上。配水均匀性对冲洗效果影响很大，配水不均匀，部分滤层膨胀不足，而另一部分滤层过分膨胀，甚至导致局部承托层发生移动，造成漏砂现象。

通常，采用大阻力配水系统和小阻力配水系统两种形式。带有干管(渠)和穿孔支管的“丰”字形配水系统，称为大阻力配水系统。大阻力配水系统配水均匀，结构复杂，需要较大的冲洗水头，一般适用于单池面积较小的滤池，在野外移动净水系统中常用的各种“过滤罐”就属于此技术。小阻力配水系统不采用穿孔管，而是底部有较大的布水空间，其上铺设阻力较小的格栅、滤板、滤头等。小阻力配水系统构造简单，所需的冲洗水头较低，但布水均匀性较差，一般用于无阀滤池和虹吸滤池。

(2) 管廊。管廊主要设置有五种管(渠)，即浑水进水管、清水出水管、冲洗水进水管、冲洗水排水管及初滤排水管，以及阀门、一次监测表设施等。

(3) 冲洗设施。冲洗设施包括冲洗水泵、水塔及辅助冲洗设施等。

2) 普通快滤池的工作过程

(1) 过滤过程。经沉淀或澄清后的水由进水总管、进水支管、浑水渠进入池内，经排水槽由上而下通过滤层、承托层，由配水支管收集，再经配水干管、清水支管、清水总管流出池外。

(2) 冲洗过程。关闭进水支管和清水支管上的阀门，开启冲洗支管阀门和排泥阀。冲洗水便从冲洗总管、冲洗支管进入滤池底部，通过配水干管和配水支管上均匀分布的孔眼在整个滤池平面上流出，自下而上穿过承托层和滤料层，对滤料进行冲洗。冲洗后废水进入排水槽通过排泥阀、废水渠道排入下水道。冲洗一直进行到滤料基本洗净为止。普通快滤池的配水系统采用的是大阻力配水系统。

3. 重力式无阀滤池

1) 构造

重力式无阀滤池的平面形状常为方形，大多以双格作为一个组合单元。重力式无阀滤池如图 3-7 所示。

2) 工作过程

(1) 过滤过程。经沉淀或澄清后的水通过进水配水槽、进水管流入池内。经配水挡板均匀分配到滤料层上部，然后自上而下过滤，经过滤层、承托层、配水系统，流到集水区，再由连通管上升到冲洗水箱。当水箱水位高出喇叭口后，清水则通过出水管引至清水池。

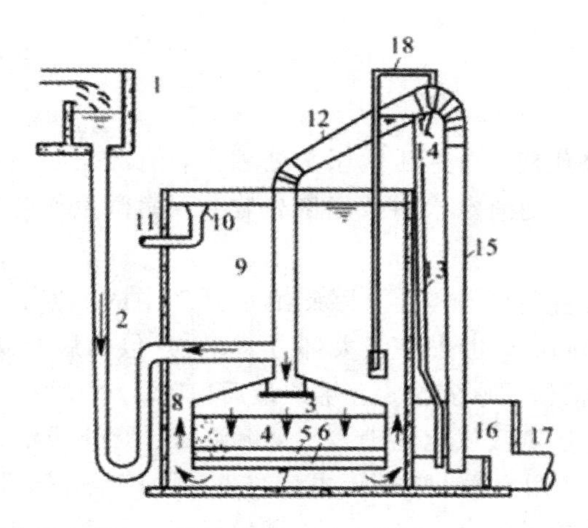

1—进水配水槽；2—进水管；3—配水挡板；4—过滤层；5—承托层；
6—配水系统；7—集水区；8—连通管；9—冲洗水箱；10—喇叭口；11—出水管；
12—虹吸上升管；13—虹吸辅助管；14—抽气管；15—虹吸下降管；
16—水封管；17—排水管；18—虹吸破坏管。

图 3-7　重力式无阀滤池

（2）自动冲洗过程。随着过滤的进行，滤层不断截留水中杂质，使滤层的阻力逐渐增加，因而虹吸上升管中的水位逐渐升高。当虹吸上升管水位上升到虹吸辅助管的管口时，水便从管口流下，利用急速下落水流的挟气能力，通过抽气管不断将虹吸下降管的空气带走，从而使虹吸管的真空值逐渐增大，形成虹吸。当虹吸管形成虹吸后，滤层上部水流压力急骤下降，冲洗水箱中的水经连通管进入池底集水区，并自下而上通过配水系统、承托层和滤料层，对滤料进行冲洗。冲洗后的水通过虹吸管排入水封井，最后流入下水道。随着冲洗的进行，冲洗水箱水位不断下降，直到露出虹吸破坏管的管口时，空气经虹吸破坏管进入虹吸管，从而破坏虹吸，冲洗停止，过滤过程重新进行。

3）其他滤池

（1）V 型滤池。V 型滤池采用气、水反冲洗，目前，V 型滤池在我国的应用日益增多，适用于大、中型水厂。V 型滤池因两侧或一侧进水槽设计成 V 字形而得名。通常一组滤池由数只滤池组成。每只滤池中间为双层中央渠道，将滤池分成左、右两格。

（2）翻板滤池。翻板滤池又叫苏尔寿滤池，是瑞士苏尔寿(Sulzer)公司下属的技术工程部(现称瑞士 CTE 公司)的研究成果。之所以称为“翻板”，是因为其反冲洗排水舌阀在工作过程中 0～90°翻转开闭而得名。翻板滤池采用闭阀反冲洗，可实现滤料层大强度膨胀冲洗。该滤池冲洗比较彻底干净，而滤料又不易流失。

我国在嘉兴、潍坊、昆明、深圳等地逐步应用了翻板滤池，并取得了显著效果。

（3）压力滤池。快滤池的水面都与大气相通，借重力作用进行过滤。压力过滤器是移动净水设备中常用的水处理装置。该过滤器一般用较高强度材料（如钢、玻璃钢、碳纤维等）制成压力容器外壳，容器内装有滤料及进水和布水系统，整体形成密闭的“快滤池”。压力容器外设有各种管道和阀门等。压力过滤器是在压力下进行的过滤。布水系统常用小阻力系统中的缝隙式滤头，滤层厚度通常大于重力式快滤池，一般为 1.0～1.2 m。最终允许水头损失值一般可达 5～6 m，可直接从滤层上、下压力表读数得知。为提高冲洗效果，可考虑用压缩空气辅助清洗。

3.2.4 消毒

为防止通过饮用水传播疾病，在生活饮用水处理中，消毒是必不可少的。消毒并非是要把水中微生物全部消灭，只是消除水中致病微生物。致病微生物包括病菌、病毒及原生动物胞囊等。

水中微生物一般会黏附在悬浮颗粒上，因此给水处理中的混凝、沉淀和过滤在去除了悬浮物、降低水的浑浊度的同时，也去除了大部分微生物(包括病原微生物)。尽管如此消毒仍是必不可少的，它是生活饮用水安全、卫生的最后保障。

水的消毒方法很多，包括氯及氯化物消毒、臭氧消毒、紫外线消毒及某些重金属离子消毒等。氯消毒经济有效、使用方便、应用历史最久也最为广泛，就目前情况而言，氯消毒仍是应用最广泛的一种消毒方法。自20世纪70年代以来，研究发现受污染水经氯消毒后往往会产生一些有害健康的副产物(如三卤甲烷等)，因此人们开始重视其他消毒剂或消毒方法的研究。

现今，氯消毒仍是应用最广泛的一种消毒方法。这主要是因为没有有机物污染的水源或在消毒前通过前处理把形成氯消毒副产物的前体物(如腐殖酸等)预先去除，就可以消除副产物的产生。所以用氯消毒仍是一种安全、经济、有效的消毒方法。另外，除氯以外其他各种消毒剂的副产物以及残留于水中的消毒剂本身就对人体的健康产生危害，仍需进行全面、深入的研究。

1. 氯消毒法

1) 氯消毒原理

当氯气(Cl_2)加入水中后，即和水作用生成盐酸(HCl)和次氯酸(HClO)。由于次氯酸是中性分子，可以很快地扩散到细菌表面，并穿过细菌的细胞膜进入细菌内部，通过氧化作用破坏对细菌的新陈代谢起催化作用的酶系统，从而达到杀菌消毒的目的。

2) 加氯点

加氯点是根据原水水质、净水设备进行选择的，一般分为滤前加氯、滤后加氯、二次加氯等方式。

(1) 滤前加氯是将加氯点选在沉淀池前(移动净水装置中的预处理单元，常为多介质过滤器等)或水泵吸水井内，与凝聚剂同时投加。滤前加氯适宜水中有机物较多、色度较高、有藻类滋生的水源。滤前加氯既可以杀菌，又可增加混凝的效果，防止净水构筑物(装置)内滋生青苔，同时还可以延长氯的接触时间，但加氯量较大。

(2) 滤后加氯是将加氯点选在过滤或移动式净水装置的出水之后、清水池或进入储水装置之前的管道上，适宜一般水质的水源。这种加氯方法的优点是水中大量杂质已被去除，加氯的作用只是杀灭残存细菌和微生物，因而加氯量较少。

(3) 二次加氯是将投氯点分别放在滤前和滤后。滤前投加的作用是杀菌，提高混凝效果；滤后投加的作用是保证水中的剩余氯。

3) 加氯量

加氯量可分为两部分，即需氯量和余氯。需氯量的作用是杀灭细菌、氧化有机物等所消耗的部分；余氯的作用是抑制水中残存细菌的再度繁殖。防止输水管网中水再污染，需在净化后的水体内维持的少量剩余氯。《生活饮用水卫生标准》中规定：出厂水游离性余氯，在接触 30 min 后，应不低于 0.3 mg/L，管网末梢水不应低于 0.05 mg/L。在一般情况下，出厂水余氯控制量为 0.3 mg/L～0.6 mg/L，相应加氯量为 0.5 mg/L～1.0 mg/L。

当野外应急供水缺乏试验资料时，为保证水中的剩余氯，达到持续消毒作用(滤后投加)，经反渗透(RO)处理后的水，加氯量在 0.5～1 mg/L 之间，未经 RO 处理但经常规处理的水，加氯量在 1 mg/L～1.5 mg/L 之间。为达到杀菌作用，提高混凝效果(滤前投加)，水源水质较好时的加氯量可采用 1.5 mg/L～2.5 mg/L，水源的水质较差或需要对浑水进行加氯消毒时，其加氯量可采用 5.0 mg/L～10.0 mg/L。

4) 加氯设备

加氯设备主要是氯瓶和加氯机。氯瓶多数为卧式钢瓶。使用时必须严格防止水或潮湿空气进入氯瓶，以防干燥氯气遇水或受潮后腐蚀金属。加氯机是将氯瓶流出的氯气先配制成氯溶液，然后用水射器加入水中。加氯机有手动和自动加氯机。由于氯的储存和补充很不方便，一般移动式净水装置不太采用此方法。

2. 其他氯消毒法

1) 漂白粉消毒

漂白粉的主要成分是 $Ca(ClO)_2$，由氯气和石灰加工而成。漂白粉消毒和氯气消毒原理是相同的，主要也是加入水后产生次氯酸杀灭细菌。漂白粉消毒需配成溶液加注，且溶液需经 4～24 h 澄清方可使用，但若加入浑水中，配制后可立即使用。漂白粉易受光、热和潮气作用而分解使有效氯降低，故必须存放在阴凉、干燥的地方。

2) 次氯酸钠消毒

次氯酸钠也是强氧化剂和消毒剂，但消毒效果不如液氯强。次氯酸钠消毒作用仍然依靠次氯酸。次氯酸钠消毒是移动净水设备常采用的消毒方式。一般都是进行现场配置，然后倒入加药罐，由加药泵直接加入净水工艺中设计的管道(位置)中。

3) 氯胺消毒

采用氯胺消毒通常先加氨，等氨与水充分混合后再加氯。氯胺消毒速度缓慢，杀菌能力比氯弱，但不产生氯臭和氯酚臭，可减少产生 THM(如三氯甲烷、溴仿、溴二氯甲烷等)的可能，能保持水中余氯持久性。

3. 加药量的计算

由于液氯的危险性，其不易储存和运输，野外应急净水设备通常采用漂白粉和次氯酸钠消毒。

野外应急净水设备消毒加药量可表示为

$$Q=\frac{A}{C}Q_1 \tag{3-6}$$

式中，Q 为氯制剂的投加量，g；A 为根据水质情况和加氯点位置(滤前投加或滤后投加)确定的加氯量，0.5 mg/L～10.0 mg/L；C 为消毒剂的有效氯含量，市场上购买的次氯酸钠(俗名漂粉精)有效氯含量约为 40%；Q_1 为需要消毒的水量(m^3)。

4. 其他消毒法

1）物理消毒法

水的物理消毒法常见的有加热消毒和紫外线消毒。物理消毒会消耗大量燃料，只用于少量饮用水。

紫外线杀菌原理是：细菌受紫外线照射后，紫外光谱的能量为细菌的重要组成部分核酸所吸收，使核酸的结构被破坏。根据试验，波长在 2000～2950 Å 的紫外线有杀菌能力，而波长为 2600 Å 的紫外线杀菌能力最强。当紫外线的能量达到细菌致死剂量而又保持一定的照射时间时，细菌便大量死亡。紫外线光源为高压石英水银灯，杀菌设备主要有两种形式：浸水式和水面式。浸水式杀菌效果好，但构造复杂；水面式构造简单，但效果不如前者。

紫外线杀菌与氯消毒相比，具有消毒速度快、效率高，不影响水的性质和成分，不增加臭和味，操作简单，易于实现自动化等优点。很多市场出售的瓶装饮用水即采取此种消毒方式。紫外线的缺点是没有持续消毒作用、电耗较大、水中悬浮杂质妨碍光线透射等。野外应急供水设备净化或运送的水通常会储存一段时间使用，因而采用氯消毒较为合适，或者采用物理消毒与加药消毒结合的方式。

2）臭氧消毒

臭氧具有强氧化能力，对具有顽强抵抗力的微生物如病毒、芽孢有强大的杀伤力，杀菌效率高。

臭氧发生器是空气中的氧气通过 15000～17000 V 高压电放电后产生臭氧的。

臭氧消毒不需接触很长时间，不受水中氨氮和 pH 值影响。臭氧单用于消毒过滤水，其投加量不大于 1 mg/L，如用于去色和除嗅味，则可增加至 4～5 mg/L。剩余臭氧量和接触时间为决定臭氧处理效果的主要因素，如维持臭氧量为 0.4 mg/L 接触时间为 15 min，可达到良好的消毒效果，包括病毒的消灭。

对于野外供水设备来说，臭氧消毒的主要缺点为耗电量大，臭氧的利用率不高，调节臭氧投加量比较困难。臭氧在水中不稳定，容易消失，因而没有持续杀菌能力。臭氧须边生产边使用，不能贮存。

3）其他化学消毒

银离子能凝固微生物的蛋白质，破坏细胞结构，达到杀菌目的。其消毒方法是：利用表面积很大的银片与水接触，或用电解银的方法，或使水流过镀银的砂粒等。银离子消毒的缺点是价格较高，杀菌速度慢，只能用于少量水的消毒。

此外，碘树脂常用于单人或小型净水器消毒，消毒速度快、效果好。

3.3 水软化技术

3.3.1 水软化基本概念

传统水硬度是以水与肥皂反应的能力来衡量的，硬水需要更多的肥皂才能产生泡沫。事实上水硬度是由多种溶解性多价金属离子形成的，主要是钙、镁，其次是钡、铁、锰、锶和锌。

水的硬度的高低直接影响我们的生产与生活，对含有 Ca^{2+}、Mg^{2+} 的原水进行处理可以消除或减小水的硬度。降低水中 Ca^{2+}、Mg^{2+} 含量的处理过程称为水的软化。水中阴、阳离子含量的总和称为含盐量。Ca^{2+}、Mg^{2+} 一般会在除盐过程中去除，但除盐过程较软化过程经济费用高，水的软化或除盐程度应根据用户对水质的要求决定。

3.3.2　水软化技术

硬度是水质的一个重要指标。生活用水与生产用水均对硬度指标有一定的要求，特别是锅炉用水中若含有硬度盐类，锅炉受热面上会生成水垢，从而降低锅炉热效率、增大燃料消耗，甚至因金属壁面局部过热而烧损部件，甚至引起爆炸。因此，对于低压锅炉，一般要进行水的软化处理；对于中、高压锅炉，则要求进行水的软化与脱盐处理。

目前，水的软化主要有两种技术。一是水的药剂软化法，即向原水中加入一定量石灰、苏打等化学药剂，使之与水中的 Ca^{2+}、Mg^{2+} 反应生成难溶化合物 $CaCO_3$ 和 $Mg(OH)_2$ 沉淀并析出，以达到去除水中大部分 Ca^{2+}、Mg^{2+} 的目的。水的药剂软化法工艺所需设备与净化过程基本相同，需经混合、絮凝、沉淀、过滤等工序。二是水的离子交换软化法，即利用某些离子交换剂所具有的可交换阳离子（Na^+ 或 H^+）与水中 Ca^{2+}、Mg^{2+} 进行离子交换反应，去除水中的 Ca^{2+}、Mg^{2+}，以达到水的软化目的。水的离子交换软化法的常用工艺设备有固定床和连续床离子交换装置。

1. 水的药剂软化法

常用的化学药剂有石灰（CaO）、苏打（Na_2CO_3）等。以石灰软化法为例，反应如下：

$$CaO + H_2O \rightarrow Ca(OH)_2$$

$$CO_2 + Ca(OH)_2 \rightarrow CaCO_3 \downarrow + H_2O$$

$$Ca(HCO_3)_2 + Ca(OH)_2 \rightarrow 2CaCO_3 \downarrow + 2H_2O$$

$$Mg(HCO_3)_2 + 2Ca(OH)_2 \rightarrow 2CaCO_3 \downarrow + Mg(OH)_2 \downarrow + 2H_2O$$

熟石灰 $Ca(OH)_2$ 与水中非碳酸盐的镁起反应生成 $Mg(OH)_2$，但同时又产生了等当量的非碳酸盐的钙，其反应如下：

$$MgSO_4 + Ca(OH)_2 \rightarrow Mg(OH)_2 \downarrow + CaSO_4$$

$$MgCl_2 + Ca(OH)_2 \rightarrow Mg(OH)_2 \downarrow + CaCl_2$$

石灰软化法在软化的同时，还可去除水中部分铁和硅的化合物。石灰价格低、来源广，是最常用的软化药剂，主要适用于原水的非碳酸盐硬度较低、碳酸盐硬度较高且不要求深度软化的场合。石灰软化法也可以与离子交换软化法联合使用，作为深度软化的预处理。

2. 水的离子交换软化法

1）离子交换树脂

离子交换树脂包括阳离子交换树脂和阴离子交换树脂。阳离子交换树脂带有酸性活性基团，按其酸性强弱，可分为强酸性和弱酸性两种，H^+ 为活性基团的交换离子，可简化写成 RH。阴离子交换树脂带有碱性活性基团，按其碱性强弱，可分为强碱性和弱碱性两种，其交换离子是 OH^-，故可简化写成 ROH。前者常用于水的软化或脱碱软化，二者配合可用于水的除盐处理。

强酸、强碱树脂的活性基团电离能力强，其交换容量与水的 pH 值关系不大。而弱酸、弱碱树脂由于其活性基团的电离能力弱，其交换容量与水的 pH 值有关系。弱酸树脂有效 pH 值一般为 5～14，弱碱树脂则相反，只能在酸性溶液中才会有较高的交换能力，其有效 pH 值一般为 1～7。

树脂交换容量是定量表示树脂交换能力大小的一项重要指标，单位为 mmol/L(湿树脂)或 mmol/g(干树脂)。交换容量又可分为全交换容量与工作交换容量。全交换容量是指一定量树脂中所含有的全部可交换离子的数量。工作交换容量是指一定量的树脂在给定工作条件下实际的交换容量。树脂工作交换容量与再生方式、原水含盐量及其组成、树脂层厚度、水流速度、再生剂用量等运行条件有关。

树脂对水中不同离子进行交换反应时，由于树脂和各种离子之间亲和力的大小不同，交换树脂存在着对各种离子交换的选择顺序。在常温、低浓度水溶液中，各种离子交换树脂对水中常见的离子选择顺序为：

(1) 强酸性阳离子交换树脂：$Fe^{3+}>Al^{3+}>Ca^{2+}>Mg^{2+}>K^{+}>NH_4^{+}>Na^{+}>H^{+}>Li^{+}$。

(2) 弱酸性阳离子交换树脂：$H^{+}>Fe^{3+}>Al^{3+}>Ca^{2+}>Mg^{2+}>K^{+}>NH_4^{+}>Na^{+}>Li^{+}$。

(3) 强碱性阴离子交换树脂：$SO_4^{2-}>NO_3^{-}>Cl^{-}>OH^{-}>F^{-}>HCO_3^{-}>HSiO_3^{-}$。

(4) 弱碱性阴离子交换树脂：$OH^{-}>SO_4^{2-}>NO_3^{-}>Cl^{-}>F^{-}>HCO_3^{-}>HSiO_3^{-}$。

注意：在高浓度溶液中，浓度的高低则成为决定离子交换反应方向的关键因素。

2) 离子交换原理

离子交换的实质就是树脂的可交换离子与溶液中其他的同性离子进行的交换反应。例如，水的离子交换软化法就是利用阳离子交换树脂交换去除水中的 Ca^{2+}、Mg^{2+}，其交换反应如下：

$$2RH+Ca^{2+}=R_2Ca+2H^{+}$$
$$2RH+Mg^{2+}=R_2Mg+2H^{+}$$
$$2RNa+Ca^{2+}=R_2Ca+2Na^{+}$$
$$2RNa+Mg^{2+}=R_2Mg+2Na^{+}$$

离子交换反应为可逆反应。当树脂的交换能力失效以后，利用高浓度再生液(Na^{+} 或 H^{+})，使交换反应逆向进行，Na^{+} 或 H^{+} 把树脂上吸附的 Ca^{2+}、Mg^{2+} 置换出来，从而使树脂重新恢复交换能力。

3) 离子交换器

常用的离子交换软化设备为离子交换器。离子交换器为能承受 400 kPa～600 kPa 压力的钢罐，其内部结构分为上部配水管系、树脂层、下部配水管系三个部分。交换器内装有厚度一般为 1.5～2.0 m 树脂层。为保证树脂层反洗时有足够的膨胀空间，树脂层表面到上部配水管系之间的高度为树脂层厚度的 40%～80%。

根据运行方式的不同，离子交换软化设备可分为固定床和连续床两大类。固定床根据原水与再生液的流动方向，又可分为顺流再生固定床和逆流再生固定床两种形式，前者原水与再生液分别从上而下以同一方向流经树脂层；后者原水与再生液流动方向相反。固定床的特点是交换与再生两个过程均在同一交换器中进行。连续床是在固定床的基础上发展起来的，包括移动床和流动床两种形式。

顺流再生固定床的运行操作包括交换、反洗、再生、清洗四个步骤，再生液可采用食盐，食盐浓度一般为 5%～10%；盐酸浓度为 4%～6%；硫酸浓度不应大于 2%。顺流再生固定床的优点是构造简单，运行操作简便。但顺流再生固定床的树脂层上、下部再生程度相差悬殊，再生效果较差，出水剩余硬度较高，特别是工作后期，由于再生时树脂层下半部再生程度低，出水提前超标，导致交换器工作周期大大缩短。因此顺流再生固定床只适用于处理规模较小、原水硬度较低的场合。

逆流再生固定床再生操作时，再生液流动方向与交换时水流流向相反。其操作方式有两种：一种是水流向下流、再生液向上流，应用比较成功的有气顶压法、水顶压法等；另一种是水流向上流、再生液向下流，应用比较成功的有浮动床法。

生产中，常见的是气顶压法逆流再生固定床。气顶压法逆流再生固定床的再生操作过程如下：主要分为小反洗、放水、顶压、进再生液、逆流清洗、正洗六个过程。

(1) 小反洗。反洗水从中间排水装置进入，松动压脂层并清除其中悬浮固体。反洗流速约为 5～10 m/h，历时 10～15 min。

(2) 放水。放掉中间排水装置上部的水。

(3) 顶压。从交换器顶部进入压缩空气，使气压维持在 30 kPa～50 kPa。

(4) 进再生液。在有顶压的情况下，从交换器底部进入再生液，上升流速约为 5 m/h。

(5) 逆流清洗。在有顶压的情况下，以流速为 5～7 m/h 的软化水进行逆流清洗，直到排出水符合要求。

(6) 正洗。以流速为 10～15 m/h 的水流自上而下清洗，直到出水水质合格，即可投入交换运行。

逆流再生固定床运行若干周期后要进行一次大反洗，以去除树脂层中的杂质和碎粒。大反洗后的第一次再生时，应适当增加再生剂用量。

逆流再生的优点是再生废液中再生剂有效浓度明显降低(一般不超过 1%)，再生液得到充分利用，再生剂耗量可降低 20%以上；出水质量显著提高；原水水质适用范围扩大，对于硬度较高的水，仍能保证出水水质；再生程度较高树脂工作交换容量有所提高。

水顶压法与气顶压法基本相同，仅是用带有一定压力的水替代压缩空气以保持树脂层不乱。水压一般为 50 kPa，水量约为再生液用量的 1～1.5 倍。

无顶压逆流再生工艺是我国近年来发展起来的一种很有发展前途的再生方法。其原理是增加中间排水装置的开孔面积(使小孔流速低于 0.1～0.2 m/h)，在压脂层厚 20 cm、再生流速小于 7 m/h 的情况下，不需任何顶压手段，即可保持树脂层固定密实，且再生效果完全相同。无顶压法逆流再生工艺的应用，简化了逆流再生操作，标志着逆流再生技术在实际应用方面又“迈进”了一步。

3.3.3　水的除盐

在工业上，水的纯度常以水中含盐量或水的电阻率来衡量。电阻率是指断面 1 cm×1 cm，长 1 cm 体积的水所测得的电阻，单位为欧姆・厘米(Ω・cm)。根据各工业部门对水质的不同要求，水的纯度可分为下列 4 种：

(1) 淡化水：一般指将高含盐量的水经过除盐处理后，变成为生活及生产用的淡水，含盐量低于1000 mg/L。海水及苦咸水的淡化属于淡化水。

(2) 脱盐水：相当于普通蒸馏水。水中强电解质的大部分已去除，剩余含盐量约为1～5 mg/L。25℃时，脱盐水的电阻率为0.1～1.0×10^6 Ω·cm。

(3) 纯水：亦称为去离子水。水中的强电解质的绝大部分已去除，而弱电解质如硅酸和碳酸等也去除到一定程度，剩余含盐量低于1.0 mg/L。25℃时，纯水的电阻率为1.0～1.0×10^6 Ω·cm。

(4) 高纯水：又称为超纯水。水中的导电介质几乎全部去除，而水中胶体微粒、微生物、溶解气体和有机物也已经去除到最低程度。

除盐的方法很多，如离子交换法、电渗析法、反渗透法、电除盐法(EDI)等。

1. 离子交换法除盐

1) 复床除盐

复床除盐是指阳、阴离子交换器串联使用。复床除盐最常用的系统如下所述。

(1) 强酸-脱气-强碱系统。该系统由强酸阳床、除二氧化碳器和强碱阴床组成。原水先通过强酸阳床除去水中的阳离子，出水呈酸性，再通过除二氧化碳器脱去CO_2，最后进入强碱阴床除去水中的阴离子。该系统多适用于制取脱盐水。

(2) 强酸-弱碱-脱气系统。该系统由强酸阳床、弱碱阴床、除二氧化碳器组成。弱碱树脂用$NaCO_3$或$NaHCO_3$再生时，由于经弱碱阴床后，水中会增加大量的碳酸，因此脱气应在最后进行。若用NaOH再生，除二氧化碳器设置在弱碱阴床之前或之后均可。该系统多适用于无除硅要求的场合。

(3) 强酸-脱气-弱碱-强碱系统。该系统由强酸阳床，除二氧化碳器、弱碱阴床、强碱阴床组成，适用于原水有机物含量较高、强酸阴离子含量较大的情况。阴离子交换树脂的再生剂以氢氧化钠为主，再生时，采用串联再生方式，全部再生液先用来再生强碱树脂，然后再生弱碱树脂。再生剂得到充分利用，再生比耗降低。该系统出水水质与强酸-脱气-强碱系统大致相同，但运行费用略低。

2) 混合床除盐

按一定比例将阴、阳树脂均匀混合在一起的离子交换器称为混合床。当原水通过此交换器时，由于混合床中阴、阳树脂交替紧密接触，好像由无数微型的复床除盐系统串联而成，反复进行多次脱盐操作，因而具有出水纯度高、出水水质稳定、间断运行对出水水质影响小、交换终点分明易于实现自动控制等优点。

混合床再生方式分为体内再生与体外再生两种。体内再生又可分为酸、碱分步再生和同步再生。混合床再生时由于阳、阴树脂分层不彻底，易形成所谓的交叉污染；另外，考虑到混合床对有机物污染很敏感，因此在水进入混合床之前，应进行必要的预处理，以防有机物污染树脂。

2. 电渗析除盐

1) 电渗析除盐的优点

(1) 能量消耗少。电渗析器在运行中，不发生相的变化，只是用电能来迁移水中已解离的离子。它耗用的电能一般是与水中含盐量呈正比的。实践表明，对含盐量4000～

5000 mg/L 以下的苦咸水的变化，电渗析技术是耗能少且较经济的技术。

(2) 药剂耗量少，环境污染小。离子交换技术在树脂交换失效后要用大量酸、碱进行再生，水洗时有大量废酸、碱排放，而电渗析系统仅酸洗时需要少量酸。

(3) 设备简单，操作方便。电渗析器采用塑料隔板与离子交换膜剂电极板组装，主体配套设备比较简单，而且膜和隔板都是由高分子材料制成，其抗化学污染和抗腐蚀性能均较好。电渗析器通电即可得淡水，不需要用酸碱进行繁复的再生处理。

(4) 设备规模和除盐浓度适应性大。电渗析水处理设备适用范围从每日几十吨的小型生活饮用水淡化水站到几千吨的大、中型淡化水站。

(5) 用电较易解决、运行成本较低。

2) 电渗析除盐的缺点

(1) 对离解度小的盐类及不能离解的物质难以去除，如水中的硅酸和不能离解的有机物就不能除掉，对碳酸根的迁移率就小一些。

(2) 电渗析器是由几十到几百张较薄的隔板和膜组成的。电渗析器的部件多，组装要求较高，组装不好，会影响配水均匀。

(3) 电渗析设备是使水流在电场中流过，当施加一定电压后，靠近膜面的滞留层中电解质的盐类含量较少。此时水的离解度增大，易产生极化结垢和中性扰乱现象，这是电渗析水处理技术中的难题。

(4) 电渗析器本身耗水量还是较大的，本身的耗水量仍达 20%～40%。因此，对于缺水地区，电渗析水处理技术的应用会受到一定限制。

(5) 电渗析水处理对原水净化处理要求较高，需增加精密过滤设备。

3.4 海水、苦咸水淡化技术

3.4.1 海水、苦咸水淡化发展概况

1. 海水、苦咸水淡化的意义

海水覆盖地球表面积的 71%，海水的储量约有 1.37×10^{18} m³，占地球总水量的 97.2%，表 3-6 为地球上的水资源及水量分布情况，可见地球上可供人类利用的淡水资源仅占地球总水量的 2.8%，有限的淡水量是以固态、液态和气态的几种形式存在于陆地的冰川、地下水、地表水和水蒸气中。需要注意的是，极地冰川占地球淡水总量的 75%，而这些淡水资源是很难利用的；地下水占地球淡水总量的 22.6%，为 8.6×10^{15} m³，但一半的地下水资源处于 800 m 以下的深度，难以开采，而且过量开采地下水会带来诸多问题；河流和湖泊占地球淡水总量的 0.6%，为 2.3×10^{14} m³，是陆地上的植物、动物和人类获得淡水资源的主要来源；大气中水蒸气量为地球淡水总量的 0.03%，为 1.3×10^{13} m³，它以降雨的形式为陆地补充淡水；海洋中蕴藏着的淡水总量约占海水的 97%，相当于 13.3×10^{17} m³，是一个最大而又稳定可靠的淡水储库。在沿海地区或沙漠地区等特殊环境下，人员活动、作业时必须利用海水、苦咸水。因此，将海水、苦咸水作为生活饮用水的基本水源，对我国具有深远意义。

表 3-6 地球上的水资源及水量分布

水源分布		水量		水质(含盐量/mg/L)
		体积/$\times 10^9 m^3$	比例/%	
地表水	空气中的水汽	12900	0.001	
	江河、湖泊	230000	0.017	100～500[①]
	冰川	29120000	2.157	
	海洋	1378720000	97.2	28000～35000
地下水		8616600	0.625	300～10000
合计		1356699500	100.00	

备注：部分雨水稀少地区地表水含盐量可达 1000～5000 mg/ L，某些内陆湖水含盐量可高达 40000 mg/L 以上。

2. 海水、苦咸水淡化前景

海水、苦咸水淡化的应用前景，应建立在降低海水、苦咸水淡化成本的基础上，一方面是淡水资源日益紧缺、现有供水紧张，必然导致水价上升；另一方面是技术进步，海、苦咸水淡化产水成本不断降低，这就决定了海水淡化在不远的将来会有大规模的发展。

随着海水、苦咸水淡化技术的不断完善，并与其他生产相结合的海水淡化技术的发展，为开发海水淡化提供了技术条件。从目前经济、技术条件和水资源供求状况来看，发展海水、苦咸水淡化技术，是沿海国家和地区解决淡水资源供需矛盾的有效途径，也是沿海城市解决淡水危机的必然趋势。在海上作业淡水耗尽，发生海啸、海水倒灌，沙漠中只有苦咸水等情况下，只有海水、苦咸水为水源时，必须具备海水、苦咸水淡化技术和设备。

3. 海水、苦咸水淡化技术起源及发展

1）海水、苦咸水淡化的起源

海水、苦咸水做脱盐的处理可以追溯到公元前 1400 年，一些海边居民通过简单蒸馏获取淡水。直至公元 200 年，简易的海水蒸馏装置开始出现，主要用于远航船上为船员提供淡水。1560 年，世界上第一个陆基海水脱盐厂在突尼斯的一个海岛上建成。1675 年和 1680 年，海水蒸馏淡化的专利在英国诞生，并开始出现关于海水蒸馏淡化处理的报道。18 世纪，冰冻海水淡化技术被提出。19 世纪以来，伴随着蒸汽机的发明，鉴于航海的发展，各个殖民国家开始对海水淡化进行研究，出现了浸没式蒸馏器。1872 年，智利研发出了世界首台太阳能海水淡化装置，日产 $2\times 10^4 m^3$ 淡水。1884 年，英国建成了第一台船用海水淡化器。1898 年，俄国投产了本国第一家基于多效蒸发原理的海水淡化工厂，日产淡水达到 1230 m^3。20 世纪早期，仅有少数几个国家(如英国、美国、法国和德国)掌握了海水淡化设备制造技术，也只有在蒸汽轮船上和中东少数几个港口使用到海水淡化装备。第二次世界大战期间，海水淡化以蒸馏法为主得到了大力发展，战后中东地区石油遭到国际资本的大力开发，为解决该地区淡水资源短缺问题，海水淡化产业大规模化发展。1954 年，电渗析海水淡化装置问世。1957 年，RSSilver 和 AFRankel 发明的多级闪急蒸馏法海水淡化技术(MSF)克服了多效蒸发易结垢、易腐蚀的缺点，揭开了海水淡化发展历史上的新一页，迅速在中东地区得以应用和发展，标志着海水淡化进入大规模实际应用新阶段。1960 年，反渗透法海水淡化装置问世。1975 年，低温多效海水淡化技术在原有多效蒸馏基础上进行改进后，得到了一定规模的推广。20 世纪 80 年代以来，反渗透技术不断取得突破，使其成为耗能最低、投资运行最快的海水淡化技术。

2）国际上海水、苦咸水淡化行业状况

全球第一个现代海水淡化工厂的诞生地是美国，海水淡化总量仅占到全球的 15%份额。目前，沙特阿拉伯仍然是全球第一大淡化海水生产国，其产量约占全球总产量的 18%。以色列 70%的水来自海水淡化，还产生了全球知名的海水淡化公司(IDE)。

日本是一个降雨量大的国家，日本的年平均降雨量为 1718 mm，是世界平均水平 807 mm的两倍多。但是，由于人口密度高，日本人均水资源量(每年人均立方米)仅是世界平均水平的一半。在人均水资源供应方面在世界 156 个国家中排名为 91。所以日本在海水淡化方面起步较早，并且做了大量的实际应用和技术研究。福冈是日本九州岛上的一个地区，供水能力仅为实际用水量的三分之二，由于缺水供水经常进行限制。为了解决供水难的问题，该地区成立了“福冈地区水务局”，专门服务于该地区六个城市、七个镇的供水。该机构启动了海水淡化项目，并于 2005 年 6 月开始运行。该海水淡化设施的最大生产能力为 50000 立方米/日，是日本最大的海水淡化设施之一。

这套设施有许多先进的使用理念。首先是在离岸 600 多 m、水深 11.5 m 的海床上设计安装了一个超大进水箱。这种设计不但解决了波浪的影响，解决了航运通行的问题，还利用海底的沙层对海水进行了一次过滤。另外，利用设计的取水井和海面的高差，这套设施不需动力即可使海水流入取水井。这套设施使用了能量回收装置极大地减少了能源电力的消耗。

福冈地区还在 1998 年启动了一个循环水应用项目(称为 NEWater)。该循环水应用项目通过对污水进行常规处理，然后进行三阶段的净化工艺和深度处理，从而达到可饮用水的标准并为居民进行供水。该项目可分为三段净水工艺，即第一段是采用超滤膜水处理工艺；第二段是采用反渗透膜水处理工艺；第三段是消毒杀菌工艺。该项目于 2003 年投入使用，NEWater 一部分为居民供水，还有一大部分被用作工业用水。这个项目使用的膜几乎都是由日本电工株式会社和东丽工业株式会社提供的。目前日本的海水淡化的膜技术已在世界上名列前茅。

澳大利亚的海水淡化产能截至 2012 年 8 月已近 1.0×106 m^3/d。2007 年年初投入使用的珀斯海水淡化厂是当时除西亚地区以外，世界最大的海水淡化工程，日最高产水量为 14.4×104 m^3/d，该厂因为使用可再生能源——风能作为生产能源，厂房占地面积较小。继珀斯海水淡化厂的成功投产之后，西澳大利亚州决定上马两个新的海水淡化项目，一个是南方海水淡化厂，于 2011 年年底竣工，也使用风能，日最高产水量为 15×104 m^3/d；另一个海水淡化项目于 2015 年开工建设，预计该厂投产后、海水淡化水将占西澳大利亚州市政供水总量的 1/3。此外，澳大利亚的珀斯、阿德莱德、墨尔本、悉尼、黄金海岸和布里斯班等重要城市和地区，也都陆续建成了多座大型海水淡化设备。

截至 2015 年年底，全球海水淡化工程规模已经达到 8700 万吨/天，不仅在干旱的沙漠性气候的国家和地区依靠海水淡化技术制取淡水，在一些雨量丰富的国家和地区也依靠淡化技术来制取淡水。

3）我国海水淡化行业发展现状

我国海水淡化研究始于 1958 年，国家海洋局第二海洋研究所首先在我国开展离子交换膜电渗析海水淡化的研究。1965年，山东海洋学院在国内最先进行反渗透CA不对称膜的研究。1970年，海水淡化会战主力汇集杭州，组织了全国第一个海水淡化研究室。1981年，第一个日产200吨的电渗析海水淡化站在西沙群岛建成。1982年，中国海水淡化与水再利用学会经中科协学会部批准在杭州水处理技术研究开发中心成立。1984年，国家海洋局天津海水淡化与综合利用研究所成立，开始蒸馏法海水淡化装置研究。1987年，大港电厂从美国引进了2套3000 m^3/d的多级闪蒸海水淡化装置，与离子交换法结合，解决了锅炉补给水的供应。1997年，我国第一套500 m^3/d反渗透海水淡化装置在浙江舟山嵊山县投产建成，开创了国内海水淡化规模化应用的历史先河。2000年，河北沧州建设了18 000 m^3/d反渗透苦咸水淡化厂。2003年，山东荣成建成了万吨级反渗透海水淡化示范工程。2003年，河北黄烨发电厂引进了20 000 m^3/d多效蒸馏海水淡化装置。2004年，我国首台自主知识产权的3000 m^3/d低温多效蒸馏海水淡化工程在山东黄岛建成。

我国目前开展海水淡化技术研发、材料和设备制造的单位分布较广，包括专业研究所、大学、大型企业和设备制造企业等。海水淡化关键设备及材料方面，形成了一大批膜海水淡化关键技术，脱盐率提高到了99.7%以上，膜通量增加了40%。在热法海水淡化技术方面，形成了万吨级低温多效海水淡化装置及工程技术。核能、太阳能、风能等新能源海水淡化技术也取得了阶段性成果。截至2015年12月，全国已建成海水淡化工程139个，总工程规模102.65万吨/天，其中万吨级以上海水淡化工程31个，产水规模81.1万吨/天；千吨级以上、万吨级以下海水淡化工程37个，产水规模11.95万吨/天；千吨级以下海水淡化工程71个，产水规模1.61万吨/天。海岛海水淡化工程规模为每天1万吨。年冷却用海水量达到1125亿吨，海水循环冷却循环量达到每小时94万吨。海水淡化水主要用于沿海电力，化工、石化、钢铁等企业的锅炉、生产工艺用水。

3.4.2 海水、苦咸水淡化技术

1. 基本情况

海水、苦咸水淡化是指将海水里面的溶解性矿物质盐分、有机物、细菌和病毒以及固体分离出来从而获得淡水的过程。从能量转换角度来讲，海水淡化是将其他能源(如热能、机械能、电能等)转化为盐水分离能的过程。水质通常用总溶解固体(Total Dissolved Solids，TDS)这一术语来衡量，该术语用于表征水中盐分和矿物质含量，从而对原水进行分类和对获得的淡水的质量进行评价。TDS又可称为溶解性固体总量或矿化度，单位为mg/L，即每升水中盐分或矿物质的质量。一般将TDS 1000 mg/L的水定义为淡水，WHO也以此范围作为饮用水标准，USEPA则将饮用水标准设定为TDS 500 mg/L。一般将TDS在1000～10 000 mg/L的水定义为苦咸水，TDS在10 000～45 000 mg/L的水定义为海水，而海水的平均标准为35 000 mg/L。

根据盐水分离过程的不同，海水、苦咸水淡化技术的分类如图3-8所示。当盐水分离过程中有新物质生成时，则该海水淡化方法属于化学方法，反之则属于物理方法。在物理方法中，利用热能作为驱动力，盐水分离过程中涉及相变的归类为热方法；利用膜(半透膜或离子交换膜等)进行盐水分离且不涉及相变的则归类为膜方法；此外，物理方法还包括溶剂萃取法，而化学方法主要包括水合物法和离子交换法。

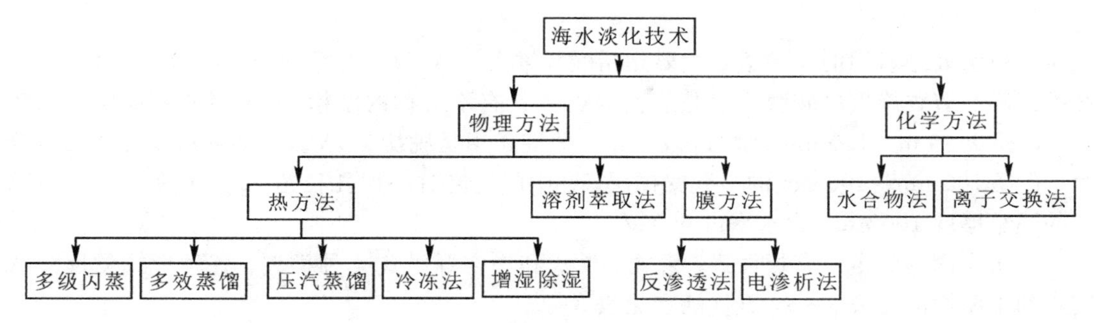

图 3-8　海水、苦咸水淡化技术的分类

海水、苦咸水淡化技术种类尽管很多，但达到商业规模的主要有膜方法和蒸馏法，膜法主要有电渗析法和反渗透法(包括纳滤)两种；蒸馏法又可分为多级闪蒸法(multi-stage flash，MSF)、多效蒸馏法(multi-effect distillation，MED)和压汽蒸馏法(vapor compression，VC)。截至 2015 年中期，全球海水淡化技术中反渗透占总产能的 65%，多级闪蒸占 21%，电去离子占 7%，电渗析占 3%，纳滤占 2%，其他占 2%。目前我国掌握的反渗透法和低温多效蒸馏法技术水平为国际领先，其中反渗透法占总产水能力的 64.42%；低温多效蒸馏法占总产水能力的 33.43%。技术成熟、应用前景好的海水淡化方法的分类及特点如表 3-7所示。

表 3-7　海水淡化方法的分类及特点

海水淡化方法	分 类	原水浓度/(mg/L)	脱盐率/%	产品水水质(mg/L)	能　耗	最佳应用领域
蒸馏法	多级闪蒸(MSF)	不限		≤5	较低	对水质要求高，有余、废热能的地区和单位
	多效蒸馏(MED)	不限		≤10	较低	对水质要求高，有余、废热能的地区和单位
	压汽蒸馏(VC)	不限		1～5	低	无热源的海岛地区
膜分离法	反渗透(RO)	约 20000	80 ～95	150～1000	较低	生活饮用，工业用
	电渗析法(ED)	约 2000	50	约 1000	较低	一般工业用

海水、苦咸水淡化技术中，膜分离法中的反渗透(RO)比较适用于野外应急供水，因此本书重点介绍海水、苦咸水的反渗透淡化技术。

2. 反渗透淡化技术

反渗透法起源于 20 世纪 50 年代，于 20 世纪 70 年代在商业上开始得到应用，由于其能耗低的特点，因而发展较快，目前装机容量在全球海水淡化总装机容量中占主导地位，是最成功的海水淡化技术。

反渗透分离过程是利用反渗透膜选择性地透过溶剂而截留离子性质的物质，以膜两侧的静压差为推动力，克服溶剂的渗透压，使溶剂通过反渗透膜而实现对液体混合物分离的过程。

1）反渗透膜

目前水处理所用的反渗透膜主要是醋酸纤维素(CA)膜和芳香族聚酰胺膜两大类。醋酸纤维素膜和芳香族聚酰胺膜一般是表面与内部具有不对称的结构。CA 膜的表皮层结构致密，孔径 0.8 nm～1.0 nm，厚约 0.25 μm，关键作用是脱盐。CA 膜的表皮层下面为结构疏松、孔径 100 nm～400 nm 的多孔支撑层，在中间还夹有一层孔径约 20 μm 的过渡层。CA 膜的膜总厚度 100 μm，含水率占 60%左右。

常用反渗透膜组件有板框式、管式、卷式和中空纤维式 4 种类型。各种形式的反渗透装置的主要性能见表 3-8，其优缺点见表 3-9。

表 3-8 各种形式的反渗透装置主要性能

类 型	板框式	管式	卷式	中空纤维
膜装填密度/(m^2/m^3)	492	328	800	656
操作压力/MPa	5.5	5.5	5.5	5.5
透水率/[$m^3/(m^2 \cdot d)$]	1.02	1.02	1.02	1.02
单位体积透水量/[$m^3/(m^2 \cdot d)$]	501	334	670	668

表 3-9 各种形式的反渗透装置的优缺点

类 型	优 点	缺 点
板框式	结构紧凑牢固，能承受高压，性能稳定，工艺成熟，换膜方便	液流状态较差，容易造成浓差极化，成本高
管式	液流流速可调范围大，浓差极化较易控制，流道通畅，压力损失小，易安装、清洗、拆换，工艺成熟，可用于处理含悬浮固体水浮固体水	单位体积膜面积小，设备体积大.装置成本高
卷式	结构紧凑，单位体积膜面积大，较成熟，设备费用低	浓差极化不易控制，易堵塞，不易清洗，换膜困难
中空纤维	单位体积膜面积大，不需外加支撑材料，设备结构紧凑，设备费用低	膜易堵塞.不易清洗，预处理要求高，换膜费用高

(1) 板框式装置由一定数量的多孔隔板组合而成，每块隔板两面装有反渗透膜，在压力作用下，透过膜的淡化水在隔板内汇集并引出。

(2) 管式装置分为内压管式和外压管式两种。内压管式装置是将膜浇铸在管的内壁，如图3-9(a)所示，含盐水在压力作用下向管内流动，透过膜的淡化水通过管壁上的小孔流出。外压管式装置是将膜浇铸在管的外壁，透过膜的淡化水通过管壁上的小孔由管内流出。

(3) 卷式装置是将导流隔网、膜和多孔支撑材料依次叠合，用黏合剂沿三边把两层膜黏结密封，另一开放边与中间淡水集水管联接，再卷绕在一起；含盐水由一端流入导流隔网，从另一端流出，透过膜的淡化水沿多孔支撑材料流动，由中间集水管引出，如图 3-9(b)所示。

(4) 中空纤维装置是将一束外径 50 nm～100 nm、壁厚 12 μm～25 μm 的中空纤维，装于耐压管内，纤维开口端固定在环氧树脂管板中，并露出管板。通过纤维管壁的淡化沿空心通道从开口端引出，如图 3-9(c)所示。

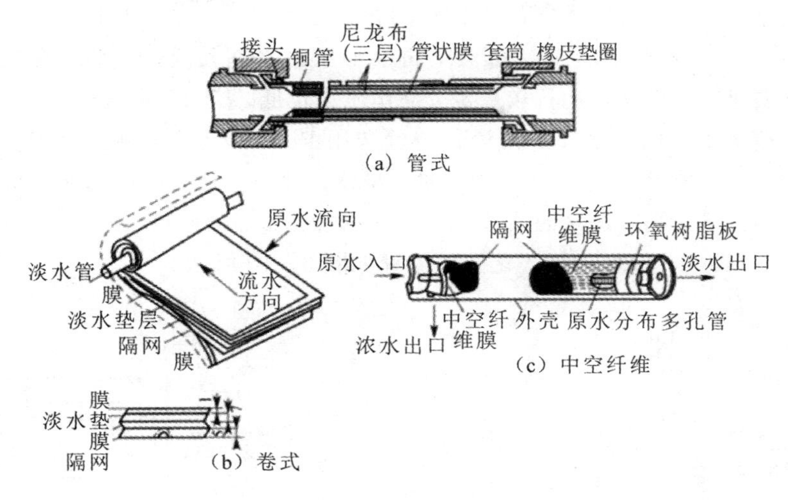

图 3-9　各种形式的反渗透装置

反渗透海水淡化技术的关键技术是反渗透膜，虽然膜及组件的生产已相当成熟，膜的脱盐率大于 99.3%，但膜的平均使用寿命只有 5 年，因此膜使用寿命是海水淡化处理成本较高重要原因之一。其中膜污染是导致膜使用寿命短的主要原因。造成反渗透膜污染的主要原因是海水中含有悬浮物、胶体物、溶解性有机物及溶解性无机物，虽然反渗透能截留这些物质，但这些物质聚集在膜的表面会使膜受到污染，而微生物和细菌会侵蚀膜，其残体还会以固体形式析出，使膜性能变坏；水的温度、pH 值、余氯含量、压力等参数的变化也会引起膜的水解、氧化；由溶质引起的膜结构变化还会导致膜的透水率下降，产水量和脱盐率下降，甚至使膜组件报废。所以反渗透技术必须经过预处理，通过预处理去除悬浮物、有机物、胶体物质、微生物、细菌及某些有害物质(如铁、锰、钙等)，使反渗透进水满足水质指标要求，也就是通过预处理必须达到进水水质要求的目标，见表 3-10。

另外，不同膜材料具有不同的化学稳定性，对 pH 值、余氯、温度、细菌、某些化学物质等的稳定性也有很大的差异，对给水预处理的要求也不同。

表 3-10　反渗透进水水质要求

项　目	指　标	项　目	指　标
水温/℃	20～35	污染指数 FI	<4
pH 值	3～11	余氯/(mg/L)	<0.1
浊度/NTU	<0.3	COD_{Mn}/(mg/L)	<2
色度/倍	清	Fe/(mg/L)	<0.1

注：所有指标均是针对聚酰胺膜的。

2) 反渗透法技术

海水含盐量一般在 3.5×10^4～3.6×10^4 mg/L，其渗透压约 2.4 MPa，通常泵的操作压力为 5.6 MPa～10 MPa。海水淡化途径可分为一级淡化和二级淡化。一级淡化是指海水经泵一次加压通过反渗透装置，就能使淡化水含盐量降到 500 mg/L 以下。一级淡化要求膜的脱盐率在 99%以上，其优点是操作简单，其缺点是要求膜有较高的耐压能力，需要有高强度的管道、水泵及附件，且淡水的回收率一般不超过 30%。二级淡化是指海水经过二次泵加压、两次进入反渗透装置才能使淡化水的含盐量降到 500 mg/L 以下。第一级使透过的水含盐量为 $3.0\times10^3\sim4.0\times10^3$ mg/L，再次加压的水进入反渗透脱盐装置使透过的水的含盐量达到要求。二级淡化运行较稳定，操作压力较低，淡水回收率高。

日本已有造水中心的一级反渗透淡化装置选用 PKC-1000 复合膜，为 200 mm 卷式组件，每个组件装填 6 个膜芯，共 32 个膜组件，呈锥形排列。该中心的海水一级淡化花工艺流程中操作压力 5.6 MPa，进水温度 25℃，进水含盐量 3.5×10^4 mg/L，水的回收率 40%，产水含盐量 150 mg/L。海水一级淡化工艺流程如图 3－10 所示。

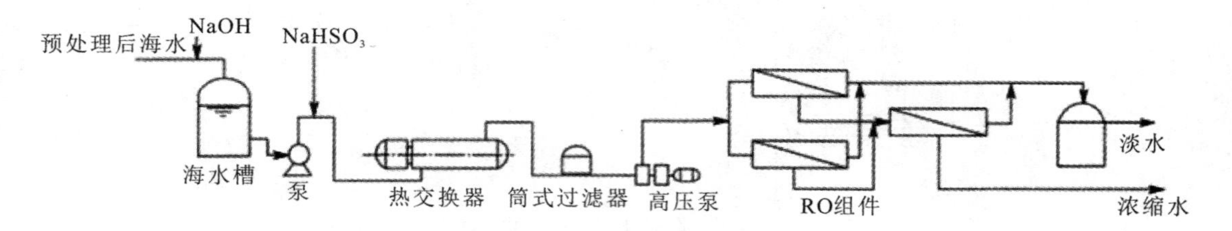

图 3－10　海水一级淡化工艺流程

3.5　特殊水源处理技术

一些特殊的水源水中含有特殊的物质，或者特殊给水用途对于处理水有一些特殊的要求，需要采用一些特殊的方法来进行水处理。含铁、含锰地下水主要采用接触氧化法去除铁、锰；硬度过高的水进行软化处理；含盐量高的水除盐的方法有电渗析法、反渗透法、离子交换法等；水源中的异臭和异味主要采取化学氧化法、活性炭吸附法或生物处理法去除；饮用水除氟方法有吸附过滤法、混凝法、电渗析法等(其中应用最多的是吸附过滤法)；含藻水的处理方法主要有化学药剂除藻、气浮除藻、过滤除藻、混凝除藻、生物处理除藻、超声波除藻等，常用的除藻剂有氯、硫酸铜、臭氧、高锰酸钾、三氧化等。

3.5.1　地下水除铁除锰技术

地下水水源含有过量的铁和锰，称为含铁、含锰地下水。

地下水中的铁常以二价铁的形式存在，由于二价铁在水中的溶解度大，所以刚从含水层中抽出来的含铁地下水仍然清澈透明，但与空气接触后，含铁地下水不再清澈透明而变成“黄汤”，主要是水中的二价铁被空气中的氧气所氧化，生成了橙黄色的含氧化铁沉淀物。

地下水中的铁虽然对人的健康无影响，但也不能超过一定含量。例如，水中的含铁量大于 0.3 mg/L 时，水便变浑；含铁量超过 1 mg/L 时，水具有铁腥味。特别是水中含有过量的铁，在洗涤衣物时会生成锈色斑点；光洁的卫生器皿、墙壁和地板会生成黄褐色锈斑。

地下水中的锰也常以二价锰的形式存在。二价锰在水中溶解氧化的速度非常缓慢，一般不会使水迅速变浑，但产生沉淀后，使水的色度增大，着色能力比铁高出数倍，对衣物和卫生器皿的污染能力很强。当锰的含量超过 0.3 mg/L 时，水会产生异味。

水中的铁、锰含量过大时，不仅会给生活带来不便，还会给工业生产带来许多问题。在冷却用水中，铁附着于加热管壁上，会降低管壁的传热系数，甚至会堵塞冷却水管。此外，铁锰细菌不断滋生还会加速金属管道的腐蚀。

含铁地下水在我国分布很广，中性含铁地下水主要含二价铁，我国地下水含铁量多在5～15 mg/L，我国地下水锰的含量一般不超过2.0 mg/L。《生活饮用水卫生标准》规定，铁的含量不得超过0.3 mg/L、锰的含量不得超过0.1 mg/L，超过标准规定的原水须经除铁、除锰处理。

1. 地下水除铁技术

地下水除铁通常采用氧化法。水中溶解性二价铁离子，在氧化剂的作用下被氧化成三价铁离子，经水解后产生氢氧化铁[$Fe(OH)_3$]胶体，然后逐渐凝聚成絮状沉淀物，再通过沉淀、过滤处理，采用普通砂滤池从水中分离出去。

常用于地下水除铁的氧化剂有氧、氯和高锰酸钾等，其中以利用空气中的氧气最为方便、经济。含铁地下水经曝气充氧后，水中的二价铁离子发生如下反应：

$$4Fe^{2+} + O_2 + 10H_2O = 4Fe(OH)_3 + 8H^+$$

利用空气中的氧气进行氧化除铁的方法分为两种，即自然氧化除铁法和接触氧化除铁法。自然氧化除铁比较缓慢，通常采用催化剂缩短氧化时间。接触氧化除铁法是使含铁地下水经过曝气后不经自然氧化的反应和沉淀设备，进入滤池过滤，利用滤料颗粒表面形成的铁质活性滤膜的接触催化作用，将二价铁氧化成三价铁并附着在滤料表面上。其特点是催化氧化和截留去除在滤池中一次完成。

移动净水设备一般采用接触氧化法除铁工艺，该工艺主要包括曝气和过滤两个单元。

1）曝气

曝气的目的就是向水中充氧。曝气装置有多种形式，常用的有跌水曝气、喷淋曝气、射流曝气、莲蓬头曝气、曝气塔曝气等。

2）过滤

过滤所用滤池可采用重力式快滤池或压力式滤池，滤速一般为5～10 m/h。滤料可以采用石英砂、无烟煤或锰砂等。滤料粒径：石英砂为0.5 mm～1.2 mm，锰砂为0.6 mm～2.0 mm。滤层厚度：重力式滤池为700 mm～1000 mm，压力式滤池为1000 mm～1500 mm。天然锰砂除铁系统中，水的总停留时间为5 min～30 min。

滤池刚投入使用时，铁质活性滤膜还没形成，一般依靠新滤料的吸附能力去除水中二价铁离子。天然锰砂相对石英砂、无烟煤而言，其吸附容量较大，可以保证投产初期的除铁水质。随着过滤的进行，在滤料表面覆盖有棕黄色或黄褐色的铁质氧化物，即具有催化作用的铁质活性滤膜时，接触氧化活性增强，这一现象称为滤料的“成熟”。从过滤开始到出水再到处理要求的这段时间，称为滤料的成熟期。滤料的成熟期与滤料本身、原水水质及滤池运行参数等因素有关，一般为4 d～20 d。

铁质活性滤膜的化学组成为$Fe(OH)_3 \cdot 2H_2O$。铁质活性滤膜首先以离子交换的方式吸附水中的二价铁离子，其反应式如下：

$$Fe(OH)_3 \cdot 2H_2O + Fe^{2+} \rightarrow Fe(OH)_2(OFe) \cdot 2H_2O^+ + H^+$$

当水中有溶解氧时，被吸附的二价铁离子在活性滤膜的催化下迅速地氧化并水解，从而使催化剂得到再生，反应生成物又作为催化剂参与反应，其反应式如下：

$$Fe(OH)_2(OFe) \cdot 2H_2O^+ + \frac{1}{2}O_2 + \frac{5}{2}H_2O \rightarrow Fe(OH)_3 \cdot 2H_2O + H^+$$

在过滤过程中，由于活性滤膜在滤料表面不断积累，滤层的接触氧化除铁能力不断提高，过滤水含铁量会越来越低，出水水质会越来越好。

2. 地下水除锰技术

锰的化学性质与铁相近，常与铁共存于地下水中，但铁的氧化还原电位比锰要低。当pH条件相同时，二价铁比二价锰的氧化速率快，二价铁的存在会阻碍二价锰的氧化。因此，对于铁、锰共存的地下水，应先除铁再除锰。

地下水除锰仍以氧化法为主。水中二价锰被溶解氧氧化成四价锰，只有在水的pH>9时氧化速度才比较快，这比《生活饮用水卫生标准》要求的pH≤8.5要高，所以自然氧化法除锰难以在实际生产中应用。

地下水的含铁量和含锰量均较低时，除锰时可采用曝气接触氧化法，其工艺流程如下：

地下水→曝气→催化氧化过滤→出水

二价锰氧化反应式如下：

$$2Mn^{2+} + O_2 + 2H_2O = 2MnO_2 + 4H^+$$

地下水除锰原理基本同地下水除铁。可采用接触氧化法将二价锰氧化成四价锰，并附着在滤料表面上而去除。在接触氧化法除锰工艺中，滤料成熟期时间比除铁的要长得多。含锰量高的水质，成熟期约需60～70 d，而含锰量低的水质则需90～120 d，甚至更长。另外，滤料成熟期还与滤料材质有关，如石英砂的成熟期最长，无烟煤次之，锰砂最短。

除锰滤池的活性来自锰氧化菌胞外酶。除锰滤池在投入运行之后，随着微生物的接种、培养、驯化，微生物量从$n \times 10$个/g湿砂逐渐上升到$n \times 10^5$个/g湿砂以上。而滤层中微生物数量的对数增长期恰好与锰去除率的对数增长期遥相对应。所谓除锰滤层的成熟，就是滤层中以锰氧化细菌为主的微生物群落繁殖代谢并达到平衡的过程。除锰效果好的滤池，都具有锰氧化细菌繁殖代谢的条件，滤层中的生物量都在$n \times 10^4$个/g～$n \times 10^5$个/g湿砂，甚至以上。

3. 接触氧化法除铁、除锰工艺

当地下水的含铁量和含锰量均较低时，一般可采用除铁除、锰双层滤池，如图3-11所示。铁、锰可在同一滤池的滤层中去除，上部滤层为除铁层，下部滤层为除锰层。

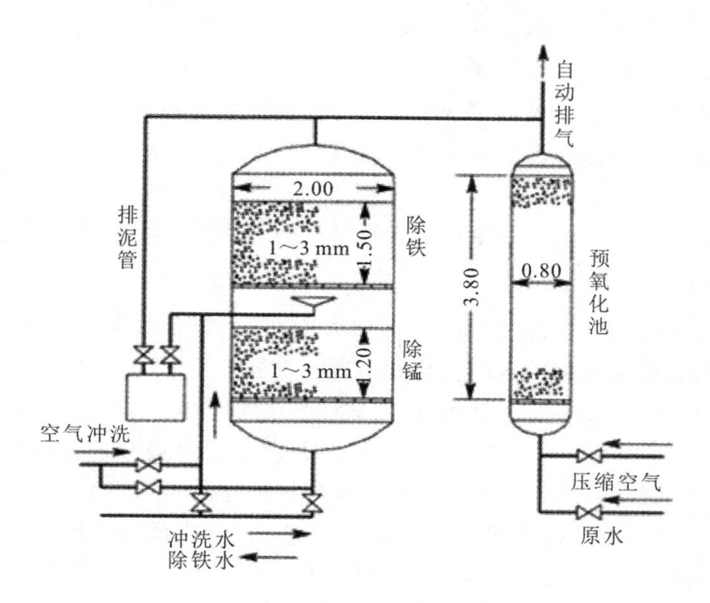

图 3－11　除铁、除锰双层滤池

若水中含铁量较高或滤速较高时，可采用两级曝气、过滤处理工艺，即第一级除铁，第二级除锰。其工艺流程如下：

含铁含锰地下水→简单曝气→除铁滤池→充分曝气→除锰滤池→出水

近年来，国内外都在进行采用生物法除铁、除锰的研究。生物法除铁、除锰也是在滤池中进行的，含铁、含锰地下水经曝气后送入滤池过滤，滤层中的铁细菌氧化水中的二价铁和二价锰，并进行繁殖。滤池除铁、除锰的效率随着滤层中铁细菌的增多而提高。研究表明：该工艺水中的二价铁对于除锰细菌的代谢是不可缺少的，因此曝气时采取弱曝气，控制水中溶解氧不要过高，保证二价铁的含量，防止影响生物除锰。其工艺流程如下：

含铁含锰地下水→弱曝气→生物除铁除锰滤池→出水

3.5.2　水的除臭除味处理

水源中的异臭和异味，常常是由于藻类及其分泌物所致；水中的放射菌属及其分泌物具有泥土或霉味；水中有的异臭异味是土壤中植物和有机物分解所致。当水源受到污染时，产生异臭和异味。常规的水处理工艺很难除臭除味，需要结合使用化学氧化法、活性炭吸附法或生物处理法才能取得较为满意的除臭除味效果。

1. 化学氧化法

常用的化学氧化剂有臭氧、氯、高锰酸钾和二氧化氯等。

臭氧氧化除臭除味效果好。高剂量的臭氧可以将有机物彻底氧化成二氧化碳和水，但考虑到费用，在臭氧投加量有限的情况下，大分子有机物经臭氧氧化后被分解成分子较小的中间产物，可能存在致突变物。但这些中间产物却很容易被活性炭吸附或被活性炭表面的生物所降解，因此，通常将臭氧氧化与活性炭吸附或生物处理联合使用，以充分发挥臭氧的作用。

当水的臭和味比较浓时，常用臭氧与活性炭联用。当臭氧与粉末炭联用时，常在常规工艺前加粉末炭，在滤池后再用臭氧氧化处理；当臭氧与颗粒炭联用时，常在滤池后投臭氧，然后再经过颗粒炭吸附过滤处理。

高锰酸钾是有效的除臭除味药剂。在常规工艺前向水中投加高锰酸钾，可显著提高除臭除味的效果。高锰酸钾与活性炭在除臭除味方面有互补性，所以高锰酸钾与活性炭联用效果较好。

当水中的臭和味是由硫化氢引起时，采用曝气的方法除臭除味较为有效。

2. 活性炭吸附法

活性炭吸附法不仅可以吸附去除水中臭和味的物质，还能去除天然和合成溶解有机物及微污染物质。用活性炭来消除水的臭味和色度在世界各国广泛采用。

活性炭吸附法的工作原理是：活性炭的表面积达到 1000～1300 m^2/g，有良好的吸附性能，对分子量为 500～3000 的有机物有十分明显的去除效果，去除率一般为 70%～86.7%。水处理中，通常采用粉末状活性炭和颗粒状活性炭。

活性炭吸附通常是在常规处理工艺的基础上进行的。炭滤池一般设置于普通滤池后，也可在快滤池的砂层上铺设颗粒活性炭，炭层厚度约为 1.5～2.0 m，进入炭滤池的原水浊度应不超过 3 度～5 度，滤速一般采用 8～20 m/h。炭滤池应定期进行反冲洗处理，反冲洗强度为 8 $L/(s \cdot m^2)$～9 $L/(s \cdot m^2)$，冲洗时间为 4 min～10 min。

当活性炭的吸附能力达到饱和后，可从炭池中取出，经过再生处理后重复使用。再生一般多采用热再生法，其过程可分为加热干燥、解吸以去除挥发性物质、热解大量的有机物、蒸气和热解的气体产物从炭粒的孔隙中排出等四个阶段。

3. 生物活性炭法

生物活性炭法是将臭氧氧化处理、生物处理和活性炭吸附与常规处理组合起来进行水处理的方法。在水中投加臭氧可以将溶解和胶体状有机物转化为较易生物降解的有机物，将某些大分子有机物氧化分解成易被活性炭吸附的分子较小物质，并被炭床中微生物所降解。

生物活性炭法工艺中，由于在活性炭滤料上滋生有大量的微生物，一方面可将水中溶解有机物进行生物氧化，并完成生物硝化作用；另一方面微生物对活性炭上吸附的有机物进行降解，促使活性炭部分再生，从而延长了再生周期。因此，在活性炭滤池中存在着活性炭吸附与生物降解的双重作用。

生物活性炭工艺不仅可以避免单独使用臭氧时，克服臭氧投加量大、电耗高、不经济的问题；还可以避免单独使用活性炭时，再生周期短、成本高的问题，因而在饮用水深度处理中得到了广泛的应用。

由于水中的致臭致味物质多种多样，每一种方法的除臭除味效果也各不相同，所以需要通过试验来选择有效的处理方法。

3.5.3 水的除氟处理

氟是机体生命活动所必需的微量元素之一，但过量的氟会产生毒性作用。《饮用水卫生标准》中规定：氟的含量不超过 1.0 mg/L，超过标准规定的原水，需进行除氟处理。

我国常用的饮用水除氟方法有吸附过滤法、混凝法、电渗析法等，其中应用最多的是吸附过滤法。吸附过滤法的原理是：含氟水通过滤料时，利用吸附剂的吸附和离子交换作用，将水中氟离子吸附去除。当吸附剂失去除氟能力后，可对吸附剂再生处理以重复使用。作为滤料的吸附剂主要有活性氧化铝和骨炭。

1. 活性氧化铝法

活性氧化铝是由氧化铝的水化物经400～600℃灼烧而成的颗粒状滤料，具有较大的表面积，可以通过离子交换进行除氟。活性氧化铝是一种两性吸附剂。当水的pH值在9.5以上时，可吸附水中阳离子；当水的pH值为9.5以下时，可吸附水中阴离子，活性氧化铝吸附阴离子的顺序为$OH^- > PO_4^{3-} > F^- > SO_4^{2-} > Cl^- > NO_3^-$，对吸附氟离子具有极大的选择性。

活性氧化铝在使用前须用硫酸铝溶液进行活化，使之转化为硫酸盐型，活化反应式如下：

$$(Al_2O_3)_n \cdot 2H_2O + SO_4^{2-} \rightarrow (Al_2O_3)_n \cdot H_2SO_4 + 2OH^-$$

除氟时的反应式如下：

$$(Al_2O_3)_n \cdot H_2SO_4 + 2F^- \rightarrow (Al_2O_3)_n \cdot 2HF + SO_4^{2-}$$

当活性氧化铝失去除氟能力后，需停止运行，进行再生。再生时可用浓度为1%～2%的硫酸铝溶液，再生反应式如下：

$$(Al_2O_3)_n \cdot 2HF + SO_4^{2-} \rightarrow (Al_2O_3)_n \cdot H_2SO_4 + 2F^-$$

活性氧化铝对水中氟吸附能力的大小取决于其吸附容量。吸附容量是指1 g活性氧化铝所能吸附氟的质量，一般为1.2～4.5 mg/g。吸附容量主要与原水的含氟量、pH值、活性氧化铝的粒度等因素有关。原水的含氟量高时，由于对活性氧化铝颗粒能形成较高的浓度梯度，有利于氟离子进入颗粒内，从而能获得较高的吸附容量；原水的pH值为5～8时，活性氧化铝的吸附量较大，pH＝5.5时可获得最佳的吸附容量，我国多将pH值控制为6.5～7.0。当活性氧化铝的粒度小时，吸附容量大，且再生容易，但反洗时小颗粒易流失，一般选用粒径为1 mm～3 mm。

活性氧化铝吸附过滤法除氟装置可分为固定床和流动床，一般采用向下流固定床，滤料粒径0.5 mm～2.5 mm，滤层厚度为0.7～1 m，滤料不均匀系数$K \leqslant 2$，承托层为卵石，厚滤度为0.4～0.7 m。滤速与水的含氟量及滤层的厚度有关，一般为1.5～2.5 m/h。当活性氧化铝滤层失效，且出水含氟量超过标准时，需停止运行，进行再生。再生时，应先用原水对滤层进行反冲洗(膨胀率为30%～50%)。再生剂可用1%～2%硫酸铝或1.0% NaOH溶液。再生后，须用除氟水反冲洗，然后进水除氟至出水合格为正式运行开始。再生时间一般为1.0～1.5 h。采用流动床时，滤层厚度为1.8～2.4 m，滤速为10～12 m/h。

2. 磷酸三钙法

磷酸三钙吸附法除氟，常采用羟基磷灰石作为吸附滤料。羟基磷灰石的分子式为$3Ca_3(PO_4)_2 \cdot Ca(OH)_2$，或可写成$Ca_{10}(PO_4)_6(OH)_2$。该方法的作用原理是：羟基磷灰石中的羟基与水中的氟离子进行离子交换，从而除去水中的氟。其反应式如下：

$$Ca_{10}(PO_4)_6(OH)_2 + 2F^- = Ca_{10}(PO_4)_6 \cdot F_2 + 2OH^-$$

上述反应是可逆的，当滤料吸附饱和后，用1.0%NaOH溶液对滤料进行再生。羟基磷灰石的除氟能力为2～4 mg/L。吸附滤料经NaOH再生后，滤层中的NaOH必须彻底清除，否则过滤水中OH^-浓度增大，将严重影响除氟效果。清除 NaOH 可采用酸性溶液浸泡滤料，再用水洗干净。

3. 骨炭过滤法

骨炭过滤法的工作原理与磷酸三钙法基本相同，其实际应用量仅次于活性氧化铝。用家畜骨骼制成的骨炭，含有磷酸三钙，可以用来除氟，它是一种比较廉价的除氟吸附剂。制作良好的骨炭，除氟能力约为 1.3 mg/g。

骨炭滤层失效后，需停止运行，进行再生，常用的再生液是浓度为 1%的 NaOH 溶液。再生后还需用浓度为 0.5%的硫酸溶液进行中和处理。

骨炭法除氟较活性氧化铝的接触时间短(只需 5 min)，且价格较便宜，但机械强度较差，吸附性能衰减较快。

4. 其他除氟法

(1) 混凝法除氟是利用铝盐的混凝作用，其适用于原水含氟量较低并须同时去除浊度时。由于投加的硫酸铝量太大会影响水质，处理后水中残余铝比较高，影响人体健康，因此一般只用于小型设备或现场临时使用。

(2) 电凝聚法除氟的原理与铝盐混凝法相同，其应用也少。

(3) 电渗析除氟法可同时除盐，适用于苦咸水、高氟水地区的饮用水除氟，但价格较高，能耗较大。

3.5.4 水的除藻

水体的富营养化现象日益严重，水中藻类的大量繁殖导致水体不同程度的臭味；某些藻类在一定的环境下会产生毒素；为杀灭水中藻类，往往要加大消毒剂的投加量，不仅使制水成本提高，更增加了水中消毒副产物的含量，降低了饮用水的安全性。藻类的密度较小，不易沉淀，进入滤池后会堵塞滤层，使滤池工作周期大大缩短，严重时可能引起水处理装置被迫停止运行。藻类及其分泌物也不利于混凝，且带来混凝剂用量增加等问题。

在野外应急供水保障中，选择水源时应尽量避免选择水藻丰富的水源为原水。

水处理中含藻水的处理方法主要有：化学药剂除藻、气浮除藻、过滤除藻、混凝除藻、生物处理除藻、超声波除藻等。

1. 化学药剂除藻

常用的化学除藻剂有氯、硫酸铜、臭氧、高锰酸钾、二氧化氯等。

因为铜对藻类有毒性，可以采用向水体投加硫酸铜的方法来控制藻类的繁殖，硫酸铜浓度一般需大于 1.0 mg/L，但是铜对鱼类等生物也有毒性，一般适用于原水中含藻量少且处理水量小的场所。

对于进入净水装置的含藻水，可以采用预氧化的方法去除藻类。常用的预氧化剂有氯、臭氧、高锰酸钾等。用氯除藻效果好，但会产生大量“三致”的氯化副产物，影响人体健康。臭氧除藻效果也很好，但臭氧氧化能力强，对设备及运行条件要求高。高锰酸钾除藻效果次于氯和臭氧，但与氯联用才能获得较高的除藻效果。二氧化氯除藻效果较好，但成本较高。

2. 气浮除藻

气浮除藻特别有效，因为藻类密度小，混凝后不易沉淀，所以气浮除藻效果一般比沉淀好得多。但气浮除藻产生的藻渣因有机物含量高，易于腐败，应及时处理。

气浮除藻时气浮池液面负荷宜小于7.2 $m^3/(m^2 \cdot h)$，絮凝时间一般为10 min～15 min，分离区停留时间为10 h～20 h，有效水深为1.5～2.0 m。气浮除藻的主要缺点是藻渣脱水较为困难，气浮池附近臭味重，操作环境差。当原水浊度大于200度时，气浮除藻效果较差。

3. 过滤除藻

过滤除藻根据具体水质情况，可以分为直接过滤除藻、微滤除藻、超滤除藻。

(1) 直接过滤除藻。当湖泊水或水库水的浑浊度小于20NTU时，可考虑采用直接过滤处理。采用直接过滤除藻时，滤料粒径的不均匀系数与普通快滤池相同。

(2) 微滤除藻。微滤除藻一般适用于湖水或水库水在沉淀(澄清)工艺前的除藻处理，主要用来去除水中浮游生物和藻类。微滤除藻关键在于滤网的材质与制造以及原水含藻情况，其对藻类的去除效果优于混凝沉淀，但就浊度、色度与有机物的去除率而言，远不及混凝沉淀。

(3) 超滤除藻。超滤除藻能将藻类全部截留，是最有效的方法，但应注意藻类分泌物对超滤膜的污染问题，并采取相应的措施。

4. 混凝除藻

混凝是提高除藻效果的重要方法。藻类一般带负电荷，而混凝剂一般带正电荷，经过混凝后可显著提高沉淀和过滤的除藻效果。此外，混凝时，通过加入碱、PAM或活性硅酸等助凝剂，可以强化混凝沉淀，从而提高除藻效率。研究表明：采用强化混凝的方法可以将混凝沉淀的除藻效率提高到90%以上。

5. 生物处理除藻

生物处理除藻主要是利用生物膜对藻类的絮凝和吸附作用，把藻类从水中分离出来，一部分沉降，另一部分吸附后被微生物氧化，还有一部分被原生动物吞噬。生物处理可以承受较大的藻负荷，取得较好的除藻效果。由于其除藻率很难达到90%，因此在高藻期间，仍需要与其他工艺相结合，才能彻底解决藻类对净水工艺的影响。生物处理除藻的同时，也降低了水中有机物质的含量，增加了后续工艺的选择余地。

生物处理除藻效果的主要影响因素如下。

(1) 藻类种类。藻类种类是影响生物处理除藻效率的重要因素。不同的藻类具有不同的物理、化学性质以及藻细胞的表面性质，因而影响生物膜对藻体的吸附作用，使生物膜对不同的藻类表现出不同的去除率。

(2) 水力负荷。水力负荷越大，停留时间越短，藻类去除率越低。

6. 超声波除藻

超声波泛指频率在16 kHz以上的声波，是一种弹性机械波。高强度的超声波能破坏生物细胞壁，使细胞内物质流出。藻类细胞的特殊构造是一个占细胞体积50%的气胞，气胞控制藻类细胞的升降运动。超声波引起的冲击波、射流、辐射压等可以破坏气胞。在适当的频率下，气胞成为空化泡而破裂；同时，空化产生的高温、高压和大量自由基，可破坏藻细胞内活性酶和活性物质，从而影响细胞的生理生化活性。此外，超声波引发的化学效应也能分解藻毒素等藻细胞分泌物和代谢产物。

超声波除藻具有操作方便、高效、无污染或减少污染的特点。超声波除藻的作用范围小，作用半径≤300 m；作用时间长，有时长达几个月；对于爆发性藻类污染除藻效果不明显，但长期使用超声波可抑制藻类生长。

实际上，在水处理中除藻并不是由某一个单元工艺单独完成的，而是贯穿于整个净水工艺中的。

3.6　灰水回用处理技术

3.6.1　灰水的基本概念

通常根据生活污水的不同来源，按照污染程度由重到轻可将其分为黑水、灰水等类别。灰水是指来自浴室、洗手盆、洗衣机、洗碗机以及厨房水槽的生活污水，其污染物浓度较低。灰水的产生量和该地区的水资源情况、生活习惯、生活水平、气候原因等息息相关，因此不同地区的灰水在生活污水中的占比也有所不同。不同来源的灰水，其水质特征具有一定差异。

灰水在生活污水中占比大、污染程度轻，具有较高的回用价值。所以在条件允许，且水源极为短缺的野外供水情况下，用灰水作为一种补充性水资源以解决供水问题是一种较好的选项。

3.6.2　灰水处理与回用技术

目前采用的灰水处理回用技术有：电化学方法、膜生物反应器、湿地生态系统等。在野外应急供水保障中，采用“电化学法＋膜处理工艺”是一种比较好的选择。

1）物理过滤

采用单独的物理过滤处理灰水，指通过滤料截留灰水中的颗粒状或者絮状污染物并以污泥的方式排出系统，以达到净化灰水的目的。但仅采取粗过滤的方法无法满足回用要求，因此目前多采用各种形式的膜处理系统、多级过滤系统以及斜管土壤过滤系统等。

物理过滤操作简便、易于量化，可以达到较好的出水效果，并且能够在一定程度上去除灰水中的致病菌，其出水通常可达到城市杂用水水质标准。但物理过滤也存在一定缺陷，其动力要求和维护成本较高，间接增加了回用水的成本。

2）电化学处理

灰水的电化学处理主要采用电絮凝技术。电化学处理法不仅可以直接降解灰水中的污染物，同时还具有消毒等协同作用。

从目前的研究报道来看，灰水的电化学技术出水效果良好，与传统的化学处理方法相比具有系统可控、更加智能等优势，与其他技术联用更是进一步提升了处理出水水质。但由于化学试剂的引入往往带来二次污染。

3）膜生物反应器

生物处理技术发展至今已十分成熟可靠，因此生物处理技术仍是目前灰水处理最主要的方法，其中膜生物反应器(MBR)因其兼具良好的污染物去除和泥水分离效果，在对灰水的处理与回用研究中得到了广泛应用。

各种类型的 MBR 系统对灰水中的各种污染物均有较好的去除效果，而且处理成本低，技术较为成熟，但由于灰水污染物浓度较低，有机物含量较少，营养元素和微量元素的缺乏导致在采用生物方法处理低强度灰水时，往往需要外加营养物质或者和高强度灰水混合处理。

4）湿地生态系统

近年来，湿地生态系统作为环境友好型技术，由于其良好的观赏性和优越处理效果得到了大力发展，灰水的湿地生态处理一般是指各种形式的人工湿地、生态滤池以及生活墙等技术。

由于湿地生态系统运行成本低、便于维护，综合工艺效能、运行和维护费用以及景观效果等方面因素，该技术对灰水的处理具有较大的优势。但生态处理系统的占地面积较大，其实际应用受到了一定的限制。

5）其他处理技术

除了物理过滤、电化学处理、膜生物法和湿地生态系统之外，有关学者也探究了其他工艺对灰水的处理效能。例如，采用序批式反应器对生活灰水进行处理；采用混凝和磁性离子交换树脂的方法对灰水进行处理回用。

3.6.3　灰水回用处理技术的发展

分离生活污水中的灰水，将其单独处理回用，是一种前沿的污水处理理念，也是实现水资源循环利用、提高水资源利用率的重要途径。目前，对于灰水处理的研究已有一定的进展，传统意义上的生活污水的处理方法仍可用于灰水的处理，但在处理效果和经济性上并不一定具备优势；研究较多的物理过滤、电化学处理、膜生物系统以及湿地生态系统等方法也各有优劣。总体而言，国外对灰水处理与回用的管理体系和技术手段的研究更为深入和全面，并且在部分实际应用中也表现出良好的处理效果，但由于观念、管理水平、生活习惯等的差异，在技术引入的过程中还存在一定难度。

针对灰水处理与回用存在的问题，在未来的研究中，一方面需要在现有的基础上继续完善污水回用标准，从而实现灰水的分级处理，根据不同的处理深度确定最适宜的灰水处理方法；另一方面还需综合处理能耗、可操作性等问题，进一步探索更为便捷有效、运行可靠的灰水处理技术，特别是复合用途的灰水处理回用技术。此外，针对灰水在不同地区的产生量、回用途径以及水质差异等因素，建立适宜的管理办法，配合合理的技术手段、标准体系对灰水进行处理回用。在实际应用中，还应考虑经济效益的问题，采用经济可行的灰水处理技术，并对灰水合理定价以弥补建设和运行成本，同时推动灰水回用的发展。目前，灰水的处理仍存在许多阻碍，但随着灰水回用受重视程度的不断提高，灰水处理技术在形式上更加灵活多变，在效果上也更加显著可靠。开展灰水处理的研究，不仅利于节约水资源、提高水资源的利用效率，而且对于维持区域水平衡、调节局部气候也具有极其重大的意义。

第4章

野外应急供水与卫浴设备实例及设计原则

4.1 总体设计原则与步骤

4.1.1 设计原则

野外应急供水提供人们临时生活用水，满足了使用对象所需要的用水量以及水质指标要求。总体设计上，野外应急供水设备应符合以下设计原则：

1. 适用水源广泛

自来水厂或瓶(桶)装水厂等净化设备一般安装在室内，属于固定的设施设备，其水源也是固定的。但野外应急净水设备没有固定水源，即野外遇到什么水源就净化什么水源，如部队野外作训、地质勘探人员野外勘察、路桥人员野外施工作业等。尤其是突发洪水和地震等自然灾害实施抢险救灾时，水质会非常恶劣，因此，要求野外应急净水设备适用的水源范围应广泛，即设备对水源具有普适性。

2. 出水水质符合生活饮用水卫生标准

安全、卫生的生活饮用水是确保人体健康的重要条件。目前，能够采用的生活饮用水卫生标准有 GB 5749《生活饮用水卫生标准》和 GJB651《军队战时饮用水卫生标准》。GB 5749《生活饮用水卫生标准》是供人们长时期使用的水质标准，是基于饮用者终生用水安全考虑的。GJB651《军队战时饮用水卫生标准》是针对短期使用不会带来明显的健康危害而制定的水质标准，分 7 天和 90 天两种，适用于饮水期为 7 天或 90 天以内的水质要求。但该军标制定时间过久，长时期没有修订，很多新的危害物质没有考虑进去，不能满足现代社会人们对饮用水的安全要求。因此，野外应急净水设备虽然不是供人们长期使用生活饮用水的设备，但水质安全关乎人体健康乃至生命安全，在有条件的情况下其净化水质应尽量满足 GB 5749《生活饮用水卫生标准》的要求。

3. 便于野外使用

野外应急供水设备在野外作业无依托的情况下，必须具备独立工作能力，且其可靠性要高。具体来说，易损易耗件要备齐备足；动力方面宜独立解决，自备能源，不依靠外部能源独立进行工作；考虑多动力设计，如手动、电动、太阳能、汽车电源、内燃机动力等，自行式设备可考虑汽车取力发电；水管、电线长度要留够，阀门连接方式宜采用快速接头形式等。在设计及制造野外应急供水设备时，一方面要考虑设备运行的自动化程度，力求“傻瓜式”操作，一键启停；另一方面还要考虑设备的可靠性，在控制系统或电动仪表阀门等出现故障时，通过手动阀门、机械仪表等操作仍然能够保证正常运行设备。

4. 操作简单、维护易行

野外应急供水设备的操作、维护应简单易行，尤其是净水设备部件宜长期或反复使用。过滤器件应易于在线清洗(即不需将过滤器件从主机中拆卸下来)，如果需要清洗或消毒等，药剂宜采用独立小包装随机干态或湿态携带。遇一般故障时应便于操作人员自修。

野外卫浴设备主要用于人员野外洗浴和如厕，其设计应满足上述第 3 和第 4 条的要求。

4.1.2　基本设计步骤

1. 确定设计参数

根据使用需求，确定设备的主要技术参数及要求，提出设计的技术路线。设计参数主要包括作业参数、基本性能参数等；技术要求包括自然环境适应性，道路、装载运输适应性，可靠性、维修性、安全性、人机工程等。设计的技术路线主要是指为完成技术参数所采用的技术方法及措施。

2. 确定结构形式和基本组成

根据提出的设计参数，确定设备的结构形式和基本组成，结构形式包括箱组式、自行式、挂车式、方舱式(集装箱式)、托盘式等。

3. 设计总体技术方案

依据设计参数和技术路线，通过设计计算，计算机模拟仿真、搭建实验模型等方式进行总体技术方案设计。总体技术方案主要是进行设备主要组成件的选型或研制，各组成件的布置，控制系统的设计等，即确定设备的基本结构、组成。总体方案应至少提出两个，并进行详细的方案对比，通过对比最终确定最优方案。

4. 工程设计

按照确定的总体技术方案，结合设备的技术指标，围绕设备的可靠性、安全性、维修性等方面进行工程设计，着重在图纸绘制、工艺总方案、主要材料及零部件选型方面做工作。

5. 试验验证

样机的试制加工完全按照工程图纸进行，样机试制完成后，要进行调试、整改完善。最后经过出厂检验、已具备出厂条件的样机还应由具备资质的第三方检测机构进行各种检测、试验。

4.1.3　野外供水及卫浴设备的结构形式和基本组成

考虑到野外工作的特点，野外供水及卫浴设备宜采用便携式、自行式、拖挂式、方舱、集装箱、托盘结构形式。

野外供水及卫浴设备从功能上划分，可为野外净水设备、野外运水设备、野外输配水设备、野外储水设备和野外卫浴设备等。

1. 野外净水设备的净化流程和基本组成

野外水源及水质复杂，千差万别，因此野外净水设备工艺比较复杂，结构形式多种多样。但无论水源及水质如何，净水设备的净化效果都必须达到 GB 5749《生活饮用水卫生标准》的要求，同时野外净水设备还必须具备体积小、重量轻，便于野外机动等特点。这就要求野外净水设备的工艺：一是必须能够全面覆盖野外各种水源水质；二是净化水质必须达标；三是选取的设备体积小、重量轻，能够安装在车上或者便于携行；四是既要实现操作简便、傻瓜式操作、自动控制，又能在电动控制故障的情况下实现手动操作。基于以上要求，野外净水设备的主要净化工艺采用超滤或反渗透技术，野外净水设备基本组成包括：动力系统、控制系统、净化系统、储水系统等，超滤工艺流程如图 4－1 所示、低压反渗透工艺流程如图 4－2 所示、海水反渗透工艺流程如图 4－3 所示。当原水为地表淡水或地下淡水时，采用超滤、低压反渗透或纳滤工艺；当原水为海水、苦咸水时，采用高压反渗透工艺；还可以将超滤工艺作为反渗透工艺的前置预处理。

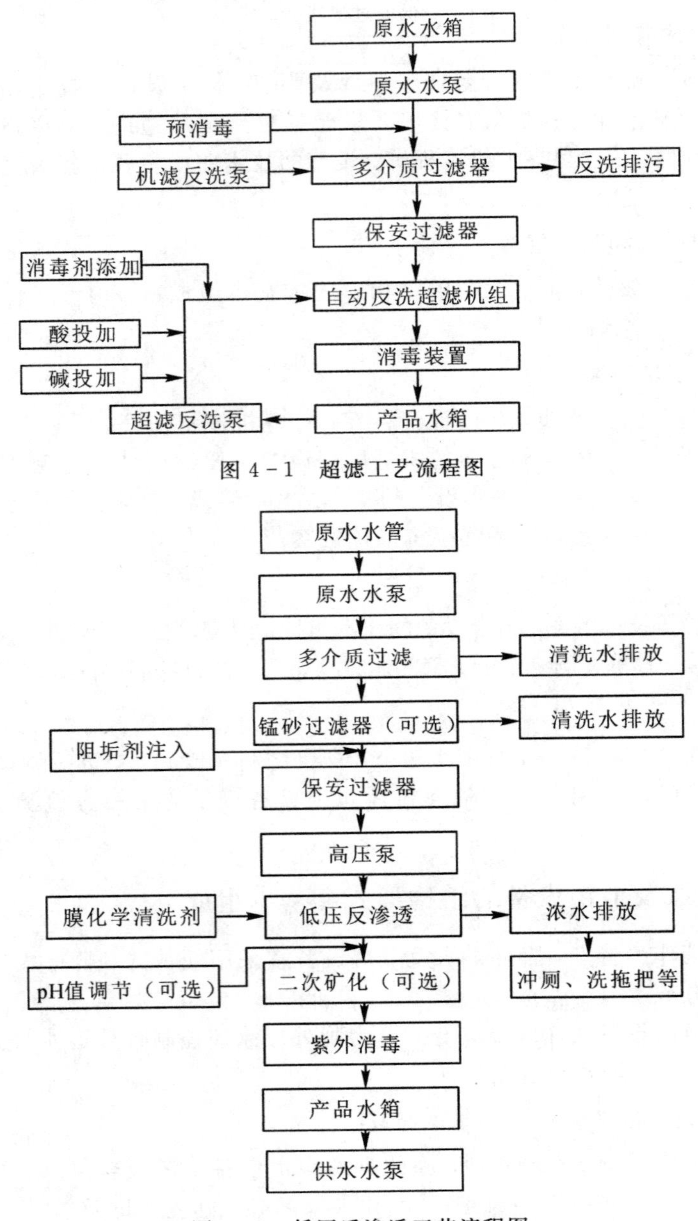

图 4－1　超滤工艺流程图

图 4－2　低压反渗透工艺流程图

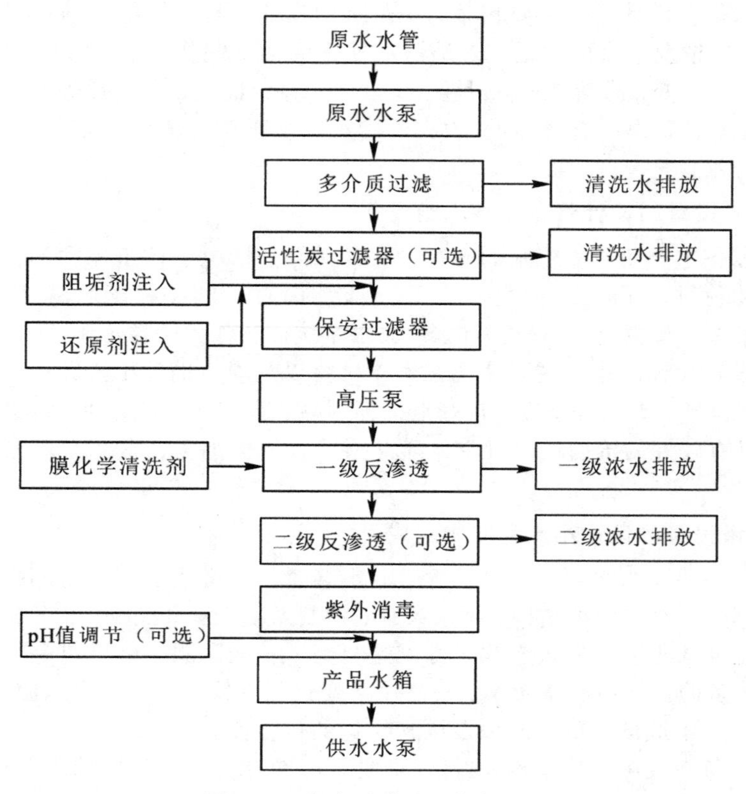

图4-3　海水反渗透工艺流程图

2. 野外运水设备的设计难点和基本组成

野外运水设备着重解决的难题有两个：一是运输的稳定性；二是运、贮过程中水的防冻。运水设备的运输一般采用自行式车辆或挂车。通常，车辆(非满罐液体运输时)在不平路面上或坡道行驶时，液体会向低位集中，这种情况在越野工况极有可能会导致车辆倾覆。另外，当运水车(非满罐)行驶在凹凸路面时，刹车会导致罐内的水产生浪涌，对内罐产生很大的冲击，同时严重影响车辆的行驶稳定性，因此必须消除罐内水产生的浪涌。基于以上两种情况设计时，必须采取有效措施以保证运水车辆行驶的稳定性。比如，可以采用隔板来消除或降低浪涌，采用分舱、分罐等形式尽可能地使液体满罐运输以避免浪涌和倾覆的可能性。

冬季使用的野外运水设备需考虑防冻问题，包括罐内水体的冰冻，管道、阀门、设备等的冻结、冻裂，电子元件、电器等的低温正常使用等。具体措施常有罐体保温隔热、冷桥隔断，罐内水加热，管道阀门等的放空设置、局部加热等。

野外运水设备包括运输底盘、水罐、水泵、加热器、发电机或底盘取力系统(可选)等设备，管路、阀门等水路系统，传感器、电控箱、仪器仪表等控制系统。

3. 野外输配水设备的设计难点和基本组成

野外输配水设备是将水用软管从一地输送到另一地或多地的设备，同时还具有大容量储水、快速分水等功能。野外输配水设备的基本组成包括：管线系统(输配水软管、接头、阀门等)，管线铺设/撤收系统，泵组或泵站，储水容器，消毒系统，控制系统，检修系统、定位系统(可选)等。

野外输配水设备设计难点主要包括：一是水的变压、变流量稳定输送，尤其是复杂地形长距离、多工况情况下水的输送；二是输水软管的加工制作工艺，野外使用的输水软管须具备耐压高、防霉变、易清洗、易折卷、质量高、寿命长、卫生性好等特点；三是管线的铺设与撤收技术，长距离的管线铺设/撤收要能实现快速与机械化，易铺、易收；四是大容量储水与快速分水；五是自动控制。

4. 野外储水设备的设计难点和基本组成

野外储水设备主要用于净化水的储存，也有少部分情况下用于原水的储存。野外储水设备一般为软体材质，可折叠，包装状态下(不储水时)体积小，易于运输，码垛、储存占用空间少。野外储水设备主要由囊(罐)体、注放水系统、配套工具器材等组成。

野外储水设备设计的难点主要体现在囊体材料以及囊体的加工工艺上。囊体材料要具有较强的拉伸、撕破、剥离等强度，较好地抗穿刺性、防霉性、耐磨性、耐水性和耐老化能力，有的还要具有较好的抗菌性以及储水卫生性。囊体的加工、成型工艺也是保证野外储水设备质量的关键。

5. 野外卫浴设备的设计难点和基本组成

野外洗浴设备一般由水泵、加热装置、混水装置、管路系统(包括冷热水管道、阀门、淋浴喷头等)、淋浴/更衣围护结构、排水系统、控制系统、发电机(可选)、暖风机(可选)等组成，野外洗浴设备的结构形式多样，可以是自行式、挂车式，也可以是方舱式、箱组式等。野外洗浴设备的设计应着重考虑：一是流量变化范围较大时，洗浴水温调节的稳定性；二是冬季洗浴时各组成部分的防冻以及围护结构的保暖性。

野外如厕设备一般由围护结构，厕具(集便器)，冲水系统、负压抽吸系统(或机械打包系统)，控制系统和附件等组成，其结构形式可以是箱组式、方舱式，也可以是自行式或挂车式。野外如厕设备要着重考虑质量的可靠性和操作的简易性。

4.2　净水设备

目前，我国市场适应野外净水、供水的产品和生产厂家很多，下面介绍几种典型的净水设备。

4.2.1　净水车

净水车是一种集多功能于一体的净水装备。净水车能从一般江、河、湖泊等多种水源取水并制成饮用水，增加反渗透模块的还可以淡化苦咸水、海水。图 4-4、图 4-5 所示分别为净水车外貌和展开图。

图 4-4　净水车外貌图

图 4-5　净水车展开图

1. 技术性能

(1) 产水量及贮水量指标：净水车产水量按每天工作 20 h 计，其水净化产量为 100 m^3/d；超净化产量为 80 m^3/d。储水量为 4 m^3(2 m^3 软体贮水罐 2 个)。

(2) 工作环境温度为 4℃～46℃。

2. 结构分析

净水车由汽车底盘、副车架与车厢、取力发电系统、取水贮水系统、水净化系统、水超净化系统和自动控制系统等组成。净水车的底盘选用越野东风 EQ2102 型或陕汽 2190 型二类底盘；车厢用于承载、安装上装设备；副车架用于承载车厢。取水储水系统用于从水源取水输送到净水车，并将处理好的水适量储存，由潜水泵系统、储水罐等组成；水净化系统用于对原水进行净化、消毒处理，由分离器、过滤器、消毒设备等组成；水超净化系统用于将净化后的水经超滤净化为饮水，由粗滤器、超滤组件、消毒设备、加药系统等组成；自动控制系统用于控制发电、水净化、超净化设备的运行，由各控制箱、传感器、泵、电磁阀等组成。

上装设备在车厢内的安装、布置应满足以下要求：

(1) 应考虑整车的配重及重心位置，满足车辆改装要求。

(2) 应考虑净化流程并留出适当空间以便于设备的安装及检修、换件。

(3) 箱体及底板应根据设备的位置安装预埋件，用于设备的固定、安装。

3. 设计计算

1) 整车质量、质心及轴荷分配

统计上装(包括副车架和厢体)各部件的质量，计算整车总质量；确定各部件的位置坐标，计算上装质心位置；统计并计算各轴荷质量分配；通过计算或计算机模拟仿真分析整车行驶稳定性、结构安全性等(可选)。改装后的车辆应不降低原车底盘的性能要求。

2) 结构强度计算

运用结构分析软件对净水车副车架、箱体、连接件等各个部件的结构强度进行计算分析，并结合路试进行验证。

3) 用电负荷计算

统计各用电设备的耗电量以及起动电流，计算上装总用电量及最大电流，确定发电设备功率、电压、电流等参数，以此作为发电设备选型或研制的依据。净水车采用底盘取力发电。

4）加药量计算

统计混凝剂、絮凝剂、消毒剂、阻垢剂、清洗剂等药品的用量和加药时机等，计算各加药泵的流量、扬程，以及加药箱的容积等。

5）水泵选型计算

净水车水泵包括潜水泵、增压泵、加药泵等。水泵计算内容主要是水泵流量和扬程的计算。潜水泵、增压泵的流量按照净水车的保障人数以及每人每天用水量而设定。由于水源不固定，故潜水泵扬程无法按照某一个固定的应用实例进行计算，通常按 50～70 m 确定；增压泵的扬程由净水车采取的净化工艺流程以及安装的管路等按照水力学计算得到；加药泵的流量由加药溶液的浓度、净水车的设计流量、净化工艺所需要的加药量等综合确定，加药泵扬程通常由净水系统压力、安装的管路等确定。

6）超滤及其他净水设备选型计算

按照设计的净水流量以及所选定的超滤膜水通量、膜面积等参数，确定超滤膜的数量、排列组合方式、超滤组件总的回收率等。通常，膜生产企业会提供相应的计算软件，设计人员可按照计算软件完成超滤组件的设计。其他净水设备依据设计的净化水流量等参数进行选型。

4. 净化流程

1）水净化流程

水净化工艺流程如图 4－6 所示。原水由潜水泵提升经输水软管进入分离器 1，去除部分杂质后流经分离器 2 去除水中悬浮物，再经过活性炭过滤器降低水的色度和异味，最后经过紫外线消毒器杀灭细菌、病毒后成为生活饮用水。

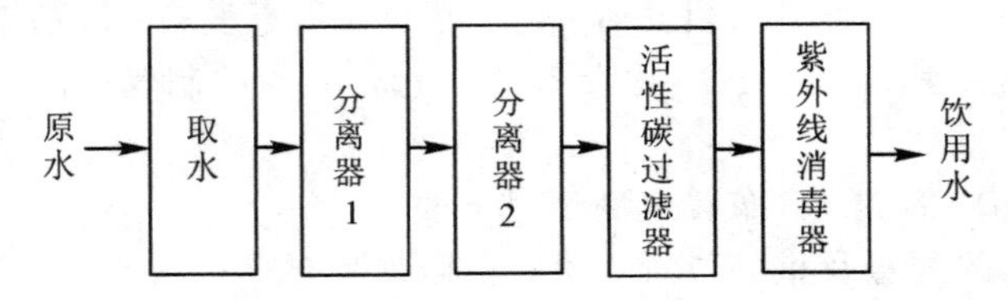

图 4－6 水净化工艺流程框图

2）超净化流程

超净化流程如图 4－7 所示。净化水经过分离器 3，去除水中的细菌、病毒等杂质，再经过紫外消毒器成为安全卫生的饮用水。

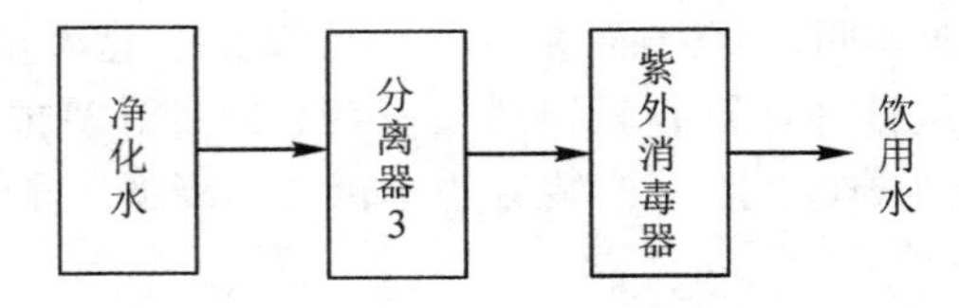

图 4－7 超净化流程框图

4.2.2 空气制水装置

空气制水装置是一种无地表水源条件下制取饮用水的器材。空气制水装置外貌如图 4－8所示。

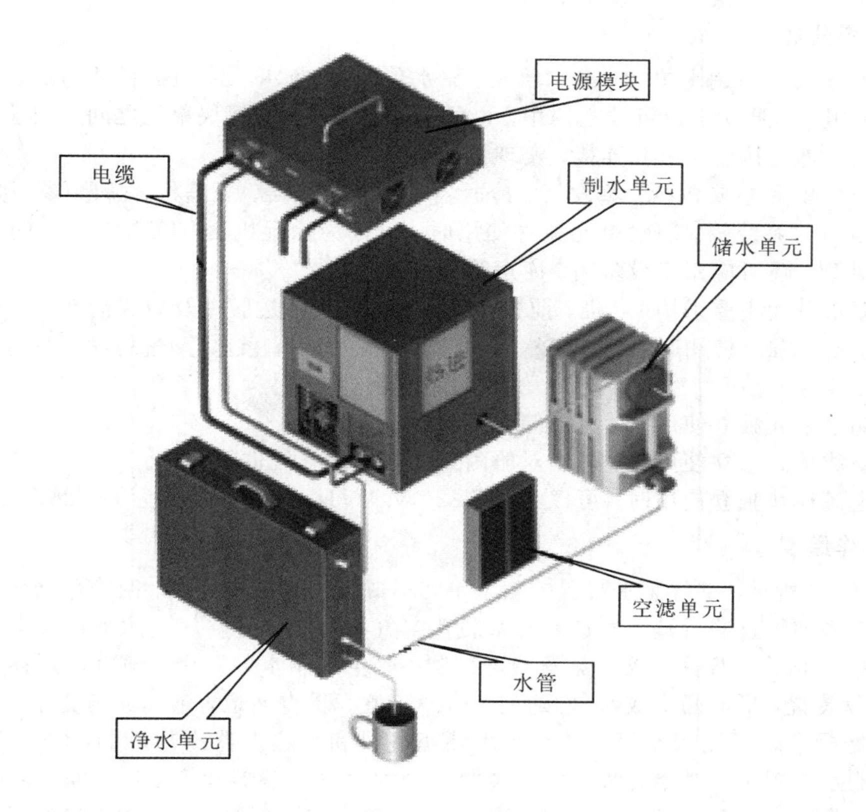

图 4-8　空气制水装置外貌图

1. 技术性能

空气净水装置性能和技术参数如表 4-1 所示。

表 4-1　空气净水装置性能和技术参数表

性　能		单　位	数　值
电源		V/Hz	～220/50，DC 24
额定工况	制水量	L/d	12.5
	消耗功率	W	500
噪声		dB(A)	60
使用环境温度		℃	5～46
使用环境湿度		RH%	10～90
外形尺寸(长×宽×高)		mm	340×350×420
重量		kg	26
制冷剂充注量(R134a)		kg	0.5
平均故障间隔时间		h	500

2. 结构分析

空气制水装置由制水单元、净水单元、储水单元、空滤单元、电源模块组成，采用模块化设计，可组合或拆分，也可独立使用，也可组合使用。五个模块单元之间用快速、可插拔的水管接头，电连接器及卡扣连接，实现快速组装和分离。

(1) 制水单元主要包括：蒸发器、冷凝器、空气换热器、压缩机、膨胀阀、风机系统、电加热器及电气系统等。制水单元独立使用时，可作为除湿机，为舱内或房间的空气进行除湿干燥处理；还可应用于设备间、库房等场所。

(2) 净水单元主要采用PP棉、前置活性碳滤芯、反渗透膜以及后置活性炭等四级净水过滤。净水单元独立使用时，可对自然水源(如河水、雨水、泉水等)进行净化处理过滤，获得饮用水。

(3) 储水单元独立使用时，可以储存水源。

(4) 空滤单元独立使用时，可以对舱内或者房间的空气进行净化。

(5) 电源模块独立使用时，可以将AC 220 V/50 Hz的电源转换为DC 26 V。

3. 工作原理

如图4-9所示，空气制水装置的制水单元形成了制水空气循环、制冷剂循环和水处理循环。空气经初级过滤后被风机送入制水装置空气循环，通过空气过滤器被经蒸发器冷却的干燥冷空气预冷，然后被送入蒸发器进行制冷。空气制水装置中，预冷换热器为板式显热型热回收装置，形成两组成90°的通道，第一通道为垂直通道，第二通道为水平通道。第一通道有冷凝水时可流入水槽，同时利用环境进风和经蒸发器冷却后的冷空气进行热交换。空气制水装置中，制冷剂循环将冷凝器拆分为第一冷凝器和第二冷凝器，其中第一冷凝器通过冷凝风机进行主换热，第二冷凝器通过来自预冷换热器第二个出口的风进行过冷换热，两者风量不同。水处理循环是将蒸发器和预冷换热器凝结出的水，通过水槽收集后接入集水箱，需要时通过水泵将水送往净化单元进行处理的过程。

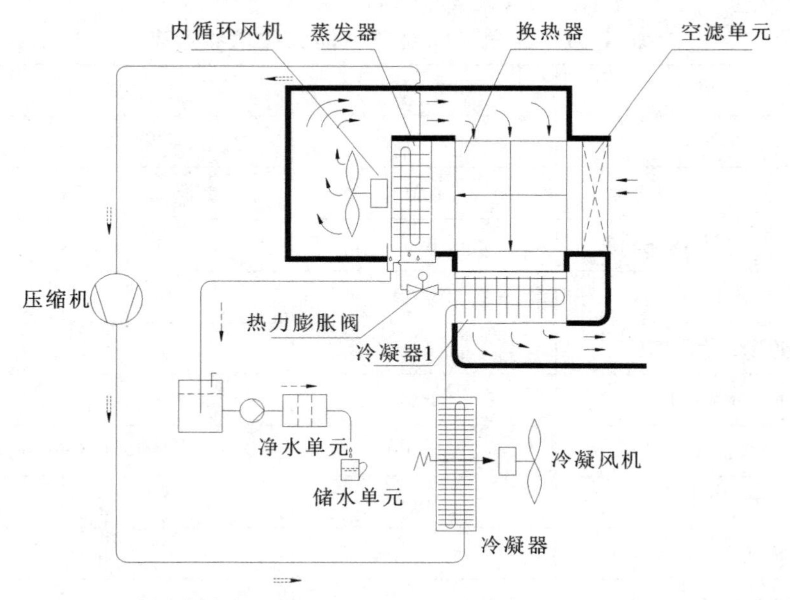

图4-9 制水工作原理图

4.2.3　电动净水装置

电动净水装置用于解决野外勘探、石油开采、基础设施建设等小规模人员在野营条件下的生活饮用水净化问题。该装置体积较小、重量较轻、操作简单、便于维护、工作可靠性高，如图 4－10 所示。

图 4－10　电动净水装置

1. 技术性能

(1) 水源符合 GB3838—2002《地表水环境质量标准》Ⅰ、Ⅱ类的水源，特殊情况下也可用于Ⅲ类水源的净化。

(2) 净水能力为 300～400 L/h。

(3) 出水水质符合国家《生活饮用水水质卫生规范》。

(4) 工作温度为 0～45℃。

(5) 耗电量为 390 W。

(6) 总质量(净重)为 26 kg。

(7) 主体外形尺寸为 300 mm×420 mm×865 mm。

2. 结构分析

电动净水装置由自吸泵、盘片过滤器、保安过滤器、超滤器以及紫光线杀菌器等主要部件组成。超滤器是电动净水装置的主要净水组件，超滤器内装有中空纤维超滤膜或陶瓷超滤膜，可除去细菌、胶体、悬浮杂质及大分子有机物。

3. 工作流程

净水装置工作流程见图 4－11。

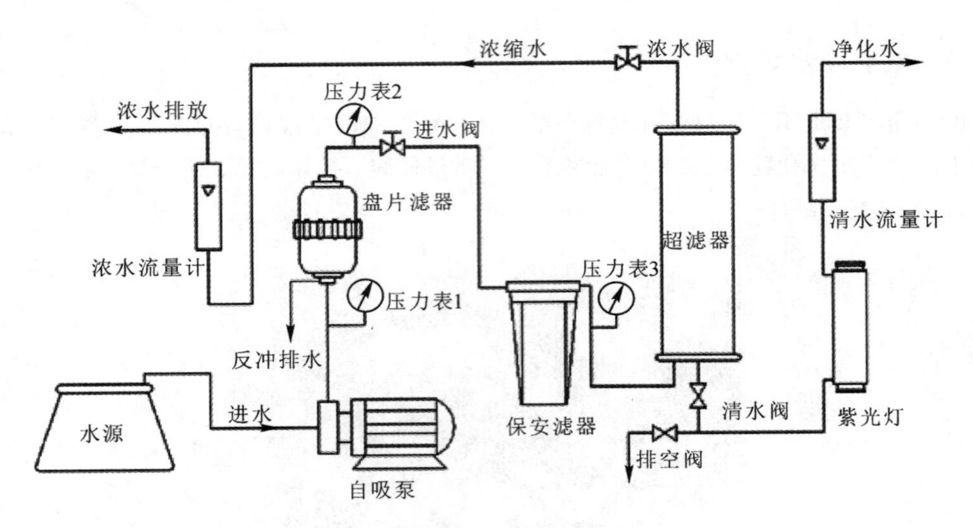

图 4-11　净水装置工作流程示意图

4.2.4　手动便携式净水器

手动便携式净水器适用于野外地质勘探、测量、小型船舶、抗洪抢险救灾和农村家庭的生活饮用水净化，也适用于野外探险、旅游等活动时供水。

1. 技术性能

(1) 适用水源：浑浊度小于 300NTU 的常规污染的地面水源。

(2) 产水量：100～150 L/h。

(3) 出水水质：达到《军队战时饮用水水质标准》(GJB651—89)的要求。

(4) 最大工作压力：0.6 MPa。

(5) 外形尺寸(长×宽×高)：460 mm×280 mm×390 mm。

(6) 质量：12.3 kg。

(7) 工作环境温度：1℃～46℃。

2. 结构分析

便携式净水器由不锈钢框架、浮球、压力表、内装组合滤芯、进水粗滤器和出水管等组成，如图 4-12 所示。

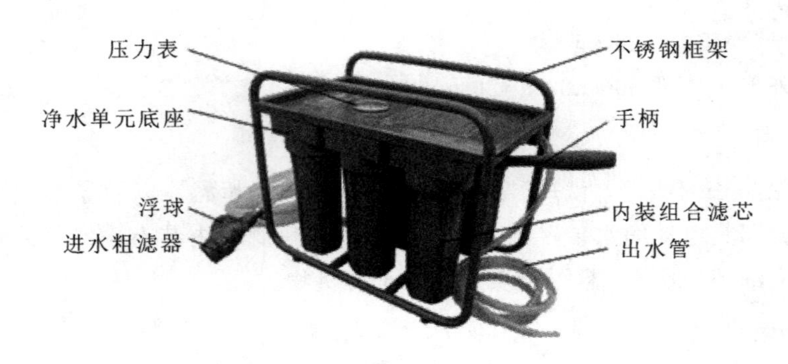

图 4-12　便携式净水器结构图

3. 工作流程

手动便携式净水器工艺流程如图 4－13 所示。

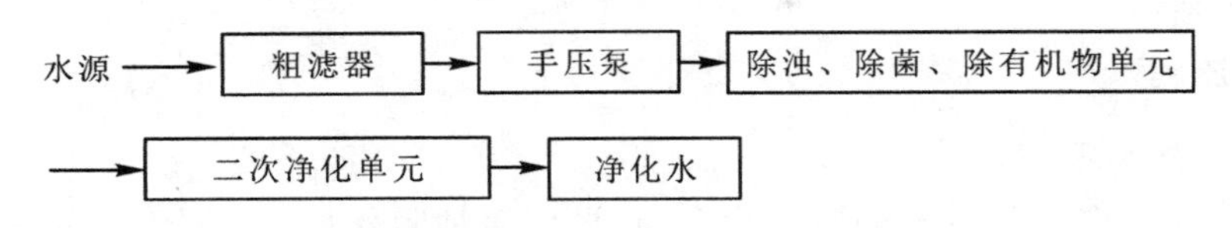

图 4－13　手动便携式净水器工艺流程示意图

水源经过粗滤器滤除水中较大的悬浮物，在手压泵的作用下进入除浊、除菌、除有机物单元，去除水中的悬浮物、胶体物和绝大部分微生物、细菌等有害物质，并吸附水中残存的致病微生物、有机物；再经过二次净化单元。该单元内装纳米金属簇净水滤料，其表面积和孔隙率是 KDF 的 100 倍以上，能有效去除饮用水中的汞、氟、铅、镉、铬、砷等重金属离子，降低水中有机微污染物的浓度，有效杀灭细菌、抑制其滋生繁殖，进一步提高出水的水质，满足饮用水的卫生安全要求。

4.2.5　背负式海水淡化装置

背负式海水淡化装置，用于解决特殊情况下人员必须以海水作为水源时的饮水保障问题。

1. 技术性能

(1) 水源：近海普通海水(含盐量≤35 000ppm，浊度≤200NTU)。

(2) 净水能力：预处理单元 450 L/h，海水淡化单元 30～50 L/h。

(3) 出水水质符合国家生活饮用水水质卫生标准。

(4) 工作温度为 5℃～45℃。

(5) 功率。预处理单元 1.1 kW(7000 r/min)，海水淡化单元 1.8 kW(7000 r/min)。

2. 结构分析

背负式海水淡化装置包括预处理单元、海水淡化单元，如图 4－14 所示。预处理单元和海水淡化单元可分开单用：当水源为一般地表或地下淡水时，可单独采用预处理单元进行净化处理；当水源为干净海水时，可单独采用海水淡化单元进行淡化处理。

图 4－14　背负式海水淡化装置外貌图

预处理单元主要包括 13 个组件，即四冲程发动机、流量计、压力表、盘片过滤器、吸水阀、调节阀、旋流沉淀物捕捉器、进水管缠绕盘、发动机开关、超滤器组件、旋涡泵、背带环、汽油箱。海水淡化单元主要包括 12 个组件，即进水流量计、净水流量计、油箱、高压表、反渗透组件、铭牌、高压调节阀、高压泵曲轴箱、高压泵头、四冲程汽油发动机、背带环支座、安装板。

3. 工作流程

1）预处理单元工作流程

预处理单元工作流程如图 4－15 所示。在漩涡泵抽吸作用下，原水被加压送入沉淀物捕捉器粗过滤，然后进入盘片过滤器进行精过滤，最后进入超滤器滤除细菌、病菌、胶体、有机物等。此时，出水分成两路，一路是过滤水，经本机的过滤水出口连接到海水淡化单元以供淡化后饮用或直接饮用(淡水)；另一路是浓缩水，流出排放。

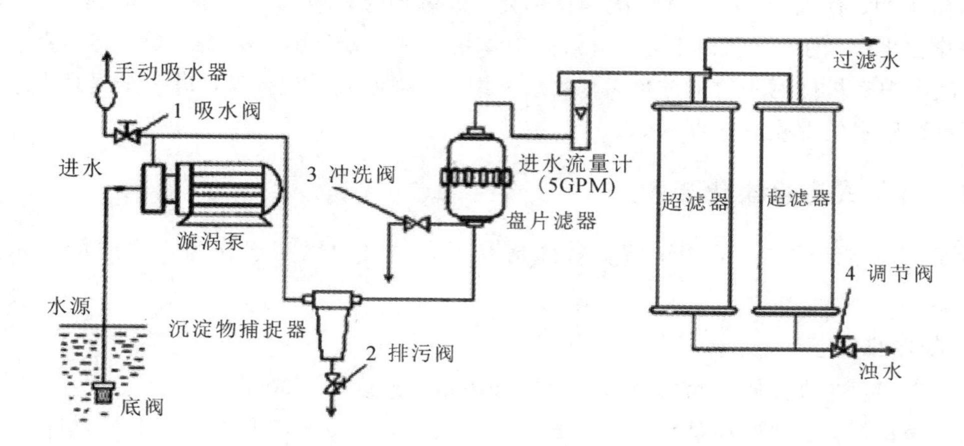

图 4－15 前置预处理单工作流程示意图

2）海水淡化单元工作流程

海水淡化单元工作流程如图 4－16 所示。在柱塞泵抽吸作用下，预处理单元输出的过滤水被加压进入反渗透膜组件将淡化水分离出来。此时，出水分成两路，一路是淡化水，经本机的净水出口导出以供饮用；另一路是浓缩水，流出排放。

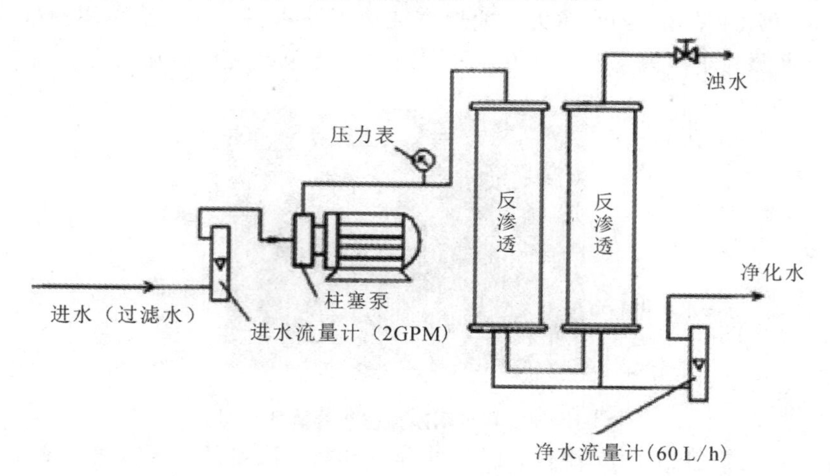

图 4－16 海水淡化单元工作流程示意图

4.3 储运水设备

我国市场上的储运水设备主要有硬质运水设备、软质运水设备和软质储水设备。

4.3.1 硬质运水设备

硬质运水设备主要有运水车和运水挂车。

1. 运水车

1) 技术性能

(1) 运水罐容积：6.4 m^3；

(2) 罐体传热系数：≤0.6 $W/(m^2 \cdot K)$。

(3) 运送水质：符合 GB 5749《生活饮用水水质卫生标准》要求。

(4) 水源距运水车高差(水泵吸程)：4 m；用水点距运水车高差(水泵扬程)：15 m。

(5) 装(卸)水能力(水泵流量)：额定 16 m^3/h。

(6) 注、放水时间：≤30 min。

(7) 展开时间：≤5 min(1 人操作)；撤收时间：≤5 min(1 人操作)。

(8) 外形尺寸：≤8045 mm×2500 mm×3095 mm。

(9) 总质量：≤20 500 kg(越野)。

(10) 整备质量：≤14 000 kg。

2) 结构与功能分析

运水车具备以下功能：

(1) 注水。把洁净水注入运水罐中。

(2) 放水。将运水罐中的水放出，供人员使用。

(3) 加热。冬季时将水加热，以提高其贮存时间、防止结冰影响使用。

(4) 清洗。自清洗运水罐内罐，以保证储运水质的清洁与安全。

(5) 储运管理。冬季使用时，对罐内水温、加热状态等进行监视、预测，以防止结冰。

运水车如图 4-17 所示。

图 4-17　运水车

运水车整车由底盘、运水罐、设备舱、副车架总成、挡泥板总成、工具箱总成、爬梯总成、后踏板总成、短管舱、水枪支架舱等组成。运水罐为椭圆形结构，前后分两部分，前部为水罐，后部为设备舱，外观上为一体式结构。运水罐由内罐、保温层、外蒙皮、软管舱、走台、人孔、设备舱、管道等组成。内罐主要由罐体、翼板、沉淀槽、横向防波板及纵向防波板等组成。罐体采用不锈钢板焊接而成，罐内设有横向防波板将罐体前后分隔成两舱，纵向防波板将罐体分隔成上下两层，在横向防波板和纵向防波板上均设有维护人孔，用于罐内的检修和清理。罐顶设有人孔及呼吸管，罐底设有沉淀槽，可通过排污口进行定期排污。设备舱安装在水罐后部，舱内安装有发动机泵、加热器和专家管理系统等；软管舱和工具箱各两个，分别对称安装在罐体两侧，软管舱内装有 6 条橡胶钢丝水管，工具箱内安装水枪、分水器、转换接头等附件；设备舱下部两侧安装有短管舱和水管支架舱各两个，分别放置连接短管和水枪支架。

3）设计计算

（1）质量、质心及行驶稳定性计算。

① 整车质量参数。通过测重和计算相结合的方法，确定相应部件的质量；通过设计相应部件所在的空间位置，计算其质心坐标值。统计、计算装备的总质量、质心坐标值以及轴荷分配。计算结果：运水车的质心位置应合理，轴荷满足底盘相应的改装条件。

② 整车稳定性能。运水车的纵向稳定性和横向稳定性都要进行分析计算。纵向稳定性包括上坡行驶和下坡行驶两种工况；横向稳定性包括侧坡直线行驶、水平路面上转弯行驶、在侧坡上向上转弯行驶、在侧坡上向下转弯行驶等工况下发生侧翻、侧滑等的条件以及极限车速。计算结果：运水车的稳定性能应不低于底盘要求，满足改装后不降低原底盘的机动性、通过性的要求。

（2）防冻计算分析。

① 数学模型。

运水装备内水温变化（未结冰未沸腾）时，传热主要有三个过程：

a. 运水装备外表面与室外空气之间的换热。

b. 中间保温层及运水装备组成材料之间的热传导。

c. 运水装备内壁与运水罐内水之间的换热。

运水车内热平衡关系式可表示为

$$
\begin{aligned}
q &= KF(t_w - t_a) = \alpha_i F(t_w - t_1) \\
&= \cdots \\
&= \frac{\lambda_i}{l_i} F(t_i - t_{i+1}) \\
&= \cdots \\
&= \alpha_o F(t_n - t_a)
\end{aligned}
\tag{4-1}
$$

式中，q 表示热量，w；K 表示综合换热系数，W/(m^2 · K)；F 表示运水装备换热面积，m^2，$F=\sqrt{F_i F_o}$，F_i 和 F_o 分别表示运水装备内表面积和外表面积，m^2；t_w 表示水温，℃；t_a 表示室外空气温度，℃；α_i 和 α_o 分别表示水与运水装备内壁之间、运水装备外壁与室外空气之间的换热系数，W/(m^2 · K)；λ_i 表示运水装备第 i 层材料的导热系数，W/(m · K)；

l_i 表示运水装备第 i 层材料的厚度，m；t_i 表示运水装备第 i 层材料的壁面温度，℃；n 表示运水装备共有 n 层材料组成。

由式(4-1)可推得

$$q=\frac{(t_w-t_a)F}{\frac{1}{K}}=\frac{(t_w-t_a)F}{\frac{1}{\alpha_i}+\sum_{i=1}^{n}\frac{l_i}{\lambda_i}+\frac{1}{\alpha_o}} \tag{4-2}$$

因此运水装备综合换热系数为

$$K=\frac{1}{\frac{1}{\alpha_i}+\sum_{i=1}^{n}\frac{l_i}{\lambda_i}+\frac{1}{\alpha_o}} \tag{4-3}$$

一般运水装备保温层只有一种材料，而内罐和外蒙皮都是较薄且导热性能良好的金属，此时式(4-3)变为

$$K=\frac{1}{\frac{1}{\alpha_i}+\frac{l}{\lambda}+\frac{1}{\alpha_o}} \tag{4-4}$$

当考虑运水装备装满水的情况，进一步忽略运水装备内壁与水之间的换热系数，此时

$$K=\frac{1}{\frac{l}{\lambda}+\frac{1}{\alpha_o}} \tag{4-5}$$

另外运水装备内水温的变化可用以下方程描述为

$$q=\rho_w c_w V_w\frac{dt_w}{d\tau} \tag{4-6}$$

式中，ρ_w 为水的密度，kg/m^3；c_w 为水的比热，J/(kg·℃)；V_w 表示运水装备内水的体积，m^3；τ 表示时间(单位为 s)。在工程应用中，一般取水的比热和密度分别为 $c_w=4182$ J/(kg·K)、$\rho_w=1000$ kg/m^3。

联立式(4-2)和式(4-6)，并假设初始时刻 $\tau=0$ 时，水温 $t_w=t_{w0}$。得到微分方程为

$$\begin{cases}\dfrac{(t_w-t_a)F}{\frac{1}{K}}=\rho_w c_w V_w\dfrac{dt_w}{d^{\tau}}\\ t_w=t_{w0}\,(\tau=0)\end{cases} \tag{4-7}$$

求解上述方程，可得运水装备水温变化为

$$t_w=t_a+(t_{w0}-t_a)e^{-\frac{KF}{\rho_w c_w V_w}\tau} \tag{4-8}$$

以上分析为被动保温的情况。如果运水装备初始水温较低，而环境温度也很低的情况下，就需要利用相关设备对运水车内的水进行主动加热。这种情况下，水温的变化由加热热源和环境传热引起。主动加热时，假设热源功率为 W，根据热力学第一定律，运水车内水温变化的方程可由式(4-7)推得为

$$\begin{cases}\dfrac{(t_w-t_a)F}{\frac{1}{K}}+W=\rho_w c_w V_w\dfrac{dt_w}{d\tau}\\ t_w=t_{w0}\,(\tau=0)\end{cases} \tag{4-9}$$

求解上述微分方程得到主动加热状态下的运水车水温变化方程式为

$$t_w = t_a + \frac{W}{KF} + \left(t_{w0} - t_a - \frac{W}{KF}\right) e^{-\frac{KF}{\rho_w c_w V_w}\tau} \tag{4-10}$$

(3) 被动保温理论计算。

运水车装满水时水量 $V_w=6.4\ m^3$，罐体内外面积分别为 21.17 m^2 和 23.152 m^2。在环境温度为－25℃，初始水温为 20.185℃条件下，理论计算值(依据式(4－8))与实测水温平均值如图 4－18 所示。

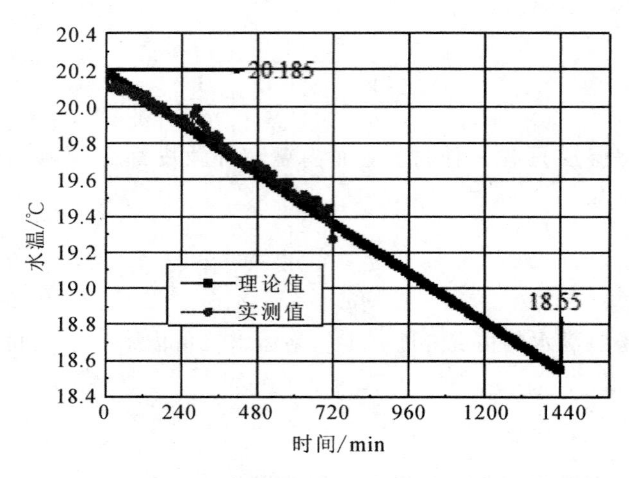

图 4－18 运水车被动保温水温实测与理论值比较

从图 4－18 可以看出，理论值与实测值非常吻合，运水车在上述条件下，24 小时后水温理论计算值为 18.55℃。因此，在环境温度为－25℃，初始水温为 20.185℃条件下，运水车的被动保温技术满足了性能指标要求。

以上理论计算考虑了运水车装满水的情况，还有必要考虑未装满水的条件下水温的变化。当运水车罐体内未装满水时，液面与罐体的上部存在湿空气，已知空气的定压比热为 1005 J/(kg·K)，而水的比热为 4182 J/(kg·K)。根据比热的定义可知：单位物量的物质，温度升高或降低 1 K(℃)所吸收或放出的热量。在标准条件下湿空气的密度为 1.2 kg/m^3，水的密度为 1000 kg/m^3，因此，对于同样体积的水和空气，温度升高或降低 1℃所吸收或放出的热量见表 4－2。

表 4－2 同样体积空气和水温度变化 1℃时传递热量比较

参数	介质	
	空气	水
体积(m^3)	V	V
密度 kg/m^3	1.2	1000
比热(J/(kg·K))	1005	4182
传递热量(J)	1206 V	4182000 V

从表 4－2 中可知，相同体积的空气和水温度升高或降低 1℃时，空气传递的热量要远远小于水传递的热量。当运水车内未装满水时的传热情况，相当于同样体积的湿空气代替了水，由于水直接与空气接触，可以认为空气温度一直保持近似与水温等同，考察未装满水运水车水温变化时，式(4－8)和式(4－10)继续适用，只是其水量 V_w 和换热面积 F 发生了变化。根据式(4－8)得到不同初始水温、不同环境温度，48 h 内运水车半罐水时的平均水温理论计算值，与满罐水比较，计算结果表明，半罐水情况比满罐水情况恶劣，即运水车罐内 4℃的满罐水，在－25℃环境下，24 h 后水温降至 2.95℃；运水车罐内 4℃的半罐水，在－25℃环境下，24 h 后水温降至 1.94℃。

(4) 主动加热理论计算。

运水车低温工作的极限温度为－41℃。在初始水温和环境温度较低的情况下，运水车的平均水温出现了低于 1℃的情况，此时在水罐罐底以及进出水口等部位就有可能出现结冰现象而影响运水车的使用。事实上，根据经验，在寒冷地区，当水温低于 4℃时，其他运水装备在放水操作时，水管中的水就已经开始结冰。

因此还有必要采取主动加热的技术来确保运水车的防冻性能。另外，提升运水车罐内水温，也增加了冬季人员用水的舒适度。运水车的主动加热热源采用柴油加热器。

根据式(4－10)，可推得

$$W=\frac{KF\left(t_a\mathrm{e}^{-\frac{KF}{\rho_w c_w V_w}\tau}-t_a+t_w-t_{w0}\mathrm{e}^{-\frac{KF}{\rho_w c_w V_w}\tau}\right)}{1-\mathrm{e}^{-\frac{KF}{\rho_w c_w V_w}\tau}}\tag{4-11}$$

根据式(4－11)，在－25℃环境温度条件下，将初始水温为 5℃提升至 8℃，耗费不同时间所需的热功率如表 4－3 所示。

表 4－3　运水车主动加热不同加热时间所需加热功率

序　号	加热时间(min)	功率(kW)
1	10	134.18
2	30	44.97
3	60	22.66
4	120	11.51

(5) 有限元仿真分析。

① 保温性能分析。

保温性能设计的目标为：运水车罐体内装满 4℃的水，在－40℃的外界环境中放置 24 h不结冰(罐体传热系数：≤0.6 W/m^2 · k)。采用有限元仿真分析，分析中聚氨酯的导热系数取值为 0.025 W/(m^2 · K)，罐体表面与空气的对流系数为 50 W/(m^2 · ℃)。

划分网格后的保温分析有限元模型如图 4－19 所示。根据上述要求施加边界条件后可以得到经过 24 h 后运水罐的温度分布如图 4－20 所示。

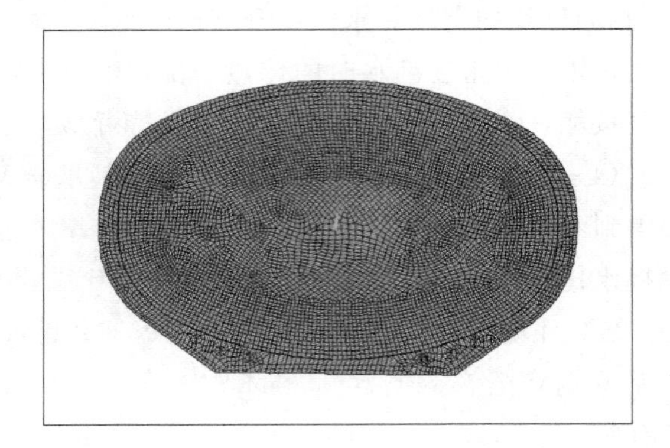

图 4-19 划分网格后的保温分析有限元模型

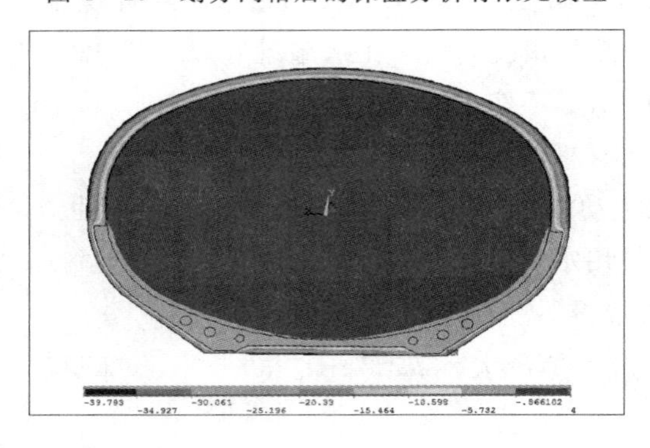

图 4-20 经过 24 h 运水罐的温度分布云图

由于设计保温层关心的是 24 h 后罐体内部水的温度，因此图 4-21 给出了罐体内部的水经过 24 h 后的温度分布情况。由图 4-21 所知：在与翼板与罐体相连接的区域出现了结冰现象，但是实际上运水车在运输过程中罐体内部的水是不停地进行晃动的，因此内部的水会进行热交换，即罐体内部的水平均温度不低于零度，原则上是不会结冰的，为此将罐体内部的水温进行了平均化处理，得到此时水的平均温度为 2.96℃，该数值与前边的理论计算数值 2.95℃高度吻合。这充分表明了该设计能够满足设计要求。

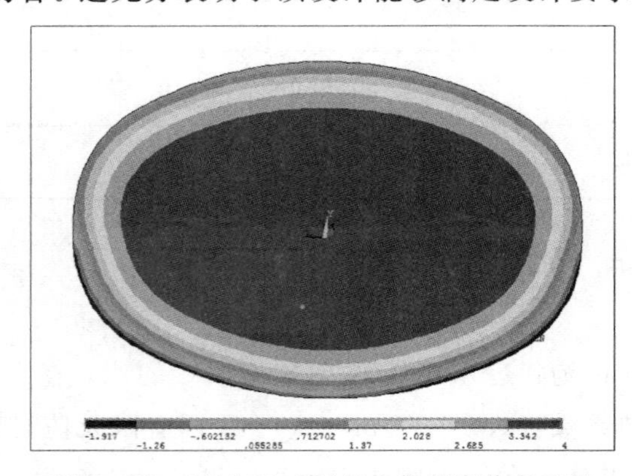

图 4-21 经过 24 小时后水的温度分布云图

② 运水车的结构安全性分析。

根据设计要求，采用 F 级路面 40 km/h 的行驶状态来模拟越野状态，在仿真分析中考虑液体的晃动冲击力影响，并且考虑钢板弹簧系统的缓冲作用，最后建立符合工程实际的运水车有限元力学性能分析模型，并进行分析计算。根据边界和约束条件划分网格后获得的运水车的有限元模型如图 4 - 22 所示。

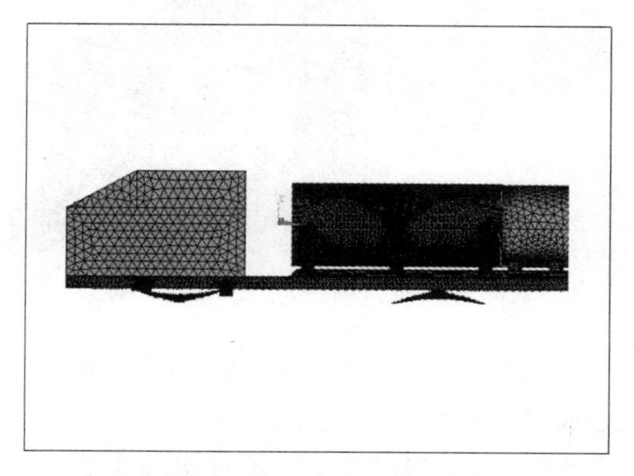

图 4 - 22　运水车的有限元模型

根据路面行驶条件、材料参数设置要求以及路面对轮胎的约束作用，将运水车进行有限元分析后得到了各个时刻的计算结果。图 4 - 23 给出了运水车罐体和副车架的整体应力有限元仿真分析结果，从结果中可以看到前后轮激励点的上方以及驾驶舱和罐体之间的车架是应力较大的区域，整车的最大应力达到了 92.4 MPa(出现在翼板支座上)，相对于不锈钢材料的强度极限来说是绝对安全的。为更清楚地了解各个部件的受力情况，对罐体附件及其支撑翼板系统、副车架、翼板支撑系统、罐体和防波板以及分层隔舱板的应力也应进行分析。

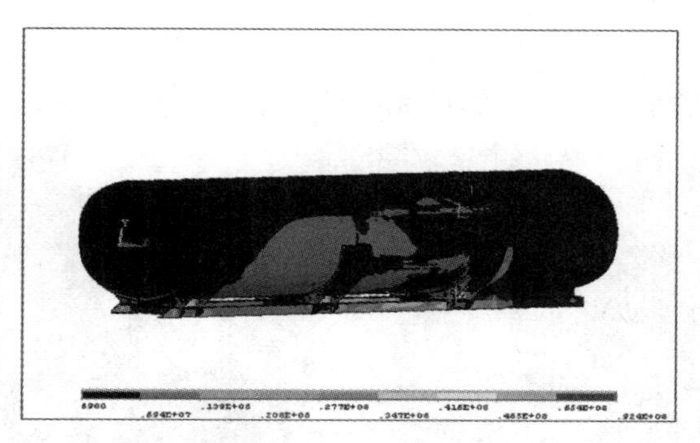

图 4 - 23　运水车罐体和副车架整体应用有限元仿真分析结果

(6) 运水车的晃动冲击力分析。

根据运水车结构方案以及结构设计图纸，建立液体晃动分析的流固耦合有限元仿真计算模型，进行液体晃动冲击力分析，并将冲击力分析结果作为结构强度分析的边界条件，在计算中以实时动载荷的方式进行考虑。

根据设计要求利用 F 级路面 40 km/h 的行驶状态来模拟液体晃动冲击力仿真分析的越野状态，以保证与结构分析时施加的路面激励相吻合。该设计分别模拟了正常行驶、爬坡状态和刹车状态的行驶工况，相关约束条件和路面激励施加的位置和方式与结构分析相同。流固偶合分析中涉及的结构材料也与结构分析中相同。运水车的液体晃动冲击力分析如图 4 - 24 所示。

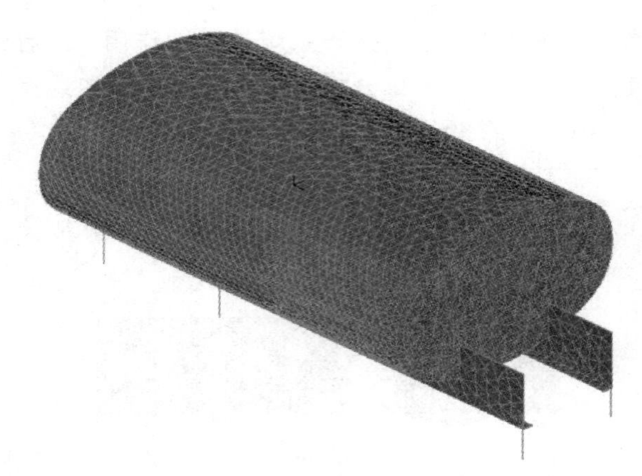

图 4-24 运水车的液体晃动冲击力分析

分别对上舱未满时(运水容积约 6 m^3，占整个罐体容积的 90%，约占上舱容积的 45%)和下舱未满时(运水容积约 3.64 m^3，约占整个罐体容积的 54%，占下舱容积的 70%)的情况进行晃动冲击力有限元仿真分析，分为以下几种情况：

a. 正常行驶状态时运水车的晃动冲击有限元分析；

b. 爬坡行驶状态时运水车的晃动冲击有限元分析；

c. 刹车行驶状态时运水车的晃动冲击有限元分析。

通过分析发现，在整个冲击过程中，液体对罐体的平均冲击力，下舱装载量为 70%工况条件比整个罐体装载量为 90%的极端工况条件要大，这表明可能 70%装载量条件下液体的晃动冲击力对罐体的疲劳强度影响较大，因此如果进行疲劳强度分析时，需要考虑下舱不是满载条件下的晃动冲击力的极端情况。

2. 运水挂车

运水挂车主要用于供水。运水挂车如图 4-25 所示。

(a) 侧面 (b) 后面

图 4-25 运水挂车

1) 技术性能

(1) 外形尺寸(长×宽×高)：4150 mm×2230 mm×1985 mm，最大总质量：3600 kg，额定装载质量：2000 kg。

(2) 轮距：1950 mm，离去角为 27°(满载)。

(3) 最小离地间隙：360 mm，驻车制动坡度：20%，最小转弯直径：17.7 m。

(4) 手摇泵流量：65 L/min。

(5) 对水源要求：符合 GB5749《生活饮用水卫生标准》要求的洁净水。

(6) 罐体保温性能：挂车贮水 2 t，在水温与环境温度相差 30℃情况下存放 24 h，罐内水无结冰现象。

(7) 环境适应性：湿度：不大于 95%(25℃)，贮存温度：－55℃～70℃，工作温度：－25℃～46℃。

2) 结构与功能分析

运水挂车主要由挂车底盘、副梁部件、贮水罐、罐罩及工具箱、手动泵等组成，贮水罐位于罐罩之下。工具箱位于挂车左侧，放置输水软管、药瓶、随车工具等，手动泵箱位于挂车右侧，安放手动泵，两根吸水管放置在罐罩两侧的圆柱型管箱内。

3) 工作流程

运水挂车具有汲水、运水、贮水、供水等功能。运水挂车的工作流程为：运水挂车开赴至水源点，汲水至贮水罐，然后运回用水点供水。

原水为符合国家规定的生活用水卫生标准的洁净水，不需净化，取回原水直接供人员饮用。其中，注、供水工作流程分别如图 4－26、图 4－27 所示。

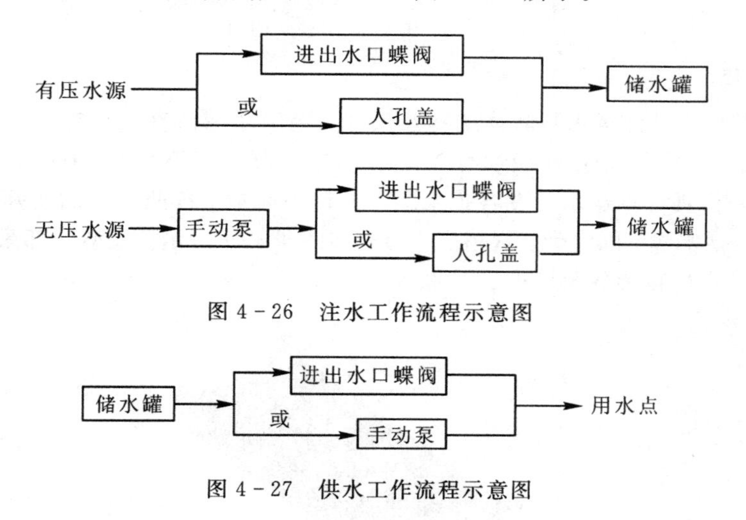

图 4－26　注水工作流程示意图

图 4－27　供水工作流程示意图

4.3.2　软质运水设备

软质运水设备主要是运水囊，又称软体运水囊，有 4 m^3、6 m^3 和 10 m^3 三种规格。软质运水设备与运输车配套使用，主要用于野外条件下的人员生活用水保障。

1. 技术性能

(1) 空囊质量(4 m^3、6 m^3、10 m^3)：24 kg、51 kg、100 kg。

(2) 外形尺寸(4 m^3、6 m^3、10 m^3)：3900 mm×2000 mm、4800 mm×2400 mm、5800 mm×2400 mm。

(3) 工作温度：0～46℃。

(4) 储存温度：－55℃～70℃。

(5) 容水量：4000 L、6000 L、10000 L。

(6) 工作压力：0.03 MPa～0.035 MPa。

(7) 排空时间：30 min。

2. 结构与功能分析

运水囊采用 TPU 涂层织物制造，囊体可折叠，自身质量轻；采用密封拉链设计，方便清洁囊体内层；采用带压固定方式运水，消除了钢质容器运输的“水涌”不安全因素。

软体运水囊由囊体、进出水系统、气口和紧固系统组成，如图 4-28 所示。

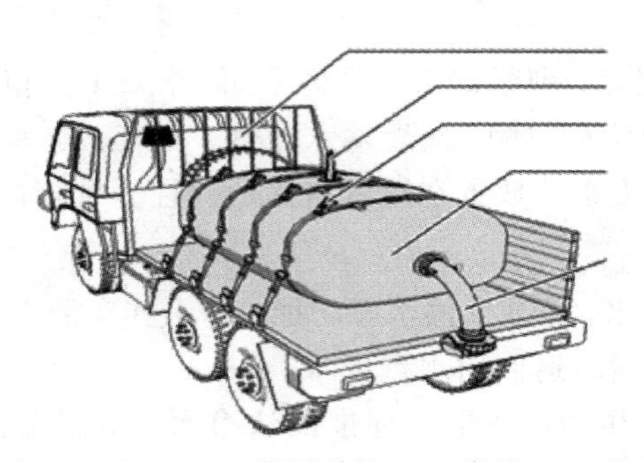

1—运输车；2—气口；3—紧固系统；4—囊体；5—进出水系统。

图 4-28　软体运水囊结构图

3. 设计计算

根据车厢尺寸，设计运水囊囊体结构及尺寸。运用动态仿真与计算对运水囊工作状态下的晃动问题进行分析，采用非线性有限元分析软件 LS-DYNA，并采用显式积分和 ALE 流固耦合方法来仿真计算运水囊在各种工况下的动态响应。按照产品的实际几何尺寸建立有限元模型，包括水囊、固定带、货箱底板等，如图 4-29 所示。模型全部采用壳单元，并根据实际材料设定材料参数及厚度。

图 4-29　运水囊有限元模型

运水囊囊体材料为 TPU 涂层织物，属于各向异性的非线性材料，采用数字散斑测试技术对其泊松比进行测试，测试结果可知：在其屈服应力前(1000N)和塑性变形后(6000N)的泊松比值很大，在其正常使用的应力下的泊松比值在 0.3～0.5 之间，因此在运水囊动态仿真与计算中材料的泊松取值应在 0.3～0.5 之间。

计算机仿真计算主要针对运水囊典型工况进行，主要包括：注水和加固过程、制动过程、加速过程、转弯过程、装卸过程、加压过程等。计算结果：在各种工况下，囊体材料和固定带受到的最大应力发生在运水囊装卸过程；而质心位移最大值发生在制动过程中，说明囊体在各种工况下车载运输稳定、安全。为有效验证仿真计算的结果，以及为固定装置提供最直接的设计依据，采用有效测试技术测试固定装置在不同工况下受到的拉力，结果表明：与计算机动态仿真均匀下拉固定带时受力值的结果十分相近。

4. 材料选择

依据运水囊的使用功能及相关技术性能要求选择运水囊材料。运水囊的使用功能主要是野外运水，其材料在耐水、抗穿刺、防霉、耐磨、抗菌、储水卫生、耐老化、拉伸强度、撕破强度、剥离强力等性能方面要具备一定的要求，另外质量要轻。

国内外先进的软体储运水器材中，TPU 涂层织物以其良好的卫生安全性和耐老化性占有绝对优势。采用 TPU 涂层织物制作大容量运水囊，材料上需重点解决两方面的问题；一是提高基布织物强度；二是提高 TPU 与织物的复合牢度。根据力学分析计算结果和可靠性设计要求，10 m^3 运水囊材料拉伸强度指标为 10 000 N/5 cm；6 m^3 运水囊材料拉伸强度指标为 7000 N/5 cm；4 m^3 运水囊材料强度指标为 5000 N/5 cm；不同容积的运水囊选择的基布织物强度应分别大于以上对应的强度指标。TPU 与织物的复合牢度可通过以下几方面研究来确定解决措施：

(1) 增加织物表面的粗糙程度。如在基布中使用喷流长丝，在织物表面形成蓬松结构，有利于涂层的浸润、渗透和铺展，增加涂层与基布的接触面积。该方法可有效提高涂层的复合牢度，有研究表明，当使用一定量的喷流长丝时，涂层剥离力提高了一倍左右。

(2) 织物表面的化学改性。该方法主要是指通过化学反应在织物表面引入极性基团和(或)反应性官能团，是目前橡胶帘线处理的主要方法，可借用于涂层织物，该方法可显著提高涂层的复合牢度。有研究表明，采用该方法处理并经粘合层上胶的浸胶涤纶和锦纶帆布与橡胶的复合牢度可达 480 N/5 cm 以上。

(3) 研究反应性胶粘剂。要求胶粘剂与涂层及基布表面的官能团具有一定的反应性，且胶粘剂本体强度大，保证剥离破坏不发生在粘合层。

4.3.3 软质储水设备

目前，野外储水设备主要有 0.5 m^3、1 m^3、2 m^3、5 m^3 等系列软体储水罐。

1. 技术性能

(1) 容水量：0.5 m^3、1 m^3、2 m^3、5 m^3 等。

(2) 储水卫生性：无毒、无味，不污染水质。

(3) 使用环境温度：0～70℃。

(4) 储存环境温度：－40℃～70℃。

2. 结构与功能分析

系列软体储水罐适于野外或无固定储水设施条件下使用，是保障人员野外生活用水的一种供水装备。储水罐由罐体、防尘盖及地布组成。罐体与防尘盖用三节环带连接。罐口为环形浮圈，设有单向气阀。注水时，充气后的浮圈随水位上升自动浮起，放水时浮圈随水位下降自行落下。盛满水的储水罐呈圆台形，其外形如图 4－30 所示。

图 4－30　系列软体储水罐外形图

采用有限元结构分析软件或其他方式，对储水罐装满水时罐体受力情况进行分析，分析结果表明：储水罐罐体结构不会出现撕破、断裂等现象。

3. 材料性能

储水罐罐体和防尘盖材料为聚氨酯涂层织物，这种材料强度高，重量轻，无毒、无味，不污染水质，可高频热合。罐体外部为迷彩伪装色，其涂层耐老化性能好。罐体内为淡黄色，其涂层耐水性好。2 m^3 软体储水罐罐体材料主要性能见表 4-4。

表 4-4 2 m^3软体储水罐罐体材料主要性能

项　目		性能参数
物理性状		迷彩色；无毒，无味；柔软
幅　宽（m）		1.72±0.02
质量(g/m^2)		≤700
断裂强力(N/5 cm)	T	≥2000
	W	≥1800
断裂伸长(%)	T	≤23
	W	≤20
涂层剥离力(N/5 cm)		≥50
老化性能(碳弧老化机，h)		1200
低温性能		−40℃可折叠，不脆裂
高温性能		70℃不发黏
浸　水		无低分子物析出

注：W代表横向，T代表纵向。

4.4 输配水设备

4.4.1 管线输水

输配水是野外应急供水中的重要环节。输配水设施应根据当地条件、水源条件、用水需求等确定。本节主要介绍管线输水。

管线输水适用于大流量输送水情况。山地地形可通过管线输水上山。常用的输水管材是钢管、聚氨酯软管和玻璃钢管，由于软管具有撤收、铺设方便的特点，还具有表面光滑、水流阻力小、抗震和抗弯曲性能好、重量轻、安装迅速等优点，是野外条件下输水的较理想管材。

目前已有 40 km 的输水管线系统，整套系统由四个泵站、两个作业车(铺设和撤收软管)、一个检修车和一个指挥(巡线)车及 40 km 软管、13 个集装箱、24 个 25 立方米软体储水罐构成。整个管线铺设时使用一套北斗计算机辅助定线系统定位泵站位置，泵站之间也可以用北斗系统通信。

1. 性能参数

(1) 管线总长：40 km，并可以 10 km 为一单元进行延伸。

(2) 日输水能力：400 m^3。

(3) 储水能力：600 m^3。

(4) 展开地：平原与丘陵地区，沿管线地形高差不大于200 m。

(5) 作业时间：展开8 h，撤收16 h。

(6) 水源水质条件：符合GB5749《生活饮用水卫生标准》要求的洁净水。

(7) 工作温度：0～40℃。

(8) 储存极限温度：－20℃～50℃。

2. 结构与功能分析

1) 管线作业车

管线作业车是一种集软质输水管线的铺设、撤收、装卸、运输功能于一身的作业车辆(见图4-31)，是输水管线的组成装备之一。

图4-31　管线作业车

管线作业车的特点是：具有侧铺功能，管线铺设后不影响后续车辆通行；撤收系统实现了撤收速度与作业车行驶速度同步，复杂路况下也可手动无级调速；自装卸功能可完成管线专用集装箱自装自卸，或为其他运输车辆装/卸载。

管线铺设有以下几种方法。

(1) 作业车直接铺设。当铺设道路较宽，管线铺设后不影响其他车辆通行，或紧急铺设时可采用作业车直接铺设的方法。作业车直接铺设见图4-32。

(2) 作业车侧铺。通过侧铺装置将管线铺设在道路一侧，不影响后续车辆通行。作业车侧铺见图4-33。

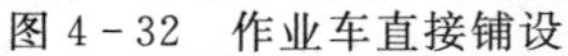

图4-32　作业车直接铺设

图4-33　作业车侧铺

(3) 载重汽车铺设。当管线集装箱由载重汽车运达铺设地域时，无需倒载至管线作业车，也可完成管线辅设，实现多车同铺，缩短铺设时间。

(4) 管线撤收。集装箱内的管线顺集装箱长度方向呈“之”字形往复码放。

2）管线检修车

管线检修车在输水管线工作时，对全线进行实时有效的检查维修，从而做到随时发现故障随时抢修，将故障产生的影响降到最低。

（1）作业功能。

① 泵站维修：立式多级泵更换与故障维修；对泵站的电路、电器及发电机组进行现场维护、检修；发动机保养与维修，加注柴油、机油。

② 对管线作业车的电路、电器及液压系统进行现场拆件检修和维护。

③ 软体储水罐粘补与抢修。

④ 对部分金属件进行简单的加工维修、抢修、作业。

⑤ 对损坏的输水软管进行更换。

（2）构造特点。

管线检修车由EQ2102型底盘、大板式厢体及轴带无刷发电机、卧式空压机、扎管机、小推车、立式泵等部分组成。管线检修车还配有附件箱、灭火机、201扁提捅、备胎，以及各种常用工具、常用测量仪器等。管线检修车如图4－34所示。

图4－34　管线检修车

3）泵站挂车

泵站挂车是输水管线系统的增压设备，由底盘、厢体、发动机、主水泵、潜水泵、逆变器、电磁离合器、加药装置等组成。泵站挂车如图4－35所示。

图4－35　泵站挂车

泵站挂车的特点是：泵站挂车可根据预设压力，自动调节柴油机水泵的转速，保持出水压力的稳定。在柴油机转速不断变化的前提下，发电机应用多级正弦逆变技术，确保稳定的交流电输出，以使用电设备正常工作。潜水泵的应用改变了柴油机水泵只能依靠负压汲水的缺点，使柴油机水泵的应用范围得以扩展。

泵站挂车的工作原理是：首先起动柴油发动机，带动发电机输出交流电，再经整流、滤波、逆变后向潜水泵提供电能，同时，发动机通过连轴装置直接带动主水泵，将潜水泵供给的水向外输送。

4）计算机辅助定线系统

计算机辅助定线系统由卫星接收机、笔记本电脑、定线程序、车载天线及连接线路组成。它可以实时接收并处理卫星信号，确定系统所在地的三维坐标，优化管线的铺设线路，对多泵站及减压阀进行定点，计算管线的水力参数等，使管线的铺设和运行有序化和可视化。

计算机辅助定线系统的工作原理是：将载有该系统的车辆沿管线预设地域全程行驶，由吸顶式车载天线接收或直接由卫星信号接收机接收卫星信号，通过连接线路将信号传送至笔记本电脑，电脑内的导航程序对这些数据进行处理，并根据管线的各项参数进行水力学计算，得出管线中各点的压力分布，从而确定出中继泵站和减压阀的布设位置，以及管线的铺设长度，并在计算机上进行图形显示。

3. 设计计算

1）整车质量、质心及轴荷分配

管线作业车、管线检修车、泵站都需要进行整车质量、质心及轴荷分配计算。

2）泵站的确定

由输水管线的设计日输水能力（400 m^3）以及设备的日工作时间（20 h），确定泵站的工作流量为 20 m^3/h。泵站的扬程可表示为

$$H_{bz}=h_y+h_j+h_{md}+\Delta h_{sm} \tag{4-12}$$

式中，H_{bz}为泵站扬程（m）；H_y为输水管路沿程水头损失（m）；H_j为输水管路局部水头损失（m）；H_{md}为末端要求水头（m）；ΔH_{sm}为始末端地形高差（m）。

由水力学公式计算得出：30 km 管线最大沿程水头损失约为 1.65 MPa，局部水头损失不计，每个供水单元沿线地形高差不超过 70 m，管线末端也应有 20 m 左右剩余水头作为下一级泵站的进水压力，则每个供水单元泵站应提供的最小扬程为 146 m。泵站扬程确定为 150 m。

主泵选定两台变频增压机组并联而成。该机组的出水压力设定为 5 bar～15 bar，在此范围内，输水量可根据用户用水量的大小，在 5 m^3/h～20 m^3/h 之间自动调节，压力控制精度为 0.1 bar。潜水泵选择 Q30-4 型潜水泵，额定流量为 20 m^3/h，额定扬程为 40 m。

3）用电负荷计算

管线检修车和泵站挂车均由发电机组供电。发电机组功率由上装各用电设备的总和，再考虑高原使用的功率损耗等来确定。净水车采用底盘取力发电。泵站挂车选择 P30E 柴油发电机组，额定功率 24 kW，三相，水冷；管线检修车选择 SB-WZ-20 型轴带无刷发电机，利用汽车发动机作为动力，取力工作，输出功率 20 kW。

4）加药量计算

泵站挂车和管线检修车都配备了氯消毒装置，用来确保终端给水站或配水站水质的安全。操作人员统计消毒剂的用量、加药时机等，计算加药泵的流量、扬程，以及加药箱的容积等。泵站挂车工作时，由计量泵抽取药箱中 5%浓度的 ClO_2 液注入管线中，管线检修车的加药量由输送水质而定。

4.4.2　配水挂车

配水挂车主要解决野外水站向运水设备、用户等快速分发水的难题。

1. 性能参数

(1) 系统总长：标配 1 km。

(2) 配水流量：额定 15 m^3/h。

(3) 储水能力：60 m^3。

(4) 水质条件：符合生活饮用水卫生标准要求。

(5) 工作温度：0～46℃。

(6) 储存极限温度：－55℃～70℃。

(7) 展开/撤收时间：≤1 h。

2. 结构与功能分析

配水挂车主要由底盘、厢体、蓬布、水泵机组、发电机组、储水罐、配水软管、手推车和电气控制系统等组成，如图 4－36 所示。

图 4－36　配水挂车

配水挂车具有将单一取水点分散成 2～5 个取水点的功能。首先根据水源情况确定水站位置，然后按照水站周围地形地势确定加水点位置，铺设配水挂车软管至各加水点，形成供水网络。运水车、运水挂车等运水设备在各加水点加水，随到随加。当宿营点距离水站较近时，还可由水站直接向宿营点供水。

3. 设计计算

1) 箱体结构、吊装设计计算

根据实际图纸，按照 1∶1在有限元软件 cosmos 中建立模型。该设计采用横梁单元对模型进行划分网格。按照实际的受力情况将载荷加到相应的横梁上加载重力。当箱体结构计算时，将箱体底部横梁固定，对模型进行静力分析，最大应力为 55.6 MPa，而材料的屈服强度为 235 MPa，安全系数大于 4，满足使用要求。当吊装计算时，将辅车架固定，在顶部四个角点施加指向于同一点的力，其竖直方向合力为 3500 kg，经过分析后，最大应力为 129 MPa。安全系数为 1.8，满足使用要求。

2) 质心及稳定性计算

通过测重和计算相结合的方法，确定组成挂车单体独立部件的质量及质心。建立坐标系，通过设计总图确定相应部件所在的空间位置，计算确定其质心坐标值。计算挂车的总质量及整个挂车的质心坐标值。结果表明：挂车实际总质量 $G_{总}$ = 3273 kg，满足 $G_{总}$ <

3500 kg；挂车质心位置在车轴中心偏前 96.5 mm；偏离挂车对称轴线向右 8.4 mm，质心高度 1257 mm。

对牵引环支撑载荷进行计算，计算结果为 96.2 kg，满足挂车牵引环载荷要求。对挂车质心高度进行计算，计算结果为 1259 mm，低于要求的 1393 mm，挂车行驶稳定。对侧翻稳定系数进行计算，计算结果为 0.769，满足侧翻稳定系数 $\varepsilon \geqslant 0.7$ 的要求。

3）*水力计算*

水力计算主要是对不同管径和流量下每 km 聚氨酯软管的沿程水头损失及相应的流速进行试算，合理选配管径，另外确定水泵的流量和扬程。

配水管选择双面复合聚醚型聚氨酯（TPU）涂层织物软管，不同管径 TPU 软管的阻力系数见表 4－5。

表 4－5　不同管径 TPU 软管的阻力系数

规格 DN(mm)	50	65	80	100
阻力系数 A	6.77×10^{-3}	1.72×10^{-3}	7.5×10^{-4}	$*1.72\times10^{-4}$

注：* 表示该数据为经验值。

按照水力学计算公式，对不同管径和流量下每 km 聚氨酯软管的沿程水头损失及相应的流速进行试算，结果见表 4－6。

表 4－6　水力计算

流量/(m³/h)	沿程水头损失/(m/km) / 流速 v/(m/s) DN50	DN65	DN80	DN100
4	8.5 / 0.57	2.0 / 0.33	1.0 / 0.22	0.2 / 0.14
6	19.0 / 0.85	5.0 / 0.50	2.0 / 0.33	0.5 / 0.21
8	33.5 / 1.13	8.5 / 0.67	3.5 / 0.44	0.9 / 0.28
10	52.0 / 1.41	13.5 / 0.84	6.0 / 0.55	1.4 / 0.35
12	75.2 / 1.70	19.1 / 1.00	8.3 / 0.66	2.0 / 0.42
15	117.5 / 2.12	29.9 / 1.26	13 / 0.83	2.9 / 0.53
16	133.7 / 2.26	34.0 / 1.34	14.8 / 0.88	3.6 / 0.56
18	169.2 / 2.55	43.0 / 1.51	18.7 / 0.99	4.3 / 0.64
20	208.9 / 2.83	53.1 / 1.67	23.1 / 1.11	5.31 / 0.71

由表 4－6 可知，当流量为 15 m³/h 时，DN50 管径沿程水力损失太大，DN100 的管径流速又太慢，DN65 和 DN80 管径较为合适。从经济性及减轻软管的体积、重量方面考虑，选用管径 DN65 的软管为宜。

配水挂车水泵包括潜水泵、增压泵、加药泵三种。水泵计算内容主要是水泵流量和扬程的计算。潜水泵、增压泵的流量按照配水挂车的实际保障需求而定。潜水泵与增压泵配套，从储水罐抽水，其扬程不必太大，20 m 以内即可满足使用要求。由于实际开设配水点以及配水点的分水位置都是不确定的，由野外实际应用场景而定，故增压泵的扬程并不能固定一个数值，但不能小于 50 m，否则会限制分水点的开设。加药泵的流量由加药溶液的浓度、配水挂车的设计流量、加药量等综合确定，加药泵的扬程由配水挂车的系统压力、安装的管路等确定。

4）发电机组计算分析

分析配水挂车各用电设备及用电量要求，统计上装总用电量，考虑高原使用功率下降等因素，确定发电设备功率及其他参数，以此作为发电机组选型依据。配水挂车采用三相超静音柴油发电机组供电。

5）加药量计算分析

依据所配送水质以及药品有效含量，确定药剂投加量。由药剂投加量、配水系统额定流量以及加药罐中的药剂浓度，可以计算出加药泵的额定流量。加药泵的扬程由配水系统水压而定，要高于系统水压。

4.5 洗浴设备

目前，野外洗浴设备有淋浴车和模块化淋浴装置等。

4.5.1 淋浴车

淋浴车用于野外条件下保障人员洗浴。

1. 性能参数

（1）最大洗浴能力：48 人次/h。

（2）环境适应温度：−25℃～40℃。

（3）海拔高度：<3000 m（>1000 m 后应按国家有关标准修订锅炉、暖风机、发动机功率，相应减少洗浴人数）。

（4）总质量：10940 kg。

（5）整车外形尺寸：长×宽×高为 7726 mm×2460 mm×3150 mm。

（6）车边帐篷外形尺寸：侧墙高×宽×长为 3150/1800 mm×3000 mm×4300 mm。

（7）展开撤收时间：50 min（4 人操作）。

2. 结构与功能分析

淋浴车采用 EQ2102 型东风汽车底盘，上装大版式厢体。厢体分隔成两个功能间，即洗浴间和设备间。更衣间通过搭建车边帐篷来扩展获得。淋浴车如图 4-37 所示。

图 4-37　淋浴车

洗浴间内布置有洗浴防滑垫、肥皂架、环状供水管路和淋浴喷头等。撤收状态下，洗浴间内固定有储物箱、衣物架、帐篷、水罐、潜水泵等物品。设备间内布置有发电机、暖风机、自吸泵、净水器、紫光灯、锅炉、臭氧发生器等设备。撤收状态下，发电机用螺杆固定于设备间，工作时，发电机抬至车下。更衣间设置在车边帐篷里，摆放不锈钢储物箱、衣物架、衣帽架等。此外，还可根据需要架设一个或两个车边帐篷。

3. 工作流程

1）水处理系统工作流程

当河流或水库中的水作为淋浴车水源时，需进行净化处理。潜水泵将河流或水库中的水抽取到储水罐内，经过简单的沉淀，再由自吸泵泵入净水器内，对水中的悬浮物及胶体物质进行过滤，然后经过紫外线杀菌器消毒，再经过臭氧发生器对水进行二次杀菌及分解水中的有机物(除色、除味)，产出可供洗浴的洁净水。淋浴车净化流程如图 4-38 所示。

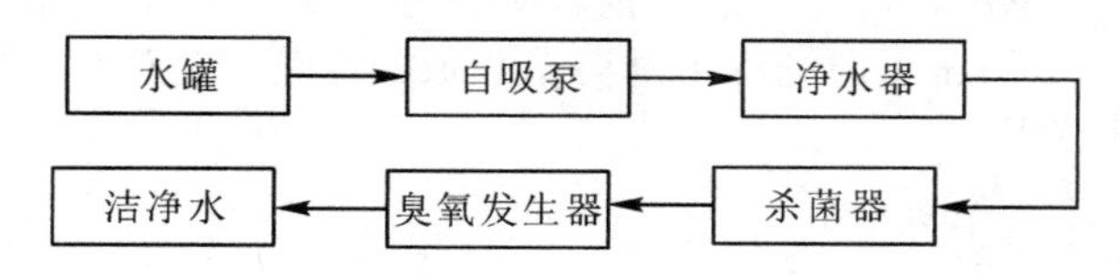

图 4-38　淋浴车净化流程示意图

2）热水系统工作流程

净化处理后的水分成两路，一路直接进入冷热水比例混合阀冷水进水端；另一路经过燃油锅炉加热(水温在 70℃左右)后进入冷热水比例混合阀热水进水端，冷热水混合阀通过内置的感温元件及调整设定的温度，将冷热水充分混合后产出设定温度的温水，供人员洗浴使用。淋浴车水系统(水处理、热水)的工作流程图如图 4-39 所示。

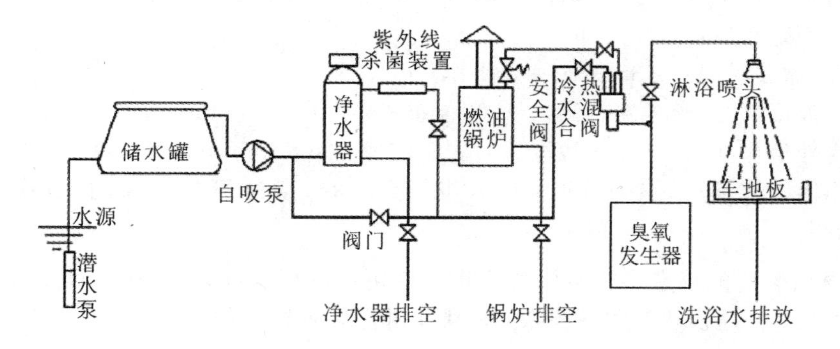

图 4-39　淋浴车水系统(水处理、热水)的工作流程图

4. 设计计算

1）整车质量、质心及轴荷分配

统计上装(包括副车架和厢体)各部件的质量，计算整车总质量；确定各部件的位置坐标，计算上装质心位置；统计并计算各轴荷质量分配；可通过计算或计算机模拟仿真分析整车行驶稳定性、结构安全性等(可选)。改装后的车辆应不降低原车底盘的性能要求。

2）结构强度计算

运用结构分析软件对淋浴车副车架、箱体、连接件等各个部件的结构强度进行计算分析，并结合路试进行验证。

3）用电负荷计算

统计各用电设备的耗电量以及起动电流，计算上装总用电量及最大电流，确定发电机组功率、电压、电流等参数，以此作为发电设备选型或研制的依据。

4）锅炉供热量计算

锅炉是淋浴车的重要组成部件，应按照淋浴车系统供水量、冷热水温度提升值等因素考虑安全系数，计算锅炉供热量。

5）淋浴间、更衣间面积计算

按设定的人均洗浴时间以及淋浴车小时洗浴能力来计算淋浴间有效洗浴面积。更衣间面积应不小于淋浴间面积。

6）水泵选型计算

淋浴车水泵包括潜水泵、增压泵两种。潜水泵、增压泵的流量应按照淋浴车的供水流量而设定。由于水源不固定，故潜水泵的扬程无法按照某一个固定的应用实例进行计算，通常按 50～70 m 确定；增压泵的扬程由淋浴车采取的净化工艺流程、管路及淋浴喷头最小水头等按照水力学计算得到。

4.5.2 模块化淋浴装置

模块化淋浴装置用于野外条件下保障人员洗浴。

1. 性能参数

（1）洗浴能力：不小于 45 人次/h。

（2）洗浴水温调节范围：35℃～42℃。

（3）洗浴水温稳定度：±2℃。

（4）洗浴水源符合饮用水卫生标准的要求。

（5）系统额定流量：1800 L/h。

（6）展开/撤收时间：≤35 min(4 人操作)。

（7）箱体外形尺寸(长×宽×高)：1000 mm×600 mm×840 mm。

（8）帐篷外形尺寸(长×宽×边高/顶高)：4300 mm×4500 mm×2000/2850 mm。

（9）各箱体的质量：主体箱 190 kg，发电箱 180 kg，帐篷箱 200 kg，附件箱 160 kg。

2. 结构分析

模块化淋浴装置的特点是按结构与功能的模块化进行设计，共分四个功能模块：主体模块、发电模块、帐篷模块和附件模块，模块化淋浴装置组成如图 4-40 所示。

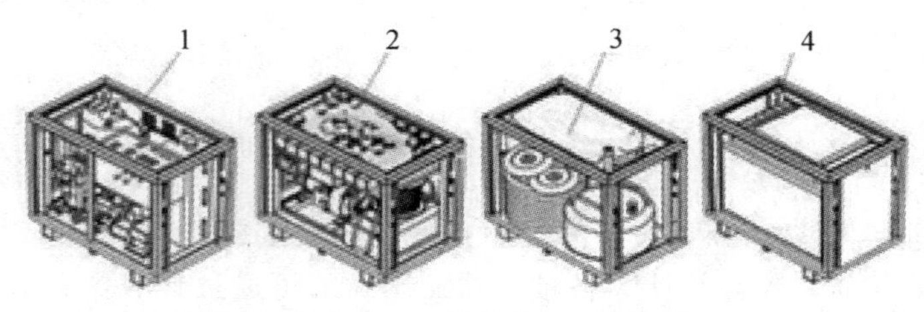

1-主体箱；2-发电箱；3-附件箱；4-帐篷箱。

图 4-40 模块化淋浴装置组成

1）主体模块

主体模块内部固定有加热设备、供水设备、冷热水混合装置、管路、电控箱、油箱等，其主要功能是加热、供应淋浴水。

2）发电模块

发电模块内固定有柴油发电机组、电缆卷盘等，其主要功能是发供电。

3）附件模块

附件模块内放置有软体水罐、淋浴架、水座、水管等。

4）帐篷模块

帐篷模块内放置有充气帐篷，其主要功能是提供更衣及洗浴场所。

各模块单元可分开单独使用：主体模块可单独供热水，发电模块可单独作为发电机组使用，帐篷模块可单独作住用帐篷使用。各模块单元以箱体分装，箱体的外观、尺寸相同。全套模块合成后构成野营洗浴系统。

3. 工作流程

模块化淋浴装置工作流程如图4-41所示。增压泵抽取软体水罐水，一路经盘管加热器加热后进入冷热水比例混合阀；另一路经减压阀减压后进入冷热水比例混合阀，在阀中冷热水混合成淋浴用水，经水座再次调节后，通过淋浴架，实现淋浴。

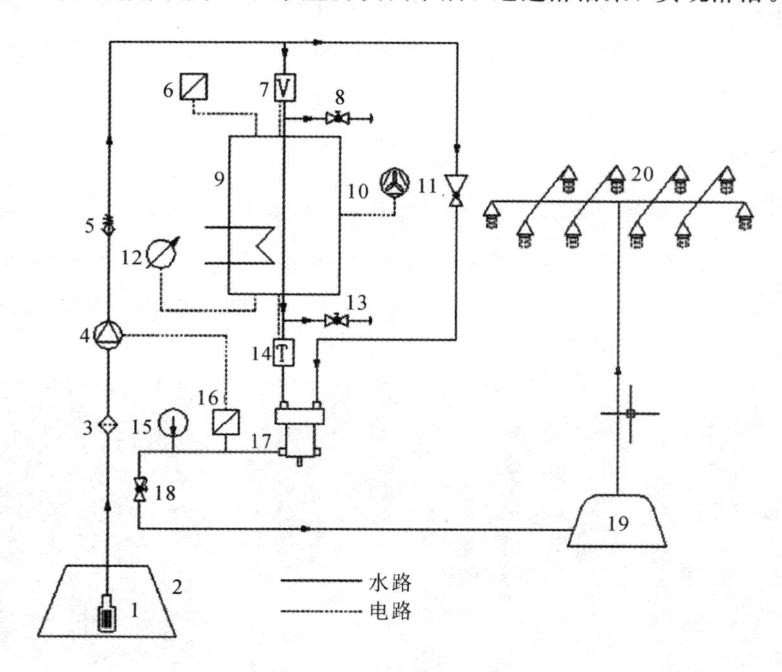

1—底阀；2—软体水罐；3—过滤器；4—增压泵；5—止回阀；6—供油电磁阀；7—流量开关；8—排空阀；9—盘管加热器；10—风机；11—减压阀；12—温度调节器；13—排空阀；14—加热器出水温度传感器；15—淋浴水温传感器；16—压力开关；17—冷热水混合阀；18—水量调节阀；19—水座；20—淋浴架。

图4-41　模块化淋浴装置工作流程图

4. 设计计算

1）箱体结构强度计算

运用结构分析软件对模块化淋浴装置各箱体主体框架的结构强度进行计算分析，验证结构设计在各种工作状态下的安全性和可靠性。按框架均匀承受 300 kg（箱体实际最大质量 200 kg）总载荷进行模拟拉压、起吊、叉车搬运、手抬搬运、轮子推行等各种状况，分析结果能满足使用要求。

2）用电负荷计算

统计各用电设备的耗电量以及起动电流等参数，计算上装总用电量及最大电流，确定发电机组功率、电压、电流等参数，以此作为发电机组选型或研制的依据。

3）锅炉供热量计算

锅炉是模块化淋浴装置的重要组成部件。应按照系统供水量、冷热水温度提升值等因素考虑安全系数，并计算锅炉供热量。

4）帐篷选型计算

按设定的人均洗浴时间和模块化淋浴装置小时洗浴能力来计算淋浴间有效洗浴面积。更衣间面积应不小于淋浴间面积。

5）水泵选型计算

模块化淋浴装置的水泵只有增压泵一种。增压泵的流量由设定的模块化淋浴装置的供水流量而定，增压泵的扬程由模块化淋浴装置采取的管路和淋浴喷头最小水头等按照水力学公式计算得到。

4.5.3　其他户外洗浴装置

目前市场已有的户外洗浴装置有很多，如户外用于洗浴、更衣、如厕的帐篷，洗浴可以采用户外淋浴器、洗澡器、便携自吸式简易桶，以及户外移动淋浴房。户外淋浴设备如图 4－42所示。这些洗浴设备具有免安装、利用太阳能加热、携带方便、操作简易等特点，但每一个淋浴设备能够满足使用的人数较少。

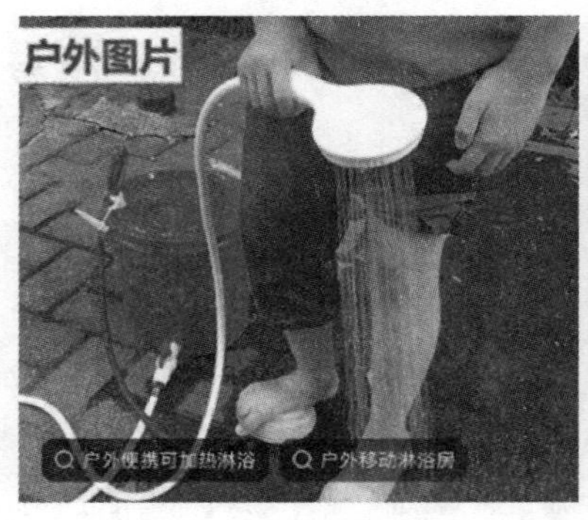

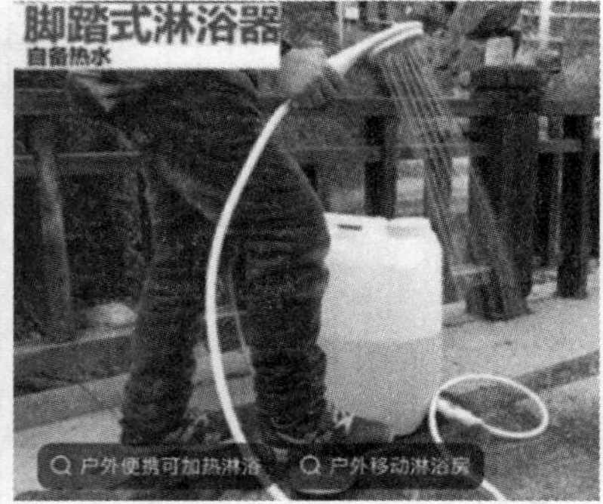

图 4－42　户外淋浴设备

4.6　如厕设备

本节主要介绍箱组式野外厕所、帐篷式厕所。

4.6.1　帐篷式野外厕所

帐篷式厕所采用箱组式技术形式，多个箱组式厕具组合使用，用于团队野外工作、训练如厕保障，如野外工作队、勘探队、石油开采、探险队等。帐篷式厕所外貌如图4-43 所示。

图 4-43　帐篷式厕所外貌图

1. 性能参数

(1) 单个包装箱质量≤75 kg。

(2) 帐篷使用面积≥12 m^2。

(3) 冲水量≤0.5 L/次。

(4) 储水容量≥450 L。

(5) 污物收集方式：高压冲洗、负压抽吸。

(6) 污物排放方式：通过管路排放至集便坑内自然降解或市政排污车接纳处理，排放距离≥30 m。

(7) 蹲位数量≥6 个。

(8) 包装尺寸：包装箱(长×宽×高)为 1000 mm×800 mm×600 mm，帐篷杆件包装尺寸 ≤L1800×ϕ400。

(9) 展开尺寸(长×宽×檐高×脊高)：≥7000 mm×3000 mm×2500 mm×3000 mm。

(10) 展开时间：≤1 h/6 人(不包括场地平整)；撤收时间：≤1 h/6 人。

2. 结构分析

帐篷式厕所采用箱组式的技术形式，由帐篷、箱式厕具(集便器)、冲水系统、负压抽吸系统、控制系统和附件等组成，帐篷式厕所构成如图 4-44 所示，帐篷式厕所展开效果如图 4-45 所示。

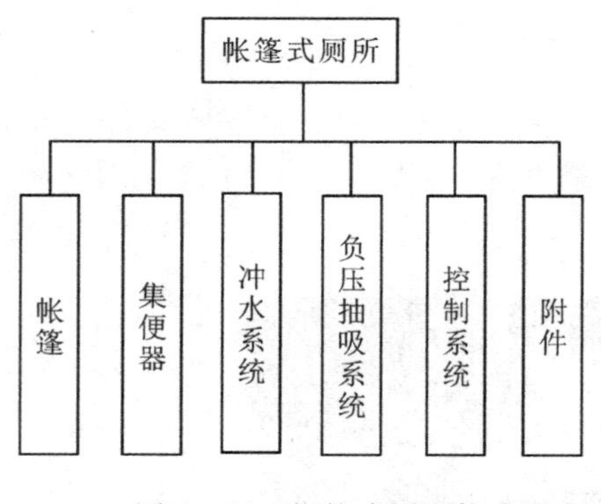

图 4-44 帐篷式厕所构成图

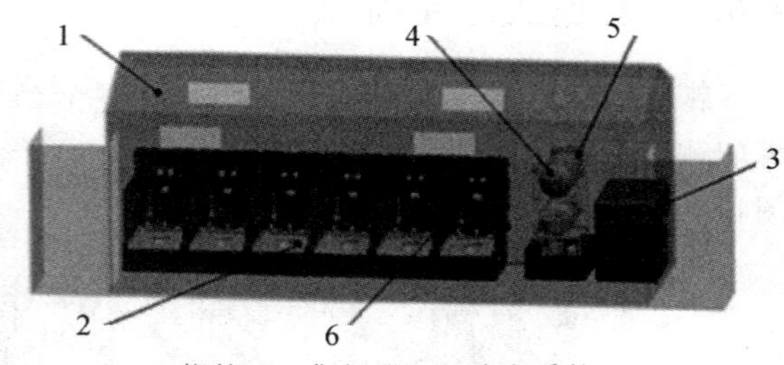

1-帐篷；2-集便器；3-冲水系统；
4-负压抽吸系统；5-控制系统；6-附件。

图 4-45 帐篷式厕所展开效果图

3. 工作流程

将帐篷式厕所预先搭建到指定位置，依次接通水路、气路、电器线路等各种管路，上电并开机检测各连接管道的气密性，同时对各控制模块进行系统自检。帐篷式厕所内放置有六个箱组式厕具，可以单独使用，也可同时使用。如厕后按下按钮，负压抽吸系统将真空管道抽为负压状态，当达到预设的负压阈值时，真空界面阀在压力差的作用下张开，真空控制单元控制水阀按设定打开的时间进行冲水，真空泵开始工作，污物被吸入真空泵中，同时将真空泵内的污物绞碎后排入集污坑。该厕所具有缺水报警，当室外温度低于0℃时，箱式厕具内、储水囊、排污管道电加热丝自动加热，当箱组内达到设定温度(5℃)时，电加热丝自动停止加热；并配备洗手池、高压冲水喷枪及排风装置，保障如厕人员的舒适度，达到环境卫生、无臭味的要求。

1）冲水系统的工作流程

当整个单元上电时，增压泵判断水囊的水位，无水时，停止且自动保护；有水时，增压泵从水囊中将水泵入各个厕位压力罐中，检测到水压力到达 0.4 MPa 时，水泵会切断电源让系统处于待机状态。当人员如厕后冲水时，压力罐中压力用水下降，当检测到的压力值为 0.25 MPa 时，增压泵再次启动并判断水箱内是否有水进行下一次泵水动作。冲水系统的工作流程见图 4-46。

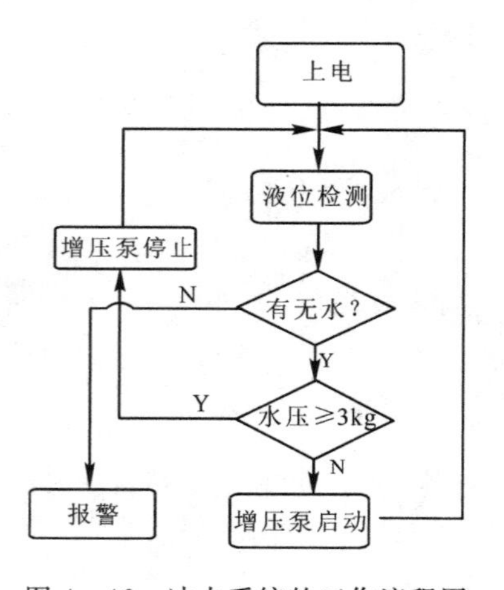

图 4-46 冲水系统的工作流程图

2）控制系统工作流程

真空排污控制系统流程如图 4-47 所示。

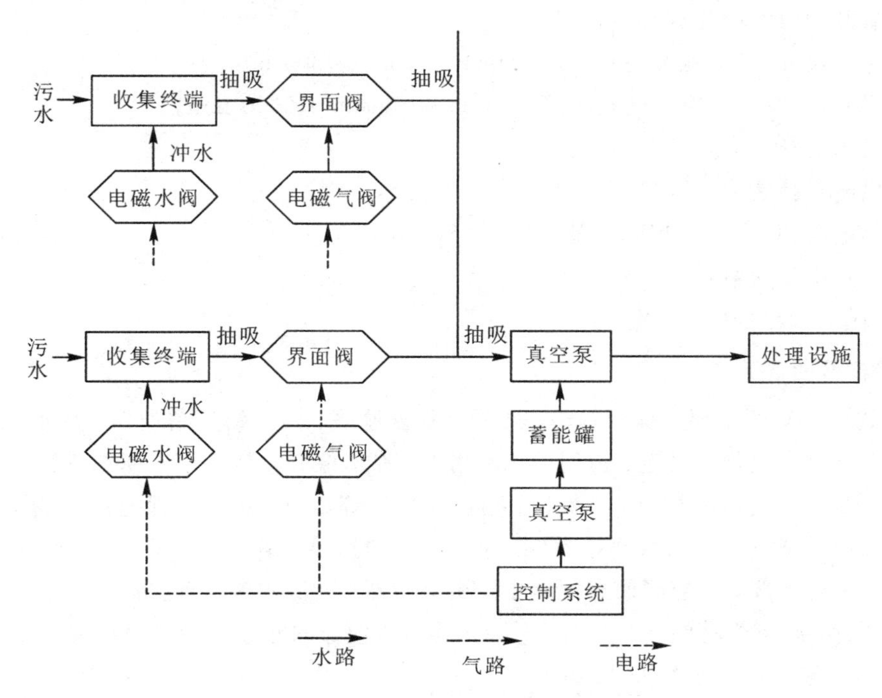

图 4-47　真空排污控制系统流程图

4.6.2　箱组式野外厕所

箱组式野外厕所是一种野营生活保障器材，主要满足野外勘探、石油开采、公路铁路建设、救护所等单位，用于野外工作、训练等活动时如厕使用。箱组式野外厕所收拢状态如图 4-48 所示，箱组式野外厕所展开状态如图 4-49 所示。

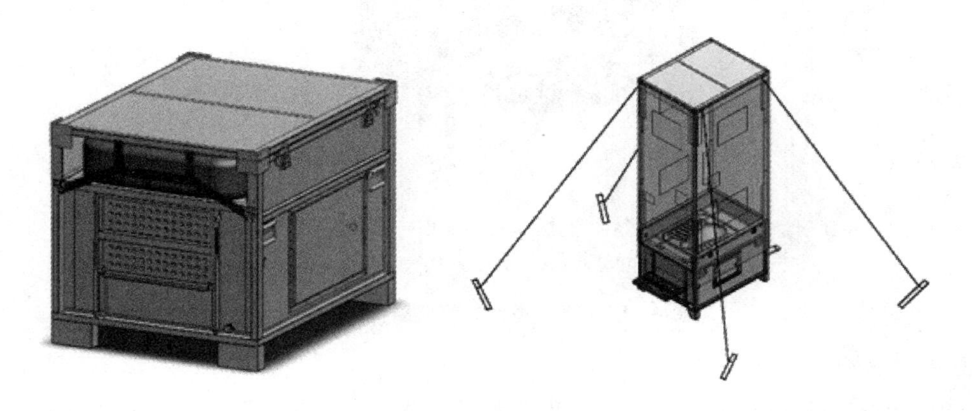

图 4-48　箱组式野外厕所收拢状态　　图 4-49　箱组式野外厕所展开状态

1. 性能参数

箱组式野外厕所主要性能参数如下：

(1) 日保障能力为 25 人。

(2) 单箱(包)重量≤100 kg。

(3) 展开撤收时间为≤15 min/2 人。

(4) 包装尺寸(长×宽×高)：1000 mm×800 mm×800 mm。

(5) 展开尺寸(长×宽×高)：≤1300 mm×800 mm×2600 mm。

(6) 供水自持能力：12 h。

(7) 供暖自持能力：24 h。

(8) 耗电功率：≤1.5 kW(交流 220 V、50 Hz 电源)。

(9) 水箱保障次数：≥75 次。

(10) 耗水量：≤0.5 L/次。

2. 结构分析

箱组式野外厕所主要由保温箱体、迷彩型保温遮篷、真空蹲便集便器、冲水恒压单元、排污真空发生器、电加热装置、控制单元和附件组成。保温箱体采用不锈钢方管、不锈钢板和保温板制成，主要由下箱体、踏板、上箱盖和提手等组成。迷彩型保温遮篷为支杆结构，杆件为通头插接式，篷布为数码迷彩牛津布。附件包括导便管、防雨罩、照明灯、遮篷加热器、工具包和电源线。真空蹲便集便器主要由集便器、冲洗水嘴、真空集污罐、真空泵、排污阀、导便管、减震管等组成，如图 4-50 所示。集便器内侧涂有特氟龙涂层。减震管内侧涂有特氟龙涂层，减少污物粘附。

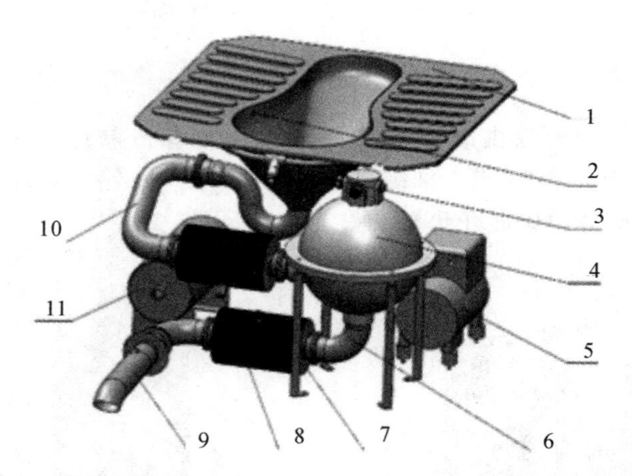

1—集便器；2—冲洗喷嘴；3—水路；4—真空集污罐；5—真空泵；6—排污管路；
7—排污阀；8—电磁阀；9—导便；10—减震管；11—压力罐。

图 4-50　真空蹲便集便器结构示意图

3. 工作流程

系统上电后自检环境温度、水位，符合工作要求后自吸泵、真空泵开始工作，增压水罐、压力罐参数达到预定值，处于待机状态。启动冲洗按钮，水路电磁阀开启将压力水打入集便器，同时真空泵工作，真空集污罐产生真空达到预定值，吸污界面阀打开，污物被吸入真空集污罐内，界面阀关闭。随后排污界面阀打开，压力罐为真空集污罐内输入压缩空气，将污物排出，如图 4－51 所示。

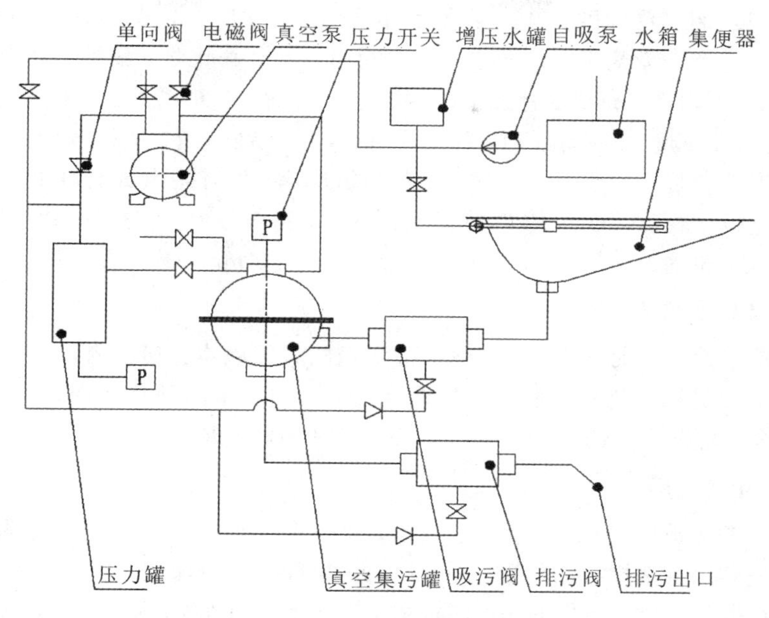

图 4－51　箱组式野外厕所结构示意图

4.7　水质检测设备

适用于野外供水水质检测设备主要有 WEF91-2 检水检毒箱、WES-02 检水检毒箱、水质理化检验箱、便携式细菌培养箱、水质细菌检验箱及其他净水药材等。

1. WEF91-2 检水检毒箱

WEF91-2 检水检毒箱是供卫生人员进行水源选择、评价水质、判断水处理效果和实施饮水卫生监督的检验装备；也是化学战时侦察饮水和军粮是否染毒及进行评价的检验装备，如图 4－52 所示。

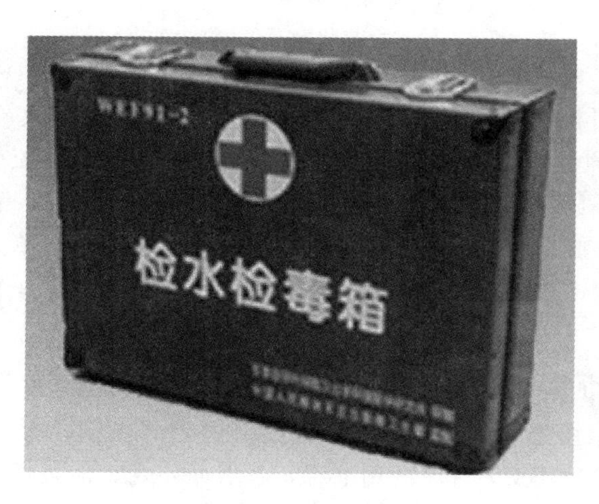

图 4－52　WEF91-2 检水检毒箱

检水检毒箱可检测一般水质指标、常见毒物和军用毒剂指标共29项，能完成的检测项目：温度、色、臭、味、浑浊度、肉眼可见物、pH值、总硬度、氨氮、总铁、氯化物、亚硝酸盐氮、硫酸盐 、余氯、游离氯、结合氯、漂白粉有效氯、氟化物、酚类、六价铬、氰化物、砷、汞、镉、铅。军用毒剂部分：神经性毒剂、化学战剂、有机磷农药。检水检毒箱主要采用试纸、试剂管、检测管等简易剂型，单元式组装，一次性使用，进行定量、半定量或定性检测。其灵敏度符合野战饮水卫生要求，操作简易快速，每只箱内试剂可供50次以上的检测用，试剂稳定(可储存3～5年)。箱体为铝合金箱，箱内分检水、检毒和军用毒剂三部分，各用塑料盒包装。箱的总体积为490 mm×350 mm×140 mm，重约8.5 kg。

2. WES-02 检水检毒箱

WES-02检水检毒箱是WEF91-2检水检毒箱的升级版本，其检测技术比WEF91-2型先进，检测方式由目视比色与仪器定量检测相结合。两者检测项目相同，箱体形状基本一致。WES-02检水检毒箱总体积为49 cm×35 cm×17 cm，重约13 kg。

3. 水质理化检验箱

水质理化检验箱适用于基层卫生防疫人员，地表水、地下水、工业废水、野外施工人员，地质勘探人员进行水源选择、水质评价、水处理效果判断和实施饮水卫生监督的检验装备，也可用于环保卫生部门水质监督中的快速测定和小自来水厂的自检，如图4-53所示。

图4-53　水质理化检验

水质理化检验箱可检测一般水质指标和常见毒物指标，如温度、色、臭、味、肉眼可见物、浑浊度、pH值、氨氮、亚硝酸盐氮、总硬度、总铁、氯化物、硫酸盐、漂白粉有效氯、总余氯(游离氯、结合氯)、氟化物、六价铬、酚类、砷、氰化物、汞、镉、铅、钡、硼等共23项。水质理化检验箱主要采用试纸、试剂管、检测管等简易剂型，单元组装，一次性使用，进行定量、半定量或定性检测。其灵敏度符合野外饮水卫生要求，操作简易快速，试剂稳定(可储存三年以上)。

4. 便携式细菌培养箱

便携式细菌培养箱用于食品、水质等细菌检测时培养细菌，体积小、重量轻、便于携带。便携式细菌培养箱采用交、直流两用电源，适用野外或其他条件下使用。一般情况下，使用220 V交流电即可，特殊情况需用直流电源时，培养箱底部的电池盒可装10节GNY5

型镉镍电池，其箱内的充电器可对蓄电池进行充电，并具有电池过充电和过放电保护装置。如图 4－54 所示，该培养箱也可外接 12～15 V 直流电源，箱体的总体积为 330 mm×190 mm×235 mm，温室容积为 147 mm×127 mm×132 mm，重量约为 5.7 kg，温度范围为20℃～50℃。

图 4－54　便携式细菌培养箱

5. 水质细菌检验箱

水质细菌检验箱适用于各级卫生防疫部门，水厂及饮水卫生检验单位、野外工作单位等在实验室或野外条件下进行水中细菌总数和大肠菌群的检验，必要时还可进行水中肠道致病菌(沙门菌属和志贺菌属)的检验。箱内还装有新研制的沙门菌属志贺菌属选择培养基，必要时可进行常规检验，并可获得准确的检验结果。整套装置由采样检验箱和微型培养箱两部分组成。采样检验箱为铝合金材质，掀开提箱式。水质细菌检验箱采用交、直流两用电源，可在没有交流电条件下使用。如图 4－55 所示，箱体体积为 495 mm×380 mm×145 mm，重量约为 6.5 kg。

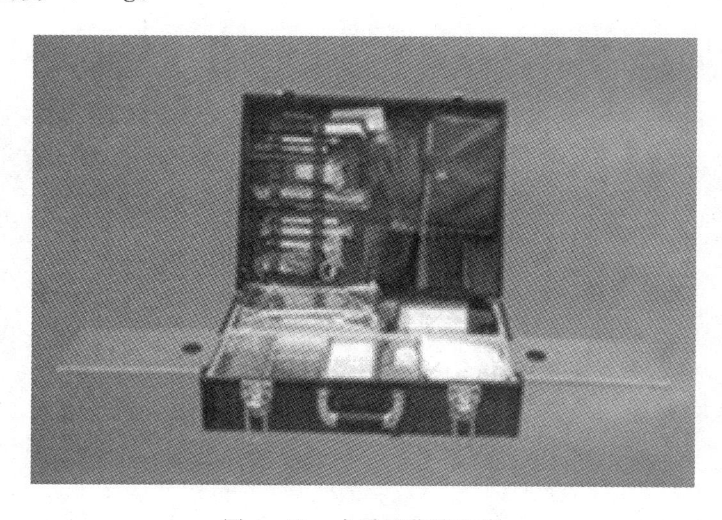

图 4－55　水质细菌检验箱

6. 其他净水药材

其他净水药材包括饮水消毒丸、饮水缓释消毒片等。

1）饮水消毒丸

饮水消毒丸适用于野外条件下个人饮水消毒。该消毒丸由多层消毒剂、去味剂及保护层经特殊工艺加工而成，呈白色小圆丸，每丸重约为65 mg，直径4 mm。饮水消毒丸既可快速将野外河、塘、湖水消毒杀菌，又能去除异味，直接饮用。

2）饮水缓释消毒片

饮水缓释消毒片适用于乡村水井、水窖、储水池、城市二次供水系统的静态、动态水的消毒杀菌。饮用水缓释消毒片费用开支少，效果可靠，消毒后的水符合国家饮用水卫生标准。

第5章

野外应急供水新技术和新工艺

5.1　常规工艺与其局限性

1. 常规水处理工艺

饮用水处理的主要任务是通过必要的处理方法去除水中杂质，以价格合理、水质优良且安全的水供人们使用。

饮用水处理的方法应根据水源水质和用水对象对水质的要求而定。在逐渐认识到饮用水存在水质污染和危害的同时，人们也开始了长期不懈的饮用水净化技术的研究。到20世纪初，饮用水净化技术已基本形成，现在被人们普遍称之为常规水处理工艺，即混凝、沉淀或澄清、过滤和消毒。这种常规水处理工艺至今仍被世界大多数国家所采用，成为了目前饮用水处理的主要工艺。

水源水中的悬浮物、胶体杂质和细菌是饮用水常规处理工艺的主要去除对象。混凝是向原水中投加混凝剂，使水中难以自然沉淀分离的悬浮物和胶体颗粒相互聚合，形成大颗粒絮体；沉淀是将混凝后形成的大颗粒絮体通过重力分离；过滤是利用颗粒状滤料(如石英砂等)截留经沉淀后滤出水中残留的颗粒物，进一步去除水中杂质，降低水中浑浊度。过滤之后采用消毒方法灭活水中致病微生物，从而保证饮用水的卫生和安全性。

2. 常规处理工艺的局限性

传统饮用水处理工艺的代表流程主要以去除原水中的悬浮物、浊度、色度和病原菌为主，对溶解性有机物去除效果相对不佳。传统的物理化学处理技术主要针对水中的悬浮物与胶体，适用于较清洁的原水，一旦水源被污染，则会导致处理效果不理想。

饮用水的净化技术是人们在与污染作斗争的过程中出现的，并不断地得到发展、提高和完善。在工业尚未发达时期，天然水极少污染，水处理的主要对象是水中的泥沙和胶体类杂质，进行常规的工艺便可得到透明、无色、无嗅、味道可口的饮用水。但是，随着工业的迅速发展，又给水体造成了新的污染，水中有害物质逐渐增多，不少地区的饮用水水源水质日益恶化；同时，随着水质分析技术逐渐改进，水源水和饮用水中能够测到的微量污染物质的种类也在不断增加，使人们在饮用水的水质净化中碰到了新的问题。

工业现代化的迅速发展，城市化和人口高速增长，尤其是化学工业的突飞猛进，使得人工合成的化学物质总数已超过4万种，而且每年有上千种新的物质被合成。这些化学物质中相当大的一部分通过人类的活动进入水体(如生活污水和工业废水的排放，农业上使用的化肥、除草剂和杀虫剂的流失等)，使接纳水体的物理、化学性质发生了显著的变化。在繁多的化学物质中，有机污染物的数量和浓度占绝对优势。不少有机化合物对人体有急性或慢性、直接或间接的三致作用(即致突变、致畸、致癌等)。

面对水源水质的变化，常规水处理工艺对有机污染物的去除能力非常有限。国内外的试验研究和实际生产结果表明，受污染水源水经常规的混凝、沉淀及过滤工艺只能去除水中有机物的20%～30%，且由于存在溶解性有机物，不利于破坏胶体的稳定性而使常规工艺对原水浊度去除效果也明显下降(仅为50%～60%)。采用增加混凝剂投量的方式来改善水质，不仅使水处理成本上升，而且可能会使水中金属离子浓度增加，甚至不利于人体健康。

常规处理也不能有效解决地面水源中普遍存在的氨氮问题。目前国内大多数水厂都采用折点氯化的方法来控制出厂水中的氨氮浓度，以获得必要的活性余氯，但由此产生的大量有机卤化物又导致水质毒理学安全性下降。

对常规工艺进行微量有机污染物和致突变试验，结果表明：常规工艺对水中微量有机污染物没有明显的去除效果，水中有机物数量，尤其是毒性污染物的数量，在处理前后变化不大；预氯化产生的卤代物在混凝、沉淀及过滤处理中不能得到有效去除。虽然常规工艺能部分去除水中致突变物质，但对水中氯化物不仅不能去除，反而因混凝剂的作用在处理过程中产生了部分移码突变物前体物和碱基置换突变物前体物，使出水氯化后的致突变活性有所增加；有预氯化处理的常规工艺不仅出水中卤代物增多，而且优先控制污染物及毒性污染物数量也有明显增多，出水的致突变活性较处理前增加了50%～60%。

综上所述，水源水受污染程度日益严重，常规水处理工艺去除水中溶解性有机物不但效率较低，而且氯化过程本身还导致了水中对人体健康危害更大的有机卤化物的形成，因此，常规水处理已不能与现有的水源和水质标准相适应，处理后的生活饮用水水质安全难以保证。

5.2 预处理及强化常规处理工艺

5.2.1 预处理技术

通常把附加在传统净化工艺之前的处理工序叫作预处理技术。预处理技术通常采用适当的物理、化学和生物的方法，对水中的污染物进行初级去除，使常规水处理能更好地发挥作用，减轻常规处理和深度处理的负担，发挥水处理工艺的整体作用，提高系统对污染物的去除效果，改善和提高饮用水水质。

根据对污染物的去除途径不同，预处理技术可分为化学氧化预处理技术、吸附预处理技术、生物预处理技术等。

1. 化学氧化预处理技术

化学氧化预处理技术是指向原水中加入强氧化剂，依靠强氧化剂的氧化能力，分解破坏水中污染物的结构，达到有效降低水中的有机物含量，提高有机物的可生化降解性，杀灭影响给水处理工艺的藻类，改善混凝效果，降低混凝剂的用量，去除水中三卤甲烷前体物，有利于后续处理的目的。预臭氧氧化法、预二氧化氯氧化法、预高锰酸钾法及预紫外光氧化法都属于化学氧化预处理工艺，它们可以增强水的常规处理工艺效果，极大地减轻后续常规工艺处理污染物的负荷，提高整体工艺对污染物的去除率。这些方法的局限在于氧化副产物对水质的影响，还需进一步探讨和研究。

1）预臭氧氧化法

臭氧(O_3)是应用最广泛的新型氧化剂，可提高水中有机物的生化性，提高絮凝效果，减少混凝剂的投加量。该方法在水处理中受到普遍关注的氯消毒副产物对人体具有致命危害之后开始重视并广泛采用的方法。

现有研究成果表明：含有有机物的水经臭氧处理后，有可能将大分子的有机物分解为小分子的有机物，在这些中间产物中，也可能存在致突变物。在臭氧投量有限的情况下，不可能去除水中氨氮，因为当水中有机氮含量高时，臭氧把有机氮转化成氨氮，致使水中氨氮含量增加；臭氧对水中一些优先污染物(如三氯甲烷、四氯化碳、多氯联苯等)的氧化性差，易生成甘油、络合状态的铁氢化合物、乙酸等，从而导致不完全氧化物的积累。

2）二氧化氯氧化法

二氧化氯(ClO_2)可有效破坏藻类、酚，改善水的色、嗅、味。二氧化氯是氧化剂，不是氯化剂，不会像氯与水体中的有机物发生卤代反应而生成对人体有害的、致癌的有机卤代物。有研究表明：二氧化氯本身的氧化作用也能去除 THMFP。

3）光氧化法

光氧化法是指在化学氧化和光辐射的共同作用下，使氧化反应在速率和氧化能力上比单独的化学氧化、辐射有明显的提高的方法。光氧化法均以紫外光为辐射源，同时水中需预先投入一定量氧化剂，如过氧化氢、臭氧，或一些催化剂如染料、腐殖质等。光氧化法对难降解而具有毒性的小分子有机物去除效果极佳。光氧化反应使水中产生许多活性极高的自由基，这些自由基很容易破坏有机结构。光氧化法包括光敏化氧化、光激发氧化、光催化氧化等。

光催化氧化是在水中加入一定数量的半导体催化剂，它在紫外线辐射下也能产生强氯化能力的自由基，能氧化水中的有机物，常用的催化剂有二氧化钛。该方法的强氧化性、对作用对象的无选择性与最终可使有机物矿化的特点，使光催化氧化在饮水深度处理方面有较好的应用前景。但是二氧化钛粉末颗粒细微，不便于回收。与常规水处理工艺相比，光催化氧化处理费用较高，设备复杂，近期内推广使用受到限制。

化学氧化预处理技术可大大减轻后续传统工艺的负荷，提高整体工艺对污染物的去除率，但该方法也有其局限性。例如，预氯化可能造成处理后水的毒理学安全性下降；有些氧化产物不易被常规处理工艺去除；有些可能增加水的致突变活性；另外，这些工艺处理费用较高，也限制了在我国的全面推广应用。

2. 吸附预处理技术

吸附预处理技术是指利用物质的吸附性能或交换作用来去除水中污染物的方法。目前，用于水处理的吸附剂有活性炭(AC)、硅藻土、二氧化硅、活性氧化铝、沸石、多孔合成树脂、活性碳纤维等，活性炭是其中应用最为广泛的吸附剂。活性炭具有丰富微孔结构和表面疏水性，是从水中去除多种有机物的“最佳实用技术”，可经济、有效的去除嗅、味、色度、氯化有机物、农药、放射性污染物及其他人工合成有机物。活性炭可以单独使用，亦可以与其他方法组合使用来取得最佳效果。例如，粉末活性炭、浸透型活性炭、高分子涂层活性炭等多种类型；此外，还有生物活性炭等方法。

将粉末活性炭和混凝剂一起投加于原水中以吸附有机物，参与混凝沉淀过程后残留于污泥中，但由于其费用较高且活性炭的吸附能力得不到充分的发挥，故一般应用于原水季节性水质恶化或水质变化时。而黏土矿物类吸附剂虽然货源充足，价格便宜，具有很好的吸附性能，但大量黏土投入混凝剂中增加了沉淀池的排泥量，给生产运行带来了一定困难。此外，沸石作为一种极性很强的吸附剂，对氨氮、氯化消毒副产物、极性小分子有机物均具有较强的去除能力，将沸石和活性炭吸附工艺联合使用，有望使饮用水源中的各种有机物得到更全面和彻底的去除。

无机物吸附剂中研究较多的是活性氧化铝吸附。氧化铝是一种两性物质，等电点约为pH 值 9.5，当水中 pH 值小于 9.5 时吸附阴离子；当水中 pH 值大于 9.5 时吸附阳离子。因此，可以根据吸附目的对氧化铝进行改进(如酸改性、碱改性)，从而获得最佳吸附容量。此外，因钙、镁的活性比铝强，还可以进行酸、碱的钙镁修饰，可与腐殖酸形成共价键的有机金属络合物，去除腐殖酸达 60%～75%。

3. 生物预处理技术

生物预处理技术的本质是水体天然净化的人工化，通过微生物的降解，去除水源水中包括腐殖酸在内的可生物降解的有机物及可能在加氯后致突变物质的前驱物和 NH_3-N、NO_2-N 等污染物，再通过改进的传统工艺进行处理，使水源水质大幅度提高。

生物预处理是在常规处理工艺之前，借助于微生物群体的新陈代谢活动，对原水中可生物降解的有机物及可能在加氯后致突变物质的前驱物和氨氮、亚硝酸盐等污染物进行初步净化，改善水的混凝性能，减轻常规处理或后续深度处理的负荷，延长过滤或活性炭吸附等工艺的工作周期。常用的水源生物预处理方法有生物滤池、生物转盘、生物流化床、生物接触氧化池和生物活性炭滤池。

生物预处理技术被运用到微污染原水的处理中是饮用水处理技术领域的一个重大进展。与常规水处理工艺相比，生物预处理技术可以有效改善混凝沉淀性能，减少混凝剂用量，能去除传统工艺不能去除的污染物，同时能使后续工艺简单易行，减少水处理中氯的消耗量，明显改善出水水质。但是生物预处理技术占地面积大，不利于旧厂的改造，同时也增加了基建费用。

从目前国内外进行的研究和工程实践总结可以看出，生物预处理技术大多采用生物膜的方法，其形式主要是淹没式生物池，是利用填料作为生物载体。微生物在曝气充氧的条件下生长繁殖，富集在填料表面上形成生物膜，溶解性的有机污染物在与生物膜接触过程中被吸附、分解和氧化。目前，国内外的生物预处理工艺方法大致相同，主要区别之处在于生物池内的生物填料，填料是生物预处理工艺的关键要素之一。目前，国内外较为常用的填料有蜂窝状填料、软性填料、半软性填料和弹性立体填料等。

常用的生物预处理技术有曝气生物滤池(BAF)、生物接触氧化池(BCO)、生物活性碳(BAC)和膜生物反应器(MBR)等。这些处理技术可有效去除有机碳及消毒副产物的前体物，并可大幅度降低氨氮，对铁、锰、酚、浊度、色、嗅、味均有较好的去除效果，费用较低，可完全代替预氯化。

5.2.2 强化常规处理工艺

强化常规处理工艺是指对传统工艺的加药、混凝、沉淀、过滤中任一环节进行强化或优化，从而提高对水中有机污染物(包括低分子溶解性有机污染物)的净化效果。常规工艺的强化包括强化混凝、强化沉淀、强化消毒和强化过滤。强化常规处理工艺是目前控制水厂出水有机物含量较为经济而有效的手段。

1. 强化混凝

强化混凝是指为提高常规混凝效果所采取的一系列强化措施，以确定混凝的最佳条件，发挥混凝的最佳效果。常规给水处理工艺中对有机物去除起主要作用的是混凝工艺，其去除有机物的机理如下：

(1) 带正电的金属离子和带负电的有机物胶体发生电中和而脱稳凝聚。

(2) 金属离子与溶解性有机物分子形成不溶性复合物而沉淀。

(3) 有机物在絮体表面的物理化学吸附。

影响混凝效果的因素很多，如混凝剂的种类、混凝剂的投加量、原水水质、混凝 pH 值、碱度、混凝搅拌程度以及混凝剂与助凝剂的投加顺序等。强化混凝就是通过采取一定措施，确定混凝的最佳条件，发挥混凝的最佳效果，尽可能地去除能被混凝阶段去除的成分，特别是有机成分。针对水源污染特征，通过修正和优化传统混凝方式(混凝机理)和条件，可以达到增强除浊、除臭、除藻、除有机污染物、除氯仿前质等效果的混凝，均可称为强化混凝。

强化混凝措施通常包括：絮凝药剂性能的改善；强化颗粒碰撞、絮凝反应设备的研制和改进；絮凝工艺流程的强化，如优化混凝搅拌强度、缩短流程时间、确定最佳反应条件等。

由于近年来的水源受有机物污染严重，高浓度的有机物对水中胶体产生很强的保护作用，致使常规混凝效果变差。为提高常规混凝效果，在保证浊度去除率的同时提高水中有机物的去除率，强化混凝处理无疑是一个首选之法，其常用手段主要有：

(1) 加大混凝剂投加量，消除有机物对无机胶体的影响。

(2) 投加具有絮凝作用的新型有机或无机絮凝剂，增加吸附、架桥作用。

(3) 调整 pH，水的 pH 对有机物去除影响明显，一般有机物较多时，pH 值为 5～6 有利于形成腐殖酸、富里酸的聚合物。

(4) 投加具有氧化、混凝综合作用，能有效去除水中有机物的新型水处理药剂。

(5) 完善混合、絮凝等设施，从水力条件方面加以改进，使混凝剂能充分发挥作用。

2. 强化沉淀

沉淀是水处理工艺中泥水分离的重要环节，其运行状况直接影响出水水质。由于水源水质的有机污染增加，水中除含有悬浮物和胶体外，又增加了大量低分子可溶性有机物、各种金属离子、盐类和氨氮等物质，它们是很难借助絮体的碰撞或架桥吸附被去除的。

资料表明：水的浊度与有机物关系十分密切，将水的浊度降低至 0.5NTU 以下，有机物可能减少 80%。所以提高沉淀池净化效果、降低出水浊度，是处理受污染水的一项重要技术措施。新的强化沉淀分离技术基于以下论点：

(1) 高效新型高分子絮凝剂的应用，强化和增加了絮凝体的净化特性。

(2) 改善沉淀水流流态，减小沉降距离，大幅度提高沉淀效率。

(3) 提高絮凝颗粒的有效浓度，促进絮凝体整体网状结构的快速形成。

当水进入沉淀区后，很快形成悬浮状态的整体网状结构过滤层，进池原水通过该过滤层以自下而上的分离清水和自上而下浓缩絮凝泥渣的过程，实现对原水有机物进行连续性网捕、扫裹、吸附、共沉等一系列综合净化，达到强化常规工艺处理污染水的目的。

传统的平流沉淀池构造简单，工作安全可靠，要求的运行管理水平较低，但其占地面积大、处理效率低，要想降低滤前水的浊度就要较大地增加沉淀池长度。浅池理论的提出使沉淀技术有了长足的进步，斜管沉淀池使沉淀效率得到了大幅度地提高，但其可靠性远不如平流池。小间距斜板沉淀设备的出现改善了这一状况，小间距斜板沉淀设备占地面积少，抗冲击负荷能力增强，出水水质稳定，沉后水浊度一般不超过3NTU，滤后水浊度趋近0。

高密度澄清池与斜管沉淀池构造基本一致，其区别在于高密度澄清池将斜管沉淀池的活性污泥进行回流，增大了絮体有效浓度，在沉淀区中部形成高浓度(20～30 kg/m^3)悬浮絮凝层，辅加小间距斜板(斜管)沉淀设备，大幅度降低了沉淀池的出水浊度，提高了对有机物的净化效果。高密度澄清池具有处理效率高、占地面积小(池体面积只有一般澄清池的1/4)、节省混凝剂(约30%)、污泥易脱水、处理效果好(出水浊度可达0.2～1.0NTU)等优点。

3. 强化过滤

滤池的主要功能是发挥滤料与脱稳胶体的接触凝聚作用，去除浊度、细菌。目前，多数水利用廉价的石英砂作为滤料对水进行过滤处理，由于石英砂的净水机理主要是利用机械截留作用，对水中的悬浮物具有比较好的去除效果，而对溶解性污染物(如重金属离子、溶解性有机物等)很难有去除作用。因此，为了改善滤池处理效果，确保供水水质，必须对滤池系统进行强化改进。改进滤池系统主要有两种途径：

(1) 对现行的滤料表面进行改性处理，在传统过滤滤料的基础上，使表面通过化学反应附加一层改性剂(如活性氧化剂)。改性滤料使滤料表面增加了比表面积，强化了吸附能力。表面涂料与水中各类有机物接触过程产生了强化学吸附和氧化净化功能，不但能净化大分子和胶体有机质，还可以大量吸附和氧化水中可溶有机物及部分离子，达到全面改善水质的目的。该方法提高了去除污染物的能力，包括在滤料表面上培养繁殖微生物，还利用微生物的生理活动，既保证滤池对浊度的去除效果，又能降解有机物、氨氮和亚硝酸盐氮。

(2) 研究新的冲洗技术。过滤效果与反冲洗效果密切相关，如果滤料冲洗不干净，截污能力将受影响，过滤周期缩短，而且长期冲洗不净，将导致滤层中结泥球，表面结泥饼，严重的还会导致滤层开裂，失去过滤功能。新的冲洗技术包括气冲洗、气水配合冲洗等，使得滤料冲洗时间缩短，冲洗效果改善，运行周期延长。

强化过滤的常见方法是采用生物活性过滤池，它是在不增加任何设施的情况下在普通滤池石英砂表面培养附着生物膜，用以处理微污染水源水。另外，改进滤料也是研究的重点。近年来，国内外开发成功的各种改性滤料，是在传统滤料表面通过化学反应附加一层改性剂(如活性氧化剂)，它既可通过在滤料表面增加巨大比表面积而强化吸附作用，又可在与水中各类有机物接触过程中由表面涂料所产生的氧化作用发挥净化功能，不但能净化大分子和胶体有机物，还能大量吸附和氧化水中各种离子和小分子可溶性有机物，达到全面改善水质的目的。现用天然活性载体代替传统石英砂滤料已应用于生产，如经氯化钠活化的沸石滤池，其生产试验测试结果表明：三氯甲烷和四氯化碳的平均去除率分别达到了52.7%和40.8%，氨氮的去除率达到了50%左右，苯的去除率可达60%～70%，还能去除水中有害金属离子，其去除效果明显优于石英砂滤料。

另外，选择合适的冲洗方法和冲洗强度，确保反冲洗既能有效冲去积泥，又不破坏滤料表面一定的生物膜；在滤池进水中保证存在足够的溶解氧以此来维持氨氮的硝化过程；取消滤前加氯工艺等，这些都是可采用的强化过滤的技术措施。需要注意的是，滤速、滤层厚度与滤料粒径之比、助滤剂的使用以及滤料的选择均会影响过滤的效果。

强化过滤技术在运行管理方面有较大的困难，如要控制反冲洗强度，使其既能冲去积泥，又能保持一定的生物膜；另外，选择有利于细菌生长的滤料和控制滤池的微环境以利于生物膜成长也是技术难点。

4. 强化消毒

传统氯化消毒工艺会产生多种消毒副产物，其导致的饮用水安全风险也越来越被人们重视，因此在保证消毒效果的前提下，采用更安全、更高效的新型消毒剂(如臭氧、紫外线等)或是氯化消毒与新型消毒剂联用技术一直是研究的方向之一。

臭氧消毒技术的杀菌和杀灭病毒的效果好(杀灭微生物的效果为氯的600～3000倍)。臭氧作为一种强氧化剂，既能氧化水中的有机物，也能氧化无机物，且与有机物作用后不产生卤代物，产生的有害物极少，能增加水中溶解氧，减少水中的BOD和COD，能脱色去臭、杀灭水中藻类，也能氧化或分解水中的铁、锰、色素、悬浮微粒、有机农药和洗涤剂等。臭氧具有极强的氧化能力和渗入细胞壁的能力，从而破坏细菌有机体链状结构而导致细菌的死亡，而且不产生“三致”产物，能明显改善水质。

紫外线用于水消毒，具有消毒快捷、彻底、不污染水质、运作简便、使用及维护的费用低等优点。试验表明：高强度的紫外线彻底灭菌只需要几秒钟，而臭氧与氯消毒则需要10 min～20 min。一般大肠杆菌的平均去除率可达98%，细菌总数的平均去除率为96.6%。紫外线消毒法消毒不会造成任何二次污染，不残留任何有毒物质，不影响水的物理性质和化学成分。紫外线消毒法是目前世界上最先进、最有效、最经济的水体消毒方法，在经济发达国家已被广泛使用，在我国也越来越被重视。总之，提高消毒效果，减少消毒副产物的生成是强化消毒工艺发展的方向。

5.3　深度处理技术及水处理组合新工艺

5.3.1　深度处理技术

深度处理技术是指在常规处理工艺之后，采用适当的物理、化学处理方法，将常规处理工艺不能有效去除的污染物或消毒副产物的前体物加以去除，从而提高或保证饮用水水质。深度处理能够对微量的影响水质安全的杂质起到很好的去除效果。另外，现在对直饮水需求越来越高，深度处理技术显得更为重要。

1. 吸附技术

以活性炭为主要吸附剂的吸附法，是目前国内外公认的，在净化污染水方面较为成熟和有效的措施之一。活性炭具有巨大的比表面积和发达的孔隙，用于给水处理，主要去除溶解性有机物、臭和味、微污染物质等。活性炭吸附性能受其本身特性和吸附质性质的影响，且随活性炭使用时间的延长，其吸附效果也会发生变化。因此，活性炭吸附有机物具有明显的选择性，对绝大多数极性较强的有机物，特别是危害较大的卤代烃的吸附效果不够理想。活性炭技术经常与其他技术联用，如臭氧活性炭联用技术、生物活性炭技术(Biological Activated Carbon，BAC)等。

活性炭的多孔结构能有效地吸附水中的小分子有机物，其除臭、脱色作用显著，但对有机物吸附的选择性，使其对腐殖酸和人工合成有机物的吸附表现出竞争作用，对三卤甲烷前体物吸附效果不稳定。臭氧可以将水中一部分有机物氧化成 CO_2 和 H_2O，将有机大分子分解成中间产物，改善有机物的可生化性及吸附性。臭氧的强氧化性与活性炭吸附作用相结合，较好地解决了活性炭对大分子和过小分子有机物不能有效吸附的问题。其局限性在于臭氧在破坏一些有机物结构的同时可能产生一些中间产物，水源经臭氧活性炭吸附深度处理，氯化后出水水质仍可能具有致突变性。

生物活性炭技术是在多年来活性炭饮用水处理的基础上发展而来的，是将活性炭物理化学吸附、生物氧化降解技术合为一体的工艺。它可提高水中 DOM 的去除率，氧化氨氮成硝酸盐氮，减少投氯量，降低三卤甲烷的生成量，同时可延长活性炭的再生周期，降低运行费用。但附着在活性炭上的微生物会在水流冲刷作用下脱落，影响出水水质。

生物活性炭技术的前提是避免预氯化，否则微生物就不能在活性炭上生长，从而失去生物氧化作用。目前生物活性炭技术被认为是饮用水处理中去除有机物的有效方法，并且在欧洲已得到普遍应用。但是活性炭的价格昂贵，生长有细菌的细小活性炭颗粒会在水力冲刷作用下，流入最后的氯化处理工序，由于附着在活性炭颗粒上的细菌聚体比单个的细菌细胞对消毒剂有更大的抗性，一般的氯化消毒往往难以杀死这些细菌。

2. 高级氧化技术

高级氧化技术又称为深度氧化技术，以产生具有强氧化能力的羟基自由基(·OH)为特点。在高温高压、电、声、光辐照、催化剂等反应条件下，高级氧化技术使大分子难降解有机物氧化成低毒或无毒的小分子物质。根据产生自由基的方式和反应条件的不同，高级氧化技术可分为光化学氧化、催化湿式氧化、声化学氧化、臭氧氧化、电化学氧化等。

1) 光化学氧化法

由于反应温和、氧化能力强，光化学氧化法在近年来得到迅速发展，但由于反应条件的限制，光化学氧化法处理有机物时会产生多种芳香族有机中间体，致使有机物降解不够彻底，这成为了光化学氧化需要克服的问题。光化学氧化法包括光激发氧化法(如 O_3/UV)和光催化氧化法(如 TiO_2/UV)。

光激发氧化法主要以 O_3、H_2O_2、O_2 和空气作为氧化剂，在光辐射作用下产生·OH。光催化氧化法是在反应溶液中加入一定量的半导体催化剂，使其在紫外光的照射下产生·OH。两者都是通过·OH 的强氧化作用处理有机污染物的。

2) 催化湿式氧化法

催化湿式氧化法(Catalystic Wet Air Oxidation，CWAO)是指在高温(123～320℃)、高

压(0.5～10 MPa)和催化剂(如氧化物、贵金属等)存在的条件下，将污水中的有机污染物和氨氮氧化分解成 CO_2、N_2和 H_2O 等无害物质的方法。

3）声化学氧化

声化学氧化目前有应用的技术主要指的是超声波的利用：一种是利用频率为 15 kHz～1 MHz 的声波，在微小的区域内瞬间高温高压条件下产生的氧化剂(如·OH)去除难降解有机物；另一种是超声波吹脱，主要用于废水中高浓度的难降解有机物的处理。

4）臭氧氧化法

臭氧氧化法主要通过直接反应和间接反应两种途径得以实现。直接反应是指臭氧与有机物直接发生反应，这种方式具有较强的选择性，一般是进攻具有双键的有机物，通常对不饱和脂肪烃和芳香烃类化合物较有效。间接反应是指臭氧分解产生·OH，通过·OH 与有机物进行氧化反应，这种方式不具有选择性。

臭氧氧化法虽然具有较强的脱色和去除有机污染物的能力，但该方法的运行费用较高，对有机物的氧化具有选择性，在低剂量和短时间内不能完全矿化污染物，且分解生成的中间产物会阻止臭氧的氧化进程。

5）电化学氧化法

电化学氧化法是指通过电极反应氧化去除污水中污染物的过程，该法也可分为直接氧化和间接氧化。直接氧化主要依靠水分子在阳极表面上放电产生的·OH 的氧化作用，·OH亲电进攻吸附在阳极上的有机物而发生氧化反应去除污染物。间接氧化是指通过溶液中 Cl_2/ClO 的氧化作用去除污染物。电化学氧化对原水中的 COD 和氨氮都有很好的去除效果，其缺点是能耗较大。

3. 膜技术

膜分离是一种高效分离、浓缩、提纯、净化技术，是一种严格的物理的、绝对的分离技术。利用膜处理技术可以提供以前饮用水处理设施从未达到的水质。与其他生物水处理工艺相比，膜生物反应器不仅对 SS、COD 等去除效率高而且可以去除氨氮、细菌、病毒等，处理效率高，出水可直接回用。现有的膜技术中微滤(microfiltration，MF)、超滤(ultrafiltration，UF)、纳滤(nanofiltration，NF)和反渗透(reverse osmosis，RO)都能有效地去除水中的臭味、色度、消毒副产物前体及其他有机物和微生物。膜技术具有去除污染物范围广、不需投加药剂、工艺适应性强、处理规模可大可小、操作及维护方便、易于实现自动化等优点。

目前水处理膜技术已经得到长足的发展。由于水处理技术具有成本较低，过滤能力高、应用范围广等特点，因此在野外应急供水中开始大量使用。水处理膜按过滤的孔隙大小不同，可分为微滤膜(MF 膜)、超滤膜(UF 膜)、纳滤膜(NF 膜)和反渗透膜(RO 膜)。

(1) 微滤膜(MF 膜)是用于截流 0.1 ～1 μm 微粒(如微生物和大分子)的分离膜，用于制造工业(半导体)用超纯水，无菌水生产以及葡萄酒和啤酒的无菌过滤等。

(2) 超滤膜(UF 膜)截流微粒的粒径范围在 2 nm～0.1 μm 之间，用于去除胶体大分子，例如用于生产工业用途的超纯水以及处理诸如造纸等工业废水。

(3) 纳滤膜(NF 膜)截流微粒的粒径范围在 2 nm 以下，可用于去除水体中的硫酸根离子等。

(4) 反渗透膜(RO 膜)的截流微粒的粒径是小于纳米级的分子和离子，可用于分离水体中的无机盐、糖等。反渗透膜也是海水淡化中常用的膜。

膜技术作为一种去除水中有机物和微生物的新工艺，是解决目前饮水水质不佳的有效途径。但膜技术要求对原水进行预处理及定期进行化学清洗，且仍然存在膜污染以及反渗透和纳滤浓缩物处理等问题，其运转费用较高。

目前对膜的低温使用和维护技术已成为野外供水保障的研究热点。

4. 空气吹脱

用填料塔进行空气吹脱，是一种行之有效的处理含有可挥发性化合物的污染水源水的方法。空气吹脱又称气提，是从溶液中去除挥发性物质的技术。空气吹脱采用亨利定律的原理，将气体(载气)通入水中，使之相互充分接触，即水中溶解气体和挥发性物质穿过气液界面，向气相转移，从而达到脱除污染物的目的。常用空气或水蒸气作载气，前者称为吹脱(气提)，后者称为汽提。它是最简单的去除水中有机污染物的方法，能挥发去除的有机物包括苯、氯苯、二氯甲烷、四氯甲烷、氯二苯、三氯苯、三氯乙烯、四氯乙烯等。美国环保署提出了水体中 129 种应优先控制的污染物名单，其中 114 种为有机污染物。在这 114 种应优先去除的污染物中，有 31 种可用空气吹脱去除。空气吹脱的去除效果与接触时间、气液比、温度和蒸气压等因素有关。空气吹脱已经被美国环保署列为去除挥发性有机物最为实用的技术。而将空气吹脱与气相炭吸附相结合，可以减少吹脱塔中含有的有机物废气对大气的污染。

5.3.2 水处理组合新工艺

由于水源水中污染物的多样性和复杂性，采用单一的净水工艺很难制得安全、卫生的饮用水，目前常采用多个净水单元的组合，形成组合工艺，发挥各单元的优势和单元间的协同性来净化微污染水源水。下面介绍几种常用的组合工艺。

1. 活性炭组合工艺

在水处理工艺中，活性炭吸附是去除水中有机污染物的成熟且有效方法之一。活性炭对分子有机物有很好的吸附作用，且活性炭的脱色除臭效果很好，对三卤甲烷有一定的吸附能力，但使用周期比较短。

臭氧氧化法与活性炭吸附联合使用，称为臭氧/生物活性炭法。臭氧是一种强氧化剂，臭氧与有机物反应的结果通常使有机物分子量变小，芳香性消失，极性增强，可生化性提高。臭氧/生物活性炭法(O_3/BAC)是活性炭前加 O_3 接触氧化，两者联用有明显的互补性。O_3 的强氧化性可以把水中难降解的有机物断链、开环，将大分子有机物氧化为小分子有机物，使得原水中有机物的可生化性和可吸附性得到增强；O_3 经过反应后生成 O_2，为后续的活性炭中的微生物提供了足够的 DO，促进了微生物的新陈代谢作用；O_3 可以把腐殖质降解成低分子物质，这些物质很难与氯反应，从而减少了三卤甲烷前体物(THMFP)的形成。

实践证明，O_3/BAC 技术对去除水中的 COD、色度、臭和味、酚、硝基苯、氯仿、六六六、DDT、氨氮、油、木质素、氰化物等均有明显效果，Ames 试验结果为阴性，净化后的饮用水能完全达到国家标准，效果大大优于单独使用 O_3 氧化的效果，且能使 O_3 的用量节约1/2～2/3。

2. 生物法组合工艺

生物处理主要借助微生物的新陈代谢活动，去除水中的有机污染物、氨氮、亚硝酸盐、氮及铁、锰等无机污染物。生物处理可以和常规处理、深度处理形成组合工艺，来弥补常规工艺对有机物和氨氮去除不力的局限。

1）生物处理/常规处理

从有机分子量分布的角度来讲，生物处理去除的主要是相对分子质量小于 1500 的小分子量有机物，这部分有机物一般是亲水、易生物降解的；常规处理（即混凝、沉淀和过滤）主要去除分子质量大于 10000 的有机物，对于小分子量的有机物去除率很低。目前，生物处理主要作为预处理设置在常规工艺前，通过可生物降解有机物的去除，来消除消毒副产物的前体物，改善出水水质，同时也减轻了后续常规处理的负荷，其常用的形式主要有生物接触氧化和生物陶滤。

2）生物处理/常规处理/深度处理

深度处理主要有活性炭吸附、臭氧氧化、生物活性炭、膜滤和光催化氧化等。对于原水水质较差，或者出水水质要求较高的处理，一般应增加深度处理工艺，如 BAC、膜过滤等。

3. 膜法组合工艺

膜技术包括微滤（MF）、超滤（UF）、纳滤（NF）和反渗透（RO）。

1）曝气生物滤池（FAF）/UF

FAF 和 UF 具有很强的互补性。天然水中低分子溶解性有机物所占的比例一般比较大，而 UF 膜对水中的溶解性有机物（DOC）的去除率不高，尤其是低分子量有机物。所以 BAF/UF 中的 BAF 主要通过微生物的新陈代谢作用去除水中相对分子质量小于 1000 的亲水、易生物降解的有机物，并通过生物絮凝和吸附作用去除水中部分胶体和悬浮物；而 UF 主要用于去除疏水难降解的有机物以及细菌和病毒，并作为出水的把关措施。

2）粉末活性炭（PAC）/UF

粉末活性炭（PAC）/UF 组合工艺形成了吸附/固液分离系统，组合工艺中 PAC 的作用主要是：一方面吸附水中的低分子量有机物，把溶解性有机物转移至固相（PAC），再通过后续的 UF 膜截留去除，从而克服了 UF 膜无法去除水中溶解性有机物的不足；另一方面 PAC 会在 UF 膜上形成一种多孔状，吸附水中有机物，从而能有效防止膜污染。组合工艺中的 UF 膜能去除水中的固体微粒，还能拦截 PAC 于反应器中，防止 PAC 的流失。由此可见，PAC/UF 发挥了两者协同互补的作用。

法国已将 PAC/UF 应用于大型水厂，总处理水量超过 $2\times10^5\ m^3/d$。研究表明，对于小型水厂（小于 20000 m^3/d），膜工艺制水成本与传统工艺相当。

此外，膜法还可以与混凝、O_3 等处理单元组合，形成优势互补，以此来提高水处理的综合效益。

4. 臭氧氧化法组合工艺

O_3 具有强烈的氧化性，能够去除水中的有机污染物，因此被广泛应用于水处理行业中。但是，水中也有一些有机物是不能被氧化的，这就促使了高级氧化工艺（AOP）的产生。AOP 就是将 O_3 和 H_2O_2 或 UV 照射等组合，强化 $\cdot OH$ 的产生。该工艺大大增强了氧化性，净水效果更好。

1) O_3/H_2O_2

研究表明，向 O_3 水溶液中添加 H_2O_2 能极大地提高·OH 的产生量和速率，并能将水溶液中的·OH 浓度稳定地维持在较高水平。O_3/H_2O_2 工艺就是基于此研究开发出来的。O_3/H_2O_2 在国外的一些水厂已有应用，如意大利佛罗伦萨 Anconeiia 水厂、法国巴黎 Mout 水厂、美国旧金山市 Fairfield Vacawille 市北海湾地区水厂等，且都取得了较好的净水效果。

2) O_3/UV

O_3/UV 是利用 O_3 在紫外光辐射下分解产生的·OH 来氧化有机物。研究表明，O_3/UV 比单独采用紫外线辐射和 O_3 氧化更有效，并能氧化分解 O_3 难以降解的有机污染物，其反应速率是臭氧氧化法的 100～1000 倍，这充分体现了 O_3/UV 的协同作用。使用 O_3/UV 工艺可以使一些通常单独使用 O_3 氧化难以降解的化合物(如乙酸、乙醇等)迅速转化成 CO_2 和 H_2O。美国环保局已经规定，O_3/UV 是处理多氯联苯的最佳实用技术。因此，O_3/UV 组合工艺在微污染水源水处理中具有广阔的应用前景。

此外，还有 O_3/混凝、O_3/吹脱、O_3/UV/放射线、O_3/超声波等组合工艺。

5. 光催化氧化组合工艺

光催化氧化是以化学稳定性和催化活性很好的二氧化钛为代表的 N 型半导体为敏化氧化，一般认为，在合适的反应条件下，有机物经光催化氧化的最终产物是 CO_2 和水等无机物。国内外大量研究表明，经钛催化剂光催化氧化的水中有机物按种类可归纳为烃类化合物、卤代化合物、羧酸类化合物、含氮有机物、表面活性剂、有机杀虫剂和除锈剂。

1) H_2O_2/UV

H_2O_2/UV 是一种强氧化剂，但是对于水中极微量的有机物以及高浓度难降物(如高氯代芳香烃)，仅使用 H_2O_2 的氧化效果不十分理想，但将 H_2O_2 与本身对有机物降解几乎没有作用的紫外光联用后，却能产生令人意想不到的效果。

2) 活性炭/光催化

活性炭对于水中的微量污染有较好的去除效果，但是其缺点是不能有效地去除淡水中的余氯、亚硝酸氮、细菌及小分子极性物质。而光催化氧化虽有较强的氧化性，但它对作用对象的无选择性，且当水中的有机物浓度较高时光催化氧化去除水中污染物需要较长的停留时间。但是将光催化氧化作为活性炭出水的后续处理，就能达到取长补短效果，形成有效的净水工艺。研究表明：光催化氧化能很快分解余氯；光催化氧化能有效去除 NO_2^-，但难以去除氨氮；活性炭的出水中细菌总数高达 2.2×10^4 CFU/mL，但经光催化氧化 20 min 的处理，其出水细菌降为 50 CFU/mL；光催化氧化对于易穿透活性炭柱的三氯单烷、四氮化碳等污染物有较好的处理效果。

以上介绍的多种针对微污染水源水的处理方法，任何一个处理单元都有各自的去除对象，没有哪一个单元具有全面的去污能力。这就要求在选择微污染水源水处理工艺时，必须根据水源水质的特点以及处理后水质的要求，对各种处理单元进行有效且合理的组合，形成组合工艺，充分发挥组合工艺中各处理单元的去污能力，同时发挥各单位间协同互补的特点，以此来获得经济、优质的饮用水。

5.4　野外应急供水新技术新材料应用

5.4.1　正渗透技术

正渗透(FO)也称为渗透，是一种自然界广泛存在的物理现象。FO 过程是在不需要外加压力的条件下，以半透膜两侧溶液之间的自然渗透压差为驱动力，使纯水自发地从低渗透压溶液通过半透膜扩散至高渗透压溶液，而低渗透压溶液中的污染物被半透膜截留的膜分离过程，如图 5-1 所示。

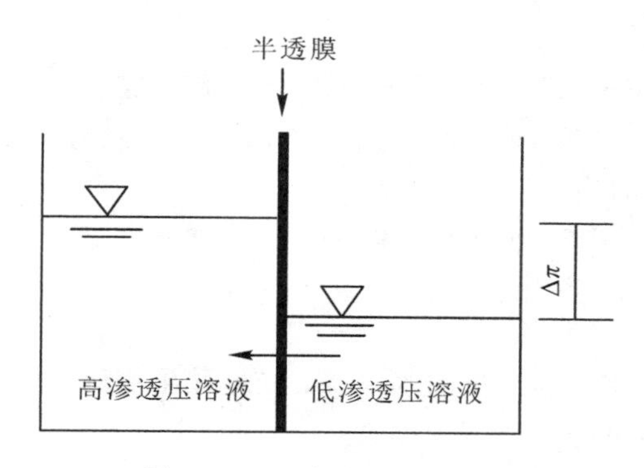

图 5-1　正渗透原理示意图

正渗透技术特别适合制作轻便小巧的、能够随身免动力的饮水袋。例如，正渗透饮水袋是以正渗透膜为基础，制成一个密封良好的正渗透膜袋，向正渗透膜袋内灌入浓缩营养汲取液，制水时将盛放汲取液的正渗透膜袋置于原水中，或向正渗透饮水袋外袋(此种正渗透饮水袋为两层袋结构，内袋为正渗透膜袋，外袋为普通密封袋)中注入原水，形成一个“原水—正渗透膜—汲取液”的完整小型正渗透系统，利用正渗透膜袋内外的渗透压差，原水中的水分子源源不断地进入到膜袋内，污染物被膜袋截留，营养汲取液在汲取纯水后无需分离回收可直接饮用。应急正渗透产品有两类：一类是一次性使用袋，使用时置于原水中(如脏水、海水等)，数小时后，干净水透过正渗透膜进入内袋，稀释浓缩营养汲取液，可供人饮用；另一类是背负式正渗透自净水囊，其构造为双层袋状结构，内层为选择透过性的膜，外层为防水材料将内层膜包裹保护，并作为装水的容器。内层膜装入可饮用的驱动溶液(如糖类或浓缩饮料)和渗透加速剂，将源水装入内层与外层的夹层中，洁净的水就可以透过内层膜稀释驱动溶液供人饮用。正渗透膜袋既可单独背负，也可塞入背包之中，使人不必在水源附近逗留。

5.4.2　废气制水

废气制水是当今从非传统水源中取水先进的净水技术之一，是从运输车辆、武器装备(如坦克、装甲车)等内燃机燃烧后的废气中取水。其基本原理是柴油燃烧后生成水和二氧化碳，反应式如下：

$$C_{12}H_{22}+17.5O_2 \rightarrow 11H_2O+12CO_2$$

从理论上来讲，1 kg 的柴油燃烧后会生成约 1 kg 的水，但考虑到燃烧不充分、柴油中含有其他杂质、收集净化过程中的损耗等因素，其回收率可达到50%～70%。废气制水的工艺流程为：废气经热量交换、冷凝后，收集，再经过滤、活性炭纤维吸附、离子交换树脂等净化过程得到符合标准的饮用水，如图 5-2 所示。

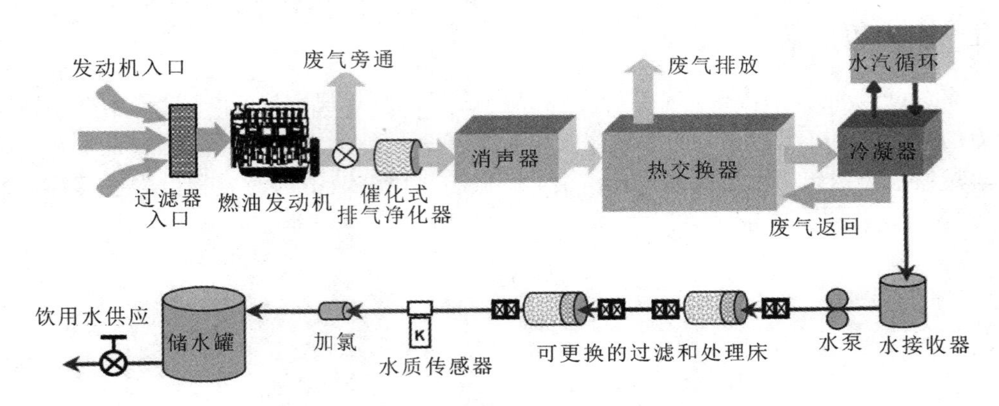

图 5-2 废气制水工艺流程

5.4.3 空气制水

空气湿气是地球上分布最为广泛的水资源，受地域限制较小。空气制水的方法有多种，常见的空气制水技术大体可分为以下 4 类。

(1) 冷凝结露式。其原理为湿热空气在露点温度以下后水分子会凝结成液态的基本原理，其核心是制取冷源(如压缩机制冷、半导体制冷等)，主要用于空气湿度较大的气候条件。

(2) 吸湿解吸式。其核心是利用吸湿性较强的固体或液体干燥剂吸收空气中的水分，再解吸得到液态水。解吸方案最常用的是“加热蒸发＋冷凝”的处理方式，如转轮除湿。由于吸湿材料的应用，增加了水分聚集前置环节处理，能够适应湿度较低的气候环境。解吸的另一个技术方案是正渗透水处理技术，以葡萄糖等为汲取液，透过正渗透膜得到饮用水。此法效率较低，但由于无需用电保障，使用更加便捷。

(3) 机械压缩式。其核心是通过机械力压缩空气来提取空气中的水蒸气。当压缩空气时，水蒸气的分压力提高，露点温度随之上升，此时环境温度会远低于露点温度，使得湿空气中的水分结露冷凝。机械压缩式技术的能耗高、成本大，使用推广价值不高。

(4) 聚雾取水式。其核心是采用巨幅尼龙屏障作为集雾罩，捕捉空气中的小水滴并聚合变大形成水珠，最后用集水器收集水。此法简单、成本低，但只适用于高湿度环境条件。

目前，国内外研究最多的是冷凝结露式和吸湿解吸式空气制水，在此重点进行介绍。

1) 冷凝结露式空气制水

冷凝结露式空气制水主要是通过压缩机制冷，湿空气急速冷却到露点温度以下，所含的水蒸气便以液态水的形式析出，从而制取淡水。传统空调除湿机便是基于此原理。图 5-3所示为冷凝结露式制水工作原理示意图，图中包括制冷循环和冷凝制水两个环节。制冷循环：压缩机对低压工质蒸汽进行压缩，使之升压后送入冷凝器，在冷凝器中经风冷散热后变成高压液体；再经节流阀节流后，成为压力较低的液体送入蒸发器吸取热量制冷，工质随变为压力低压蒸汽，再送入压缩机。冷凝制水：湿空气经蒸发器后被冷却至露点温度后，析出冷凝水，干空气流经冷凝器升温后排出；冷凝水经集水盘收集流入储水箱。目前，商用的小型制水机空气制水方案均基于此技术。

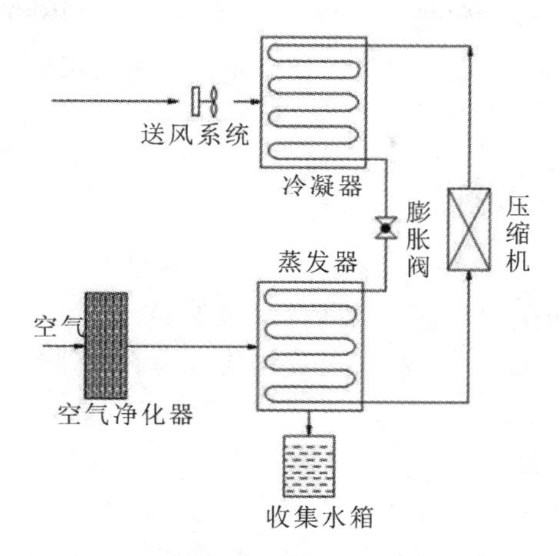

图 5-3　冷凝结露式制水工作原理示意图

2）吸湿解吸式空气制水

吸湿解吸式空气制水的核心在于水分吸附材料的应用，以转轮结构应用最为广泛。转轮除湿制水的工作原理见图 5-4。转轮装置主要由一个不断转动的蜂窝状转轮组成，转轮体由载有高效吸湿剂的特殊复合材料制成，其结构紧密，且提供了巨大的吸附表面。转轮由隔板分为两个区：一个约占 70%的扇形区域，称为除湿区；另一个约占 30%的扇形区域，称为再生区。吸湿解吸式空气制水的过程是：使湿空气流经过滤器，去除空气中的细菌、病毒、有机物、微粒、灰尘、色素、异味等有含物质，进入转轮除湿区对湿空气进行除湿；再生空气经空气加热器加热至预定温度（一般为 110℃～140℃）后流经再生区进行吸附剂再生，同时带走饱和水蒸气；被除湿的处理空气和再生空气形成逆向流动，从而形成一个连续、稳定的吸湿/解吸过程，最终达到空气制水的目的。

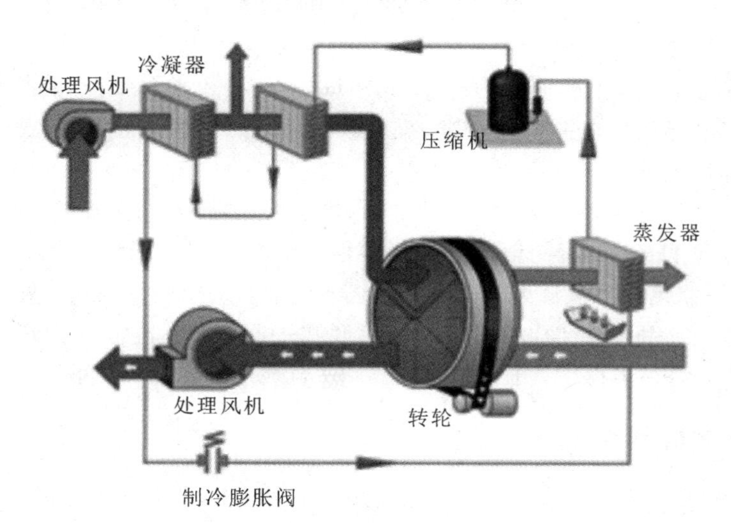

图 5-4　转轮除湿制水工作原理示意图

吸湿解吸式空气制水的工艺流程为一反复除湿与再生的周期性过程，转轮以较低的转速(一般为 8～15 r/h)缓慢旋转，确保了吸湿/解吸的连续性，以达到获取饱和湿空气的目的。通过转轮装置后，进入冷凝取水风道中空气的含湿量为自然空气的 3 倍以上，这大大地提高了冷凝取水的工作效率。转轮式空气制水技术可使排出的空气达到－60℃的露点温度和 0.5%的相对湿度，制水后的排出空气含湿量极低，适用于空气相对湿度较低、含湿量较小条件下的空气取水。

5.4.4　电容去离子技术制水

电容去离子技术(Capacitive Deionization，CDI)依靠外加电压，利用电极强大的吸附能力，对离子实现周期性地吸附与解吸，达到盐水脱盐的目的。此外，由于和超级电容器有许多共同点，CDI 还具有储能的特点，脱盐过程的能耗可在解吸时部分回收。

电容去离子装置的核心通常由两块平行放置的电极构成，电极之间持续流过含带电微粒(如离子) 的水溶液。当给两电极施加直流电流或直流电压时，两电极间将产生持续稳定的电场，带电微粒将在电场力的作用下朝着电性相反的电极运动，被大量的吸附在电极表面，溶液浓度降低，实现脱盐或净化目的。吸附饱和后，将电极短接，或加反向电压(充电)，双电层变薄或建立相反电性双电层，离子被快速释放，溶液浓度迅速升高，电极实现再生。CDI 技术原理见图 5－5。

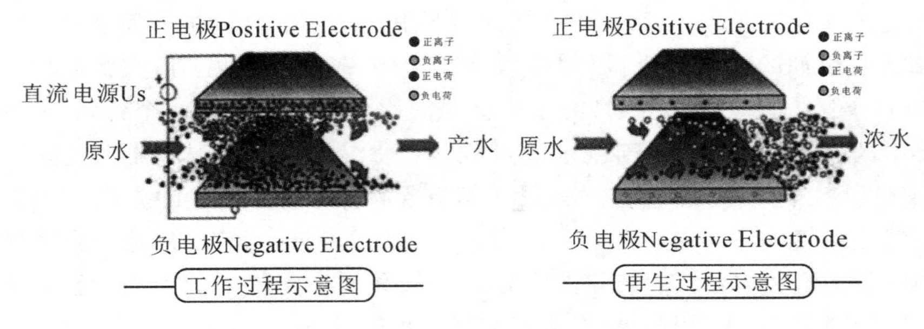

图 5－5　CDI 技术原理示意图

随着石墨烯材料的开发及应用，研究人员将离子交换和石墨烯新材料引入到 CDI 技术，形成新型石墨烯基膜电容电吸附技术(M-CDI)，该技术使盐离子移动得更加规律，电极表面形成的双电层面积也更多更稳定，能有效解决 CDI 技术极板浓差极化、容易结垢、离子去除率低等技术难题。

电容去离子设备有两种类型，一种是电场方向和溶液流动方向平行；另一种是电场方向和溶液流动方向垂直。前者一般是高浓度溶液从装置一端的通道流下，经过集电极、吸附层和隔离层，被纯化的溶液从另一端流出，这种类型多采用间歇操作，处理量较小。后者类似于电渗析，一般用堆叠结构将多个单元串联在一起，单元数可以达到上千个，一半单元进行吸附操作，另一半再生，工作效率较高，适合大规模研究和工业生产。

5.4.5　MOF 材料制水

金属-有机框架材料(Metal-organic Framework，MOF)是由有机配体和金属离子/团簇通过配位键自组装形成的具有内在多孔结构(微纳级孔径)的固体晶态材料。MOF 是一类具有高比表面积、可调控孔径和形状、易功能化等特点的先进多孔材料，其孔道周围存在大量气体吸附位点以及微纳级孔道对气体分子的限域效应，使得 MOF 材料近年来被广泛应用于各种气体，包括水蒸汽的吸附与分离。水蒸汽冷凝成水，使 MOF 材料在从空气中富集水方面具有巨大应用潜力。MOF 材料通常与水分子具有较高的吸附能(40～70 kJ/mol)，这意味着 MOF 与水分子有更强的作用力，更容易从空气中捕获大量水分子，尤其是从含水量较少的干燥空气中；且 MOF 材料结构可精确调控的特点易于优化其水吸附性能。近年来利用 MOF 材料在干旱地区(RH＝20％)集水被证明是可行的。但该研究尚处于初级阶段，目前报道材料的水吸附量和从空气中富集水的产量较低。

2017 年，美国麻省理工学院发表于《科学》的研究表明，利用研制的有机框架金属材料(MOF)与太阳能结合，实现了在 20％～30％湿度环境下取水，突破了空气制水技术的能耗和环境条件限制。由于该研究尚处于初级阶段，国内外对 MOF 水吸附材料、水吸附机理和富集工艺等还缺乏系统的研究，目前报道材料的水吸附量和从空气中富集水的产量较低(＜20 g/100 g MOF)。开展 MOF 水吸附材料、水吸附/脱附机理和集水工艺等基础研究，是亟待解决的关键基础性科学问题，MOF 材料制水属于非传统水源取水领域的新技术，将引领从空气中富集水的重大技术发展方向，对国防和民用均具有重要的意义。

参考文献

[1] 曹喆，钟琼，王金菊. 饮用水净化技术[M]. 北京：化学工业出版社，2018.
[2] 邓正栋，宋以胜，施培俊，等. 野战给水教范[M]. 北京：解放军出版社，2019.
[3] 赵新华，刘洪波. 输配水工程[M]. 北京：化学工业出版社，2006.
[4] 冯敏. 现代水处理技术[M]. 北京：化学工业出版社，2019.
[5] 马春香，边喜龙. 实用水质检验技术[M]. 北京：化学工业出版社，2009.
[6] 张志昌，李国栋，李志勤. 水力学(上册)[M]. 北京：中国水利水电出版社，2021.
[7] 闻德荪，黄正华，高海鹰，等. 工程流体力学(水力学)[M]. 3版. 北京高等教育出版社，2020.
[8] 张林生，卢永，陶昱明. 水的深度处理与回用技术[M]. 3版. 北京：化学工业出版社，2020.
[9] 邵益生. 饮用水水质监测与预警技术. 北京：中国建筑工业出版社，2019.
[10] 左斯琪，李子富. 黑水无害化及资源化处理技术进展[J]. 环境卫生工程，2020，28(4)：37-44.
[11] 宁梓洁，王鑫. 黑臭水体治理技术研究进展[J]. 环境工程，2018(8)：26-29.
[12] 李永东. 一体化地埋式生活污水处理装置在吉林油田应用分析[J]，化工管理，2015(9)：19-29.
[13] 田禹，王树涛. 水污染控制工程[M]. 北京：化学工业出版社，2011.
[14] 吕宏德. 水处理工程技术[M]. 北京：中国建筑工业出版社，2005.
[15] 李圭白，张杰. 水质工程学[M]. 3版. 北京：中国建筑工业出版社，2021.
[16] 郭正，张宝军. 水污染控制与设备运行[M]. 北京：高等教育出版社，2007.
[17] 朱淑飞，薛立波，徐子丹. 国内外海水淡化发展历史及现状分析[J]. 水处理技术，2014，40(07)：12-15.
[18] 付勇，黄尉初，苏静静，等. 便携式野战给水装置的研究[J]. 实用医药杂志，2012，29(12)：1115-1116.
[19] 吴持恭. 水力学(上册)[M]. 4版. 北京：高等教育出版社，2008.
[20] 丁祖荣. 流体力学[M]. 北京：高等教育出版社，2003.
[21] 肖明葵. 水力学[M]. 重庆：重庆大学出版社，2001.
[22] 祁辅媛. 提高水质检测结果准确性及稳定性的有效技术研究[J]. 环境与发展，2020，32(09)：186-188.
[23] 梁秀丽. 基于色差模型的水质检测技术研究[D]. 天津：天津大学，2017.
[24] 易颖. 水质现场快速检测技术研究[D]. 湘潭：湘潭大学，2013.
[25] 董文宾，胡献丽，郑丹，等. 生物传感器在水质分析监测中的应用[J]. 工业水处理，2005(03)：35-38.
[26] 郜玲，弓巧娟，孙鸿，等. 荧光光谱法在水质监测中的应用[J]. 光谱实验室，2011，28(2)：940-945.

［27］　汤斌. 紫外-可见光谱水质检测多参数测量系统的关键技术研究[D]. 重庆：重庆大学，2014.
［28］　马光忠. 常规水质检测技术应用中的注意事项探究[J]. 资源节约与环保，2020(02)：30－32.